石化装置风险检验指南

贾国栋　王　辉　主编

中国石化出版社

内 容 提 要

本书旨在对石化装置实施基于风险的检验提供一些技术指导和帮助，共涉及12套重点石化装置。主要介绍了装置的基本原理、工艺流程、装置内关键设备的选材、工艺参数及工艺作用，装置内主要损伤机理的分布及各种损伤机理的损伤形态和控制措施，装置内关键设备的主要损伤机理和部位，装置内设备和管道推荐的风险检验方法和检验周期等内容。

本书以在产装置作为典型实例，思路清晰，内容务实，可为从事石化设备管理及技术人员、特种设备检验检测人员提供一定的指导作用。

图书在版编目(CIP)数据

石化装置风险检验指南 / 贾国栋，王辉主编 .
—北京：中国石化出版社，2014. 5
ISBN 978 - 7 - 5114 - 2750 - 2

Ⅰ. ①石… Ⅱ. ①贾… ②王… Ⅲ. ①石油化工 - 化工设备 - 风险管理 - 指南 Ⅳ. ①TE96 - 62

中国版本图书馆 CIP 数据核字(2013)第 058908 号

中国石化出版社出版发行

地址：北京市东城区安定门外大街58号
邮编：100011 电话：(010)84271850
读者服务部电话：(010)84289974
http://www.sinopec-press.com
E-mail:press@sinopec.com
北京科信印刷有限公司印刷
全国各地新华书店经销

*

787×1092 毫米 16 开本 12.75 印张 307 千字
2014 年 6 月第 1 版 2014 年 6 月第 1 次印刷
定价：39.00 元

《石化装置风险检验指南》

编委会

主编：贾国栋　王　辉

编委（按姓氏笔划排序）：

王建军　史　进　艾志斌　吕运容　何承厚
杜晨阳　宋晓江　李　军　李志峰　杨瑞平
汪剑波　陈学东　陈彦泽　陈照和　周　敏
金　强　姜海一　赵保成　高　亮　谢国山
穆澎淘

前言

基于风险的检验(Risk Based Inspection，简称 RBI)技术是通过对大型成套石化装置的损伤及失效模式、失效后果、管理水平、运行状况等的综合分析，评估设备的风险水平，并以可接受的风险水平为基础，制定科学合理的检验策略，包括针对失效模式的重点检验项目、内容、部位、要求和经济合理的检验周期等。

自 2006 年 5 月国家质量监督检验检疫总局(简称，国家质检总局)同意进行 RBI 试点以来，进行了深入扎实的工作，积累了大量基于风险检验的基础数据。随着 RBI 试点工作的不断推进，我国压力容器、压力管道定期检验的法规标准体系也在进行不断完善，TSG R0004—2012《固定式压力容器安全技术监察规程》、TSG R7001—2013《压力容器定期检验规则》都正式把 RBI 技术作为法定检验的一种方法。

本书旨在对石化装置实施基于风险的检验提供一些技术指导和帮助，共涉及 12 套重点石化装置，其中炼油装置 5 套(常减压蒸馏装置、催化裂化装置、催化重整装置、加氢裂化装置、延迟焦化装置)，石油化工装置 5 套(乙烯装置、合成氨装置、尿素装置、聚丙烯装置、芳烃装置)，煤化工装置 2 套(水煤浆气化装置、煤净化装置)。针对这些石化装置，主要介绍了其基本原理、工艺流程，装置内关键设备的工艺参数、工艺作用及选材，装置内主要损伤机理的分布及各种损伤机理的损伤形态和控制措施，装置内关键设备的主要损伤机理和部位，装置内设备和管道推荐的风险检验方法和检验周期等内容。

由于编者水平所限，书中难免有疏漏之处，恳请读者批评指正。

目　录

绪　论

基于风险的检验(RBI)技术是通过对大型成套石化装置的损伤及失效模式、失效后果、管理水平、运行状况等的综合分析，评估设备的风险水平，并以可接受的风险水平为基础，制定科学合理的检验策略，包括针对失效模式的重点检验项目、内容、部位和要求，经济合理的检验周期等。

RBI 技术是一项既包含大量工艺及设备基础数据的收集及录入工作，又涉及专有方法及软件使用的技术，仅依靠某一层次人员很难做好，大量数据采集工作和评估结果更依赖于基层设备管理人员。推进 RBI 技术在设备管理中的应用可以提高石化装置的管理水平，便于石化系统各级人员系统地了解 RBI 技术的基本原理、数据采集、软件应用、风险分析，掌握检验策略制定和评估结果在设备管理中的运用，从而使 RBI 技术成为设备管理人员日常管理的一种工具，真正做到使用 RBI 方法指导日常维护及装置检验，避免维护维修的盲目性，以达到安全经济维修的目的。

1　基于风险检验技术简介

风险具有两维性，它是发生的概率和后果(通常是不利后果)的结合。风险用数学公式表示为:

$$风险(R)=概率(P)\times后果(C) \tag{0-1}$$

风险分为绝对风险和相对风险。绝对风险是对风险完整、准确的描述和量化。对于工业生产过程而言，相对风险是设备工艺单元、系统、设备元件相对其他设备、工艺单元、系统、设备元件的风险。计算绝对风险非常费时耗力，而且由于存在不准确性，这种计算通常无法完成。RBI 定位于系统地评估装置、单元、系统、设备或部件的相对风险，并进行风险排序，根据风险的分布情况制定风险管理策略。即以设备破坏而导致的介质泄漏为分析对象，以设备检验为主要手段的风险评估和管理过程。

基于风险的检验(RBI)技术是在追求系统安全性与经济性统一理论基础上建立的一种优化检验策略的方法，是近年来发展起来的一项设备管理新技术，在石油化工行业得以广泛应用，并形成了标准 API RP580。RBI 主要关注两方面的内容：一是材料退化失效引起的承压设备内容物泄漏的风险；二是通过检测实施风险控制。RBI 技术的基本思路是采用系统论的原理和方法，对系统中固有的或潜在的危险进行分析，并对其危害程度进行排序，找出薄弱环节，进而优化检验策略，降低停机、日常检维修的费用。

RBI 可以对在役的工厂、装置、单元、单体设备分别进行评估，也可对新建装置和设备评估其设计缺陷。因此，RBI 不仅仅对设备进行评估，还可以帮助制定维修计划、评估设备更新、审查设计等用途，是我们在日常设备管理工作中的一个工具。RBI 技术在石油化工领域适用范围很广，该技术可以应用于炼油厂、气体处理工厂、LNG 装置、LPG 装置、石油化工厂、海上生产平台、长输管线等。RBI 覆盖主要的设备有：反应器、压力容器、管线、加热炉、热交换器、储罐、炉管及安全阀等各类承压设备。

RBI 技术从 20 世纪 80 年代末诞生至今已有 30 余年的历史，已在石油化工、核电等行业进行了应用。目前，该技术除在欧美等国家进行应用外，在亚洲的中国、韩国、马来西亚、印尼、印度等国家也进行了研究与应用。影响 RBI 技术发展的一个主要的障碍是政府对 RBI 结果是否认可，因为政府一般对承压设备要进行固定周期的检验。但这种状况也发生着变化，1999 年 API 修订了承压设备的检测标准，对采用 RBI 技术的工厂可适当延长承压设备的检验周期。

传统的检验规程主要从保障压力容器、压力管道和安全阀安全的角度出发，来确定相应的检验方法和检验时间。如制定压力容器的定检方案时，虽然对其失效机理也有所考虑，但由于检验人员的技术水平存在差异，所制定的检验方法的针对性、有效性、完整性并不理想。在确定检验时间时，一、二级一般为 6 年，三级一般为 3 ~6 年，具体定几年主要根据经验。而传统的大检修计划也通常是停产后设备 100% 进行检修，重点不突出。与传统的检验方法和大检修计划相比，RBI 技术全面考虑了评价对象的经济性、安全性以及潜在的失效风险，根据不同设备的失效机理确定相应的检验计划。大量的统计数据表明：设备的失效风险不是平均分配的，其中约 10% ~20% 的设备承担了大约 80% ~90% 的风险。RBI 风险分析对设备进行风险排序，确定高风险设备，并可根据风险驱动因素提出有针对性的检验计划。

RBI 是一种系统和动态的检验方法。一方面 RBI 充分考虑设备早期的检验结果和经验、服役时间、设备损伤水平和风险等级来确定检验时间；另一方面 RBI 提供了合理分配检验和维修资源的基础，它能够保证对高风险设备有较多的重视，同时对低风险的设备进行适当的评估，允许业主将精力集中于高风险的设备上，应用有效的检验技术加以检测，在降低成本的同时提高设备的安全性和可靠性。

传统检验和 RBI 检验的比较见图 0－1，可以看出：

① 进行同样程度的检验，RBI 的风险小于传统检验；

② 在同样的风险水平上，RBI 的检验量小于传统检验。

传统的检验及维修对于检查设备使用状况和确保装置的完整性而言是很重要的，但是一般很难准确确定出。RBI 将设备在使用期间可能发生的风险与设备在线检验相联系，应用风险分析，将流程中所有的设备(包括压力管道)按风险进行排序，在此基础上可重点针对高风险的设备，按照其损伤的特点，采用有效的检验方法进行检验，显著降低其风险。RBI 是一种制定先进检验计划的方法，通过评估 3 个主要参数(失效可能性、失效后果、失效可能性和后果组合的风险)可较为准确地确定出检验的范围和要求。

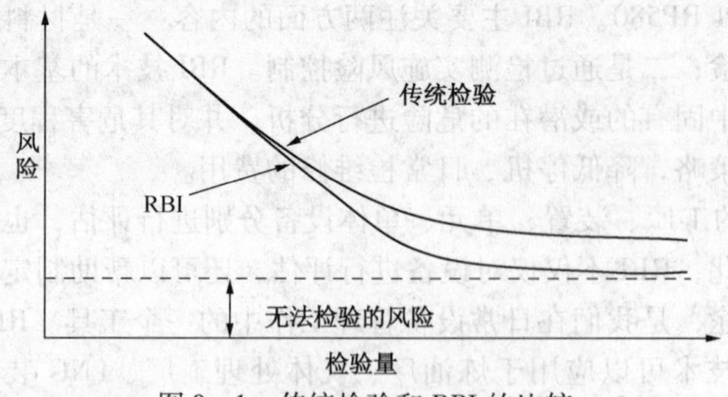

图 0－1 传统检验和 RBI 的比较

2 RBI 实施程序

RBI 的实施首先需要满足以下要求：①承担 RBI 的检验机构须经过国家质检总局核准；②经过国家质检总局同意进行 RBI 应用的压力容器使用单位，可以向核准的 RBI 检验机构提出申请，同时将该情况书面告知使用登记机构；③承担 RBI 的检验机构，应当根据设备状况、失效模式、失效后果、管理情况等评估装置和压力容器的风险水平；④检验机构应当根据风险分析结果，以压力容器的风险处于可接受水平为前提制定检验方案，包括检验时间、检验内容和检验方法；⑤对于装置运行期间风险位于可接受水平之上的压力容器，应当采用在线检验方法降低其风险。

一个完整的 RBI 分析过程由下述关键要素组成：①分析计划的制定；②数据收集；③识别损伤机理和失效模式；④失效可能性分析；⑤失效后果计算；⑥风险的识别、评价和管理；⑦通过检验进行风险管理；⑧其他减缓风险的措施；⑨再评估和 RBI 分析结果的更新。

RBI 分析工作流程如图 0－2 所示。

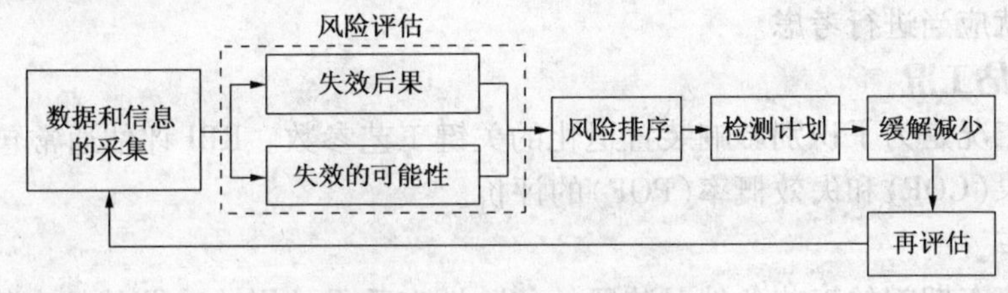

图 0－2　RBI 分析工作流程图

2.1 RBI 分析计划

2.1.1 开始

项目开始首先需要确定 RBI 评估的范围和优先权。

2.1.2 建立 RBI 评估的目的和目标

实施 RBI 评估应当有明确的目标。

2.1.3 初始范围的筛选

（1）建立 RBI 评估的范围

筛选过程的重点需要定位在最重要的部分上，以使时间和资源得到有效的利用。RBI 评价的范围可以是整个炼油厂也可以是单个装置的一个元件。

（2）工厂筛选

在工厂层面上，RBI 可以适用于下面的各类装置：油气生产工厂、油气处理和输送终端、炼油厂、石油化工厂和化工厂、管道和泵站、天然气装置。

（3）工艺单元的筛选

根据拟进行 RBI 评估的工艺单元中各设备工艺介质的化学性质、操作压力、操作温度、材质和设备运行历史等条件将工艺单元划分为若干回路。

可以按照下面的原则给出风险评估的优先权：工艺单元的相对风险、工艺单元的相对经济影响、工艺单元的相对失效后果、工艺单元的相对可靠性、转向进度表、相似单元的经验。

(4) 工艺单元中的回路筛选

回路的选择可以按照：系统的相对风险、系统的相对失效后果、系统的相对可靠性、实施 RBI 的预期效益。

(5) 设备筛选

RBI 评价可以适用于所有的压力设备，例如：管道、压力容器、反应器、换热器、锅炉、储罐、泵、压缩机、压力释放装置、控制阀。

(6) 公用设施，应急系统和闲置系统

是否应当包括公用设施，应急系统和闲置系统，这取决于 RBI 评估的应用计划和当前工厂的检测要求。包含闲置系统和公用设施的可能原因有以下 4 个方面：

① RBI 评估是为了实现整体检测资源优化，环境和商业失效后果也包括进去；

② 公用设施有特殊的可靠性问题；

③ 工艺单元的可靠性是 RBI 分析的主要目的；

④ 当 RBI 评价包括了应急系统(如应急停车系统)，这些系统在常规运行和工作循环期间的使用情况就应当进行考虑。

2.1.4 确立评估工况

确立评估工况是为了识别影响装置退化的关键工艺参数。RBI 评估通常包括正常运行条件下的失效后果(COF)和失效概率(POF)的评价。

(1) 开停车

在开工和停车期间的工艺条件对装置的危险性有重大的影响，尤其是当装置的运行条件比正常运行条件更苛刻时。

(2) 正常，非正常和周期性运行

如果装置或工艺单元有可用的工艺流体模型或物质平衡模型，则很容易得到装置的正常运行条件。应当给出下面这些数据：

① 运行温度和压力及其变化范围；

② 工艺流体的组成及其进料组成变化范围；

③ 流体的速率及其变化范围；

④ 潮气或其他污染物。

(3) 运行周期

工艺单元设备运行周期的长短是一个应考虑的重要因素，它将影响 RBI 检验计划及检验策略(检验方案)的制定。

2.1.5 选择 RBI 评估的类型

选择 RBI 评估的类型取决于多种因素，例如：

① 评估对象(工厂、工艺单元、系统、装置或元件水平)；

② 评估的目的；

③ 数据的质量和可用性；

④ 资源的可用性；

⑤ 对风险评估的认识或以前的风险评估经验；

⑥ 时间限制。

2.1.6 估计所需资源和时间

实施 RBI 评估需要的资源和时间在不同的工厂之间变化很大，这取决于 RBI 评估所包含的因素数量，这些因素有：实施策略/计划、实施的知识和培训、必须数据及信息的可用性和质量、实施所需资源的可用性和费用、每一水平 RBI 分析所包括的设备数量、选择 RBI 分析的复杂度、准确度的要求。

完成 RBI 评估的估计范围和费用可以包括：

① 评价的工厂、单元、设备项和元件数量；

② 收集被评价项目数据所需要的时间和资源；

③ 实施所需要的培训时间；

④ RBI 评估数据和信息所要求的时间和资源；

⑤ 估计 RBI 评估和建立检测、维护和减缓措施所用的时间和资源。

2.2 RBI 评估数据的收集

2.2.1 RBI 评估需要的数据

RBI 研究可以使用定性、半定量、定量的方法。这些方法最基本的区别是输入、计算和输出的数量及详细程度。RBI 分析需要的典型数据包括：

① 设备类型；

② 材料的构成；

③ 检测，维修和替换记录；

④ 工艺流体成分；

⑤ 流体总量；

⑥ 运行条件；

⑦ 安全系统；

⑧ 检测系统；

⑨ 退化机理、速率和严重性；

⑩ 人员密度；

⑪ 保护层、覆盖层和隔离数据；

⑫ 商业间断费用；

⑬ 设备替换费用；

⑭ 环境补救费用。

2.2.2 数据质量

数据的质量与 RBI 分析的正确性有直接的关系。尽管各种 RBI 分析的数据需求不同，但数据输入的质量是同等重要的。

2.2.3 规范和标准——国内和国外

石油、化工等行业最早应用 RBI 技术的指导文件，是由美国石油协会(API)于 2000 年 5 月颁布的 API 581，这是基于风险评估检测方法的基础性文件。在接下来的几年，API 颁布了一系列的相关标准，2002 年颁布了指导性文件 API RP 580《基于风险的检验》；2003 年颁布了 API 571《炼油设备损伤机理》等。API RBI 的技术特点是：以腐蚀失效为研究对象，更适用于石油、化工等装置的风险评估。上述标准的颁布，标志着 RBI 技术开始逐渐得到广泛应用。

在我国，最早引进 RBI 技术是在 2002 年，应用挪威船级社（DNV）公司的 RBI 技术在大芳烃预加氢装置上进行试点工作。我国的 RBI 标准文件是由中国特种设备检测研究院、合肥通用机械研究院牵头，参考 API 580，并基于我国的实际情况制定出 GB/T 26610.1《承压设备系统基于风险的检验实施导则》，该标准共分为 5 个部分，分别是：

——第 1 部分：基本要求和实施程序；

——第 2 部分：基于风险的检验策略；

——第 3 部分：风险的定性分析方法；

——第 4 部分：失效可能性定量分析方法；

——第 5 部分：失效后果定量分析方法。

目前，GB/T 26610.1《承压设备系统基于风险的检验实施导则 第 1 部分：基本要求和实施程序》已颁布实施，其他 4 个部分也将陆续颁布。

在数据采集阶段，决定使用何种规范和标准进行评估通常是必须的。工厂使用规范和标准的数量及类型对于 RBI 的结果有重大影响。

2.2.4 现场数据和信息来源

信息来源包括：

a）设计和结构记录/图纸

① PID 图、PFD 图、MFD 图等；

② 管道单线图；

③ 工程规范；

④ 建造材料记录；

⑤ 建筑物 QA/QC 记录；

⑥ 使用的法规和标准；

⑦ 保护设施系统；

⑧ 泄露检测和监控系统；

⑨ 隔离系统；

⑩ 资产清单记录；

⑪ 紧急减压和释放系统；

⑫ 安全系统；

⑬ 防火和救火系统；

⑭ 工厂布局图。

b）检测记录

① 时间表和频率；

② 检测类型和数量；

③ 维修和替换；

④ PMI 记录；

⑤ 检测结果。

c）工艺数据

① 流体成分分析包括污染物或追踪成分；

② 分布式控制系统数据；

③ 运行程序；

④ 开工和停车程序；

⑤ 应急程序；

⑥ 运行日志和工艺记录；

⑦ PSM、PHA、RCM 和 QRA 数据或报告。

d）管理变更记录

e）非现场的数据和信息

f）失效数据

① 一般失效频率；

② 行业特定失效数据；

③ 装置和设备特定失效数据；

④ 可靠性和监控条件记录；

⑤ 泄露数据。

g）位置条件

① 天气/气候记录；

② 地震活动记录。

h）设备替换费用

① 计划费用报告；

② 工业数据库。

i）危险数据

① PSM 研究；

② PHA 研究；

③ QRA 研究；

④ 其他场所的特定风险或危险研究。

j）事故调查

2.3 损伤机理和失效模式的识别

2.3.1 概述

在 RBI 评估中应考虑工艺条件（正常和非正常的）及可预见的工艺变化。评估中使用的数据应经过验证。

2.3.2 RBI 的失效和失效模式

RBI 主要关注的失效是由损伤引起的承载能力降低。失效模式包括从小孔泄漏到完全破裂。

2.3.3 损伤模式

（1）损伤模式的识别与类型

RBI 的损伤模式是指导致承载能力降低的损伤类型。识别损伤模式应了解设备运行及其与化学、机械环境的相互作用。

承压设备损伤模式识别在国外已经建立了相应的标准，如美国石油协会的 API 571、

API 579、API 581 中均有压力容器损伤模式的相关内容。在 API 571 中，介绍了一般工业中四大类、44 种损伤模式，以及炼油工业中三大类、18 种损伤模式；在美国的 NB 23 中、欧盟的 PED 指令、英国的 BS 7910、美国的 NACE 对承压设备的损伤模式也都有涉及。

我国目前正在制定《承压设备损伤模式识别》这一标准，拟提出一套比较完整的、适合我国承压设备现状的损伤模式和识别方法。其内容包括承压设备主要损伤模式和失效机理的理论描述、形态、影响因素、敏感材料、可能发生失效的设备或构件、检测方法等。已经颁布的 GB/T 26610.1《承压设备系统基于风险的检验实施导则 第 1 部分：基本要求和实施程序》也参考采用了该标准草案中的损伤模式分类方法。《承压设备损伤模式识别》草案将我国承压设备的损伤模式分为五大类、73 种，其中腐蚀减薄 25 种、环境开裂 13 种、材质劣化 15 种、机械损伤 11 种、其他损伤 9 种。

（2）腐蚀减薄

腐蚀减薄包括 25 种损伤机理：盐酸腐蚀、硫酸腐蚀、氢氟酸腐蚀、磷酸腐蚀、二氧化碳腐蚀、环烷酸腐蚀、苯酚腐蚀、有机酸腐蚀、高温氧化腐蚀、大气腐蚀（无绝热层）、大气腐蚀（有绝热层）、冷却水腐蚀、土壤腐蚀、微生物腐蚀、锅炉冷凝水腐蚀、碱腐蚀、燃灰腐蚀、烟气露点腐蚀、氯化铵腐蚀、胺腐蚀、高温硫化物腐蚀（无氢气环境）、高温硫化物腐蚀（氢气环境）、硫氰化铵腐蚀（碱式酸性水）、酸性水腐蚀（酸式酸性水）、甲胺腐蚀等。

减薄的影响可以由以下信息给出：①厚度（初始和当前的实测厚度）；②设备总的使用年限；③当前工作条件下的设计腐蚀裕量；④腐蚀速率；⑤工作温度与工作压力；⑥设计压力；⑦检验有效性和数量。

（3）环境开裂

环境开裂包括 13 种损伤机理：氯化物应力腐蚀开裂、碳酸盐应力腐蚀开裂、硝酸盐应力腐蚀开裂、碱应力腐蚀开裂、氨应力腐蚀开裂、胺应力腐蚀开裂、湿硫化氢破坏、氢氟酸致氢应力开裂、氢氰酸致氢应力开裂、氢脆、高温水应力腐蚀开裂、连多硫酸应力腐蚀开裂、液态金属脆化等。

环境开裂敏感性需分析设备或管道的开裂敏感性或开裂的初始概率，并应考虑开裂导致泄漏的概率。应力腐蚀敏感性的等级划分因素包括：①材料类型；②机械性能和敏感性；③运行温度与压力；④关键工艺腐蚀物（如氯化物、硫化物、碱等）的浓度；⑤制造信息（如焊后热处理等）。

（4）材质劣化

材质劣化包括 15 种损伤机理：晶粒长大、渗氮、球化、石墨化、渗碳、脱碳、金属粉化、δ 相脆化、475℃ 脆化、回火脆化、辐照脆化、钛氢化、再热裂纹、脱金属腐蚀、敏化等。

材质劣化的关键因素一般包括材料种类、工艺运行条件、开停工条件（尤其是温度）等。

（5）机械损伤

机械损伤包括 11 种损伤机理：机械疲劳、热疲劳、振动疲劳、接触疲劳、机械磨损、冲蚀、汽蚀、过载、热冲击、蠕变、应变时效等。

（6）其他损伤

其他损伤包括 9 种损伤机理：高温氢侵蚀、腐蚀疲劳、冲蚀、蒸汽阻滞、低温脆断、过热、耐火材料退化、铸铁石墨化腐蚀、微动腐蚀等。

RBI 考虑的失效除承载能力的降低外，还可扩展到其他失效，主要有：①压力容器内部组件(如塔盘、除雾器部件、凝聚器部件、分布器配件等)的功能或机械失效；②转动设备失效(如密封泄漏、叶轮失效等)；③压力泄放装置的失效(阻塞、污垢、无法启动)；④换热管束的失效(泄漏、堵塞)；⑤衬里的失效(穿孔、剥离)。

2.4 失效可能性评估

2.4.1 失效可能性分析

RBI 评估中的失效可能性分析指分析损伤机理导致介质损失，并发生危害事件的可能性。失效可能性分析应研究设备已知的全部损伤机理，并主要关注易发生多种损伤机理的设备。

除机械性能退化外，失效可能性分析中还可包括下述因素：①地震及极端气候条件；②泄放装置失效引起的超压；③误操作；④材料代用不当；⑤设计缺陷；⑥蓄意破坏。

2.4.2 失效可能性分析的度量单位

失效可能性通常用频次度量。对于可能性分析，时间通常表示为一个固定间隔(例如，一年)，也可以表示为一个场合；频率通常表示为每个间隔事件发生的次数(例如，每年 0.0002 次)，也可以表示为每个场合发生事件的次数(例如，每循环 0.03 次失效)。对于定性分析，失效概率可以进行分类(例如，高、中和低，或 1 ~5)。

2.4.3 失效可能性分析的类型

(1) 分类

失效可能性分析方法分为定性和定量两种。失效可能性分析可以同时使用定性和定量分析方法。

(2) 失效可能性的定性分析

定性分析方法应对工艺单元、系统或设备、材料结构和腐蚀性介质等进行识别，并依据运行历史、未来的检测维护计划和可能的材料劣化等因素，对任一装置、单元、系统、设备部件进行失效可能性分析。

(3) 失效可能性的定量分析

失效可能性计算一般是以设计寿命(设计使用年限)为基准的。当设备无设计寿命或超设计寿命使用时，可采用剩余寿命代替设计寿命作为计算失效可能性的基准。

剩余寿命是按照在役承压设备的实际情况，依据今后服役的工艺条件，分析可能的损伤模式，以及已有缺陷与损伤的安全容限与扩展趋势，按相应的标准或工程经验确定。

对含有超标缺陷的设备，应根据由缺陷尺寸确定的缺陷状态、服役条件、剩余寿命及继续服役的年限等情况对失效可能性进行适当修正。

当定量分析所需的数据不准确或不充分时，可采用根据相应标准或工程经验进行修正后的通用失效数据(行业的、工厂的)。

2.4.4 失效可能性的确定

(1) 失效可能性分析步骤

按如下步骤分析失效可能性：①识别已知和潜在的损伤机理(考虑正常和非正常工况)；②确定损伤敏感性和速率；③评价检测与维护历史和将来检测与维护程序的有效性，在评价失效可能性时可给定几类检验策略，可能包括将来不检测的情况，并按这些策略分别确定失效可能性；④根据设备当前状况和预测的损伤速率计算设备的失效可能性；⑤失效模式应根据损伤机理确定，必要时要考虑多种失效模式，并将这些失效模式产生的风险进行累计。

（2）损伤敏感性与速率的确定

损伤机理分析时应对所有设备工艺条件与材料组合进行评价，确定所有已知和潜在的损伤机理。

确定损伤机理和敏感性时，应按相同的内外部环境和材料组合进行分组，同组中设备的检测结果可为其他设备提供参考。损伤速率用腐蚀速率或敏感性表示。对于未知或不可量化的损伤速率应用敏感性表示。确定损伤速率的依据：①公开发表的数据；②实验室数据；③现场试验和在线监测结果；④相似设备的经验；⑤检测历史的数据。

（3）失效模式的确定

失效可能性分析和后果分析相互关联。失效可能性分析可用来评价失效模式和每种失效模式发生的概率。

（4）量化检测历史的有效性

评价检测历史（检测方法、频次、范围或位置），可发现已知损伤机理的有效性。

影响检测历史有效性的主要因素：①检验比例不足，未有效覆盖损伤区域；②检测方法的局限性；③检测方法和工具选择不适当；④检测人员技能欠缺；⑤极端工况条件下损伤速率显著升高，短时间内发生失效。

确定检测历史有效性的一些影响因素：①设备类型；②已知和潜在的损伤模式；③损伤速度或敏感性；④无损检测方法、范围和频次；⑤预测的损伤部位的可检测性。

2.5 失效后果的计算

2.5.1 后果分析的一般要求

后果分析应可重复、简化并具有可信度。承载能力降低的后果通常用流体泄漏到外部环境的量和影响来估算，一般应考虑以下几方面因素：①安全健康影响；②环境污染影响；③生产损失影响；④维修和改造费用。

2.5.2 后果分析的分类

（1）后果的定性分析

定性分析方法包括确定单元、系统或设备；确定操作条件和工艺流体面临的危险。基于专家的知识和经验，失效后果（安全、健康、环境或经济损失）可以对每一单元、系统、设备组或单个设备零件单独进行估算。

对定性分析方法，后果分类（如从“A”到“E”或“高”、“中”、“低”）是为每一单元、系统或设备零件特别指定的。将每一后果种类与数值（例如，开支）联系起来。

（2）后果的定量分析

定量方法包括使用模型描述事件之间的联系，反映标准失效场合和后果，根据如下因素进行失效后果的计算：①介质类型；②介质主要特性（相对分子质量、沸点、自燃温度、燃烧能、密度等）；③工艺操作参数，如温度和压力；④泄漏事故的泄漏总量；⑤失效模式及相应的泄漏孔尺寸；⑥泄漏介质在周围环境中的相态（固、液、气或混合相）。

2.5.3 失效后果的表征方式

不同种类的后果使用不同表征方式，后果的描述应尽可能具有可比性，以方便风险排序。下述(2)~(5)给出了 RBI 评估中使用的各种后果的度量单位。

(1) 安全

安全后果可用数值或后果类型表示。应将事故与可能造成的伤亡程度联系起来，它可表示为伤亡程度(致死、急救、严重伤害、治疗)或与伤亡程度相对应的等级。

(2) 损失

损失一般指潜在的后果。主要包括：①负荷降低或故障造成的产品损失；②应急设备和人员的配置；③泄漏造成的产品损失；④产品质量降低；⑤损坏设备的更换和修理；⑥场外破坏状况；⑦场内及场外溢出物料的清理；⑧生产中断损失(利润损失)；⑨市场份额的缩减；⑩人员伤亡；⑪土地复垦；⑫法律诉讼；⑬罚款；⑭信誉。

(3) 影响区域

影响区域指区域内受到的影响比预定值高，预定值是指区域内受危险后果影响的任何方面设定域值。根据影响区域划分后果等级时，可假设受到威胁的人员、设备在工艺单元内均匀分布，或考虑人员随时间的变化和设备在不同地点的密度值以给出更精确的评估结果。影响区域后果的单位是 m^2。

(4) 环境破坏

环境破坏程度的无统一度量单位。其破坏程度可使用的度量单位有：①每年受影响的土地面积：m^2；②每年受影响的海岸长度：km；③生物或人力资源消耗的数量。

2.5.4 流体泄放量

流体泄放量是多数后果评价中决定性要素之一。流体泄放量取决于以下方面：①泄漏流体的有效体积(即设备和与之相连设备中的流体体积，理论上是快速切断阀之间流体的量)；②失效模式；③泄漏率；④检测和隔离反应时间。

存量可能全部泄漏，若采用保护、防范措施隔离破损部位时，泄漏体积小于存量。

2.5.5 失效后果的分类

(1) 燃烧(火灾和爆炸)

泄漏物料若自燃或被点燃可引起燃烧。燃烧的影响分为热辐射和爆炸冲击波。热辐射影响范围较小，爆炸冲击波影响范围较大。

典型类型有：①蒸气云爆炸；②池火；③喷射火焰；④闪燃；⑤沸腾液体气化爆炸。

燃烧事故的后果由以下因素综合决定：①易燃性；②流体泄漏量；③气化能力；④自燃性；⑤高压或高温操作的影响；⑥隔离措施；⑦人员伤亡和设备破坏。

(2) 中毒后果

当介质泄漏可能造成人员中毒时，应评估中毒后果。评估主要考虑立即造成危险的急性中毒风险。中毒后果的判断应考虑的因素有：①流体的泄漏量和毒性；②在特定工艺和环境条件下扩散的能力；③有毒气体检测和减缓系统；④影响区域内的人口数量。

(3) 其他危险流体的泄漏

其他危险流体是指人接触后会引起热灼伤或化学灼伤的流体，包括蒸汽、热水、酸性或腐蚀性物质。

估算其他危险流体泄漏造成的危害时，需考虑以下几个主要因素：①流体泄漏的体积；②区域内的人员密度；③流体的类型和造成伤害的性质；④安全系统(如，人员防护服、喷淋等)。

分析其他危险流体泄漏造成的危害时，还应考虑的其他因素有：①泄漏物无法处置造成的环境破坏；②泄漏物对设备的损害。

(4) 环境后果

RBI 评估主要考虑扩散快且后果严重的环境破坏。环境后果影响因素包括：①流体泄漏量；②气化能力；③泄漏物的防护；④环境资源的影响；⑤法规要求。

环境后果可用费用按如下公式计算：

环境后果费用 = 清理费用 + 罚款 + 赔偿 + 其他费用　　(0－2)

清理费用的影响因素包括：①泄漏物的排放形式(地表、地下、水面等)；②液体的类型；③清理的方法；④泄漏量；⑤泄漏地点地形地貌特征。

(5) 停产损失

停产损失包括物料损失和生产中断造成的损失。生产中断损失的估算方法又分为简化方法和精确方法。

简化方法的计算公式：

生产中断损失 = 工艺单元日均效益 × 停工天数　　(0－3)

式中　工艺单元日均效益——以税收或利润为基础估算；

停工天数——恢复生产需要的时间。

精确方法的计算内容包括：①应对设备损坏的能力(如，备用设备、复线等)；②对附近设备可能的损伤(撞击损伤)；③其他工艺单元潜在的产品损失。

生产中断后果估算应考虑如下因素并进行修正：

① 使用很少利用或闲置的设备来减少产品损失；

② 设备出料是用作其他设备原料或工艺介质时，利润损失应复合计算；

③ 设备小损伤修理的时间可能和大损伤修理的时间一样长；

④ 停工时间过长可能丢掉客户和市场份额，重新生产后利润损失会延续

⑤ 设备或设备零件采购困难，重新购置时间较长造成的损失；

⑥ 是否在保险范围内。

(6) 维护和改造的影响

维护和改造的影响主要考虑维修和更换设备所产生的费用。

2.6　风险识别、评价和管理

2.6.1　风险识别

(1) 计算风险

风险公式可以表示为：

特定失效事件的风险 = 特定失效事件发生的概率 × 失效后果　　(0－4)

总的风险是所有特定失效事件风险的总和。

(2) 风险可以用数值或风险矩阵图表述。见图 0－3。

2.6.2　风险管理决策和风险可接受准则

(1) 风险可接受准则

安全、环境和经济风险的可接受准则可为制定基于风险的检验计划提供依据。

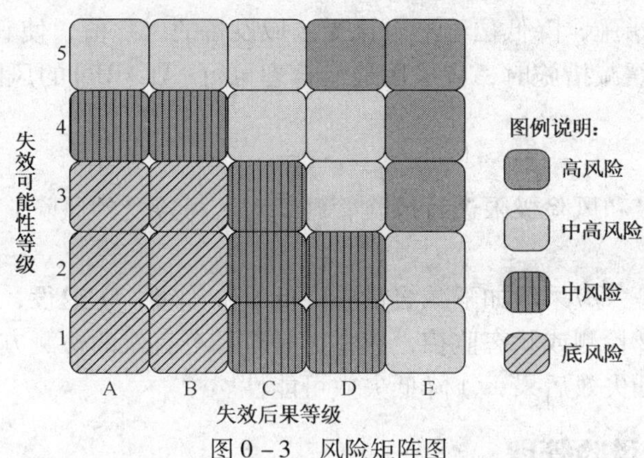

图 0－3　风险矩阵图

无确定可接受风险准则时，可采用等风险原则。等风险原则指对风险等级为低或中的设备及管线采取的风险控制方法，要求设备和管线在下一次检验之前风险等级不得上升。风险可接受准则可采用成本效益分析方法。

(2) 按风险评估结果制定检测和维护计划

根据各种工艺设备或装置的风险，以风险值为基础排定检测顺序，确定检测的设备、检测技术和检测范围。根据风险随时间的变化确定检测时机。

2.6.3　敏感性分析

理解每一变量的值和它如何影响风险计算，决定哪些输入变量需要进一步地审查，其他变量不会有很大影响。执行风险分析更重要的是细化和量化属性。

敏感性分析包括检测风险分析中的部分或全部输入变量，以确定其对相应风险后果值的影响，并确定哪些是关键输入变量。敏感性分析后的资料收集，应优先关注关键输入变量。

2.6.4　假设

当无法得到失效后果和(或)概率数据时，可按工程经验确定；当已知失效后果和(或)概率数据，在首次评估时，也允许进行偏保守处理，并注意避免因过于保守而使风险过度放大的情况出现。

2.6.5　风险描述

当需要使用较多的定量后果和概率数据时，可以采用风险坐标图来表征风险。风险坐标图通常采用双对数坐标绘制(见图 0－4)，图中直线是可接受风险的域值。

风险坐标图与风险矩阵可以作为风险排序的图示工具。

2.6.6　可接受风险域值的确定

域值将风险坐标图、风险矩阵、表格分为可接受和不可接受区域，如图 0－4 所示。域值可根据有关法规、风险标准及企业的经济安全策略确定。对于位于不可接受区域的设备，应按下述办法处理：

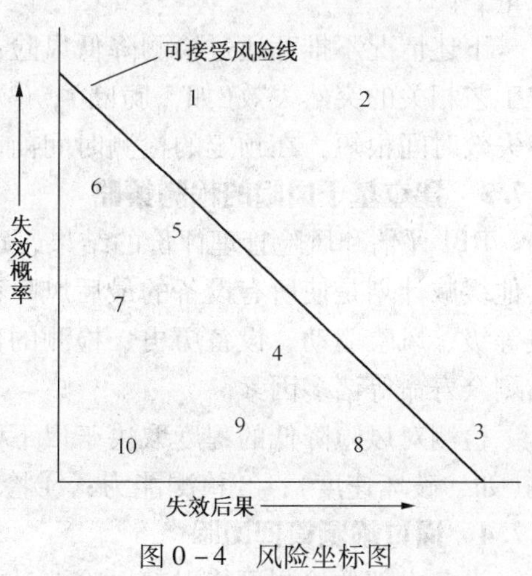

图 0－4　风险坐标图

① 采取风险缓减措施，降低位于不可接受区域设备的风险值，使其降至可接受区域；

② 无法采取风险缓减措施时，应采用最低合理可行(ALARP)的风险管理方法或其他风险管理方法进行管理。

2.6.7 风险管理

基于设备风险等级和风险极限进行风险管理。对于可接受的风险，不必采取减缓措施或其他措施。

对不可接受的风险，应采取如下减缓措施降低风险等级：①退役，应考虑该设备对装置运行是否是必需的；②检测或状态监控，应考虑是否具有有效的检测方法以及由检测结果给出的维修手段；③降低失效后果；④降低失效可能性。

2.7 通过检测进行风险管理

2.7.1 通过检测降低风险管理的不确定度

在前几部分中已经谈到可以通过检测来管理风险。显然，检测不能阻止或降低退化机理。检测只是确定、监控和测量退化机理，它也可以预测破坏何时达到极限。正确实施检测可以提高用户预测退化机理和退化速率的能力，预测得越好，失效发生的不确定度越小。在预期的失效发生之前就计划和实施减缓措施(维修、更换、改变等)，通过检测降低不确定度，增强可预见性，可以直接降低失效的概率，从而降低了风险。用户应尽力确保现有检测方法的更新，使风险降低更持久和有效。

通过检测降低风险，假定了能按时执行检测的结果。如果收集的检测数据没有得到分析并采取需要的措施，则不可能降低风险。检测数据和分析解释的质量对风险降低的水平有显著的影响。正确的检测方法和数据分析工具是十分关键的。

2.7.2 按 RBI 和失效可能性结果进行风险管理

RBI 按控制失效后果、失效可能性或综合运用二者来管理风险，如本章第 2.6 节所示。

可采用检测对高风险或不可接受风险的设备进行风险管理，检测的有效性取决如下因素：①设备类型；②已知和潜在的损伤机理；③损伤速率或敏感程度；④检测方法、范围和频率；⑤对预计的破坏区域实施检测的难易程度；⑥是否可从流程中切出检测；⑦POF 的降低量。

下述情况不推荐通过检测降低风险：①设备腐蚀速率很准确并接近寿命的终点；②与操作工艺相关的突然失效(如，脆断)；③损伤状况难以检测和量化；④从开始发生损伤到最终失效时间很短，在预定的检测时间前就发生失效；⑤受其他事件影响发生的失效。

2.7.3 建立基于风险的检测策略

RBI 评估和风险管理评价的结果，可以作为制定设备整体检测策略的基础。检测策略和其他缓减计划是使所有设备的最后风险都在可以接受的范围内。制定检测计划时，应考虑风险等级、风险驱动、设备历史、检测的数量与结果、检测的类型与有效性、设备的相似工况与剩余寿命等诸多因素。

检测对风险降低的程度取决于以下因素：①失效模式；②损伤起始至失效发生的时间间隔(如，破坏速度)；③检测能力；④检测范围；⑤检测频次。

2.7.4 通过检测管理风险

设备内部的检测可能引起风险上升，如以下情况：①潮湿空气进入设备内部造成应力腐蚀开裂或连多硫酸开裂；②玻璃衬里容器的内部检测；③保护层破坏。

2.7.5 检测费用的 RBI 管理

通过实施 RBI 可以更有效地管理检测费用，如资源应用或转移到高风险的区域策略。这一策略允许考虑降低低风险检测区域内的检测活动，或者是这些检测活动对相应的风险没有帮助，检测的资源应用在最需要它们的地方。

另一种管理检测费用的策略是在检测计划中确定那些非介入式检测的设备。如果非介入式检测提供充分的风险管理，那么就可以节约开支，而不需要停工进行内部检测。如果设备是造成操作单元停工的主要原因，那么非介入式检测可以增加单元的正常运行时间。用户应认识到实施 RBI 有降低检测开支的可能，设备完整性和检测开支的优化是重心。

2.7.6 通过评价检测结果确定处理措施

检测结果(如，损伤机理、损伤率、设备对破坏类型的耐受性等)可以作为评定剩余寿命和将来检测计划的依据，也可对失效概率的已用计算模型进行对比和验证。

对所有需要维修和更换的设备部件，应制定完整的工作计划，给出维修(或更换)的范围、建议、推荐方法，相应 QA 或 QC、完成日期。

2.7.7 用 RBI 获得最低运行成本

RBI 可以通过以下作用来降低整个运行周期的成本：

① 识别损伤机理并加强失效的预测和预防，实现长周期安全运行；

② 提高材质对装置长周期运行的适应性；

③ 通过减少维护、优化检测计划、延长正常运行时间，降低装置停车和维护费用。

2.8 其他减缓风险的措施

2.8.1 概述

前几部分已经说明，检测是风险管理的一个有效方法。然而，检测并不总能降低风险，它也可能不是最有效的方法。这一部分的目的是给出其他降低风险的方法。

除检测外，可通过以下方法来减缓风险：①降低失效后果；②降低失效可能性；③增强设施和人员对后果的承受能力；④对后果中的主要危险因素进行控制。

2.8.2 设备更换与维修

当设备损伤导致的失效风险无法控制在可接受水平时，应对设备进行更换与维修。

2.8.3 缺陷的合于使用评价

可采用 GB/T 19624 等规定的方法对缺陷进行合于使用评价，判断设备是否可以安全运行以及运行的条件和时间，决定检测中发现的缺陷是否需要维修和更换设备。

2.8.4 设备改造、重新设计和重新划分等级

改造或重新设计措施可以降低设备失效可能性。当设备不满足原设计要求时，降低操作参数可降低设备失效可能性。

2.8.5 紧急隔离

紧急隔离可以降低泄漏事件的毒性、爆炸和燃烧的后果，关键因素是正确选择隔离阀的安装位置。远程操作可以显著降低风险，操作时应能及时发现泄漏并迅速启动控制阀。

2.8.6 紧急降压和放空

这种方法可以降低泄漏的数量与速率，减少燃烧、爆炸事故的风险。

2.8.7 改变工艺

改变工艺可以减少主要后果源，其中包括：①将温度降低到沸点以下，减小蒸气云规模；②使用危险性较低的物料；③采用连续工艺代替间断工艺；④稀释危险物质。

2.8.8 减少存量

通过下述方法可减少存量：①减少有危险性的原料和中间产品的存量；②修改工艺，减少缓冲罐、回流罐或其他工艺设备中的介质存量；③用气相技术代替液相。

2.8.9 喷水或冲水

这种方法可以减少燃烧损失、阻止扩散。正确设计喷淋操作系统可以大大降低容器暴露在火中的概率。

2.8.10 水帘

喷水使大量的空气进入云雾中，水帘可吸收和稀释可溶性气体，空气可稀释不溶气体，降低风险。水帘的设计十分关键，应考虑水帘对不同可燃性物质的作用。水帘应位于泄漏点与火源之间或位于人可能出现的地点。

2.8.11 防爆结构

防爆结构可以降低爆炸引起的损失，防爆结构应包括保护人员的建筑物、应急设备、关键仪表、控制电路等。

2.8.12 其他措施

下述各种措施也可起到缓减风险的效果：①溢出探测器；②蒸汽或空气幕；③防火设计；④仪器联锁(联动装置、停车系统、警报等)；⑤惰性气体覆盖；⑥大楼和封闭结构的空气流通；⑦管道重新设计；⑧机械限流设施；⑨火源控制；⑩提高设计标准；⑪加强安全管理；⑫采取紧急撤离；⑬设置安全掩体；⑭进行构筑物通风口毒物清洗；⑮注意溢出物盛放；⑯选择合适的设备场地；⑰状态监控。

2.9 再评估和RBI评估结果的更新

2.9.1 概述

RBI是个动态的工具，可以对目前和未来的风险进行评估。评估是基于当时的数据和认识，随着时间的推移会发生改变。RBI评估应该用最新的检测、工艺与维护信息来进行持续的更新。

2.9.2 执行RBI再评估的关键因素

(1) 损伤机理与检测活动

很多损伤机理均与时间有关，损伤速率随时间而变化，通过新的检测结果可以即时修正损伤速率。

有些损伤机理与时间无关，只会在特定条件下发生。最初的RBI评估无法预测这些特定条件，当损伤发生后需对RBI进行再评估。

新的检测活动可能提供新的信息。当新的检测活动完成后，应根据检测结果判定是否需要进行RBI再评估。

(2) 工艺条件与设备改变

工艺条件的改变可以导致设备发生快速失效和无法预测的腐蚀与裂纹，一旦操作条件的变化对损伤机理有明显影响，则需要进行再评估。设备的改变(维修、更换)对风险有显著影响，也需要进行再评估。

(3) RBI 评估前提条件的变化

RBI 评估前提条件的变化对风险评估结果有显著影响，可能的变化包括：①人口密度的增加或减少；②设备和管道材料改变；③产品价格的波动；④安全与环境法律法规改变；⑤用户风险管理计划修改(如，风险标准变化)。

(4) 降险策略的影响

实施了降险策略(如，安装安全系统、维修等)并达到预期目的后，需更新 RBI 程序，对风险进行再评估。

2.9.3 实施 RBI 再评估的时机

重大变化发生之后，应评估每一重大变化对风险改变的影响。工艺条件、损伤机理、损伤速率、损伤严重程度以及 RBI 前提条件的改变都可能需要 RBI 进行再评估。

评估周期已满之后，细小变化的长时间积累也会引起 RBI 评估的重大变化，应设定实施 RBI 再评估的最长时间间隔。

实施降低风险策略后，应采用 RBI 再评估的结果验证采取风险缓减措施后是否已将风险降低到可接受的水平。

相关法规修改之后，应考虑相关法规修改后对检测要求的影响。

3 RBI 检验策略

3.1 检验时间

根据 GB/T 26610.2《承压设备系统基于风险的检验实施导则　第 2 部分：基于风险的检验策略》，检验时间点一般分为评估时间点、本次停机检修时间点和预计的下次停机检修时间点。检验时间的确定应以在预计的下次停机检修时间点，设备的风险位于可接受水平之下为目标，其中包括：

① 如果在本次停机检修时间点之前，设备的风险已达到或超过风险可接受水平，应立即实施检验；

② 如果在预计的下次停机检修时间点之前，设备的风险已达到或超过风险可接受水平，应在本次停机检修时间点实施检验。

设备检验时间的确定按照以上原则进行，若同一设备的不同部件检验时间不同，则根据最近检验时间点确定设备整体的检验时间。容器的检验范围见表 0－1，管道的检验范围见表 0－2。

表 0－1　容器的检验范围

本次停机检修时间点的风险等级	检验范围	
	一般保守程度	较高保守程度
高风险	100%	100%
中高风险	≥60%	≥75%
中风险	≥40%	≥50%
低风险	≥20%	≥25%

表 0-2　管道的检验范围

本次停机检修时间点的风险等级	检验范围	
	一般保守程度	较高保守程度
高风险	100%	100%
中高风险	≥50%	≥60%
中风险	≥30%	≥40%
低风险	≥10%	≥20%

按照表 0-1 和表 0-2 给出的范围实施的检验，包括本次停机检修时间点实施的停机检验和其他时间的在线检验。首次检验时，建议按照较高保守程度确定检验范围。确定检验范围时，应保证覆盖所有腐蚀回路，并优先抽检满足以下条件的设备：

① 失效可能性≥3 的；

② 材质劣化和环境开裂敏感性较高的；

③ 有衬里的；

④ 超过设计寿命的。

对于在本次停机检修时间点前为高风险的设备，应在停机前采取在线检验或监测等措施降低风险。对于在预计的下次停机检修时间点前为高风险的设备，在本次停机检修时间点到下次停机检修时间点之间，应采取在线检验等措施降低风险。

3.2　检验类型及选择原则

根据 GB/T 26610.2《承压设备系统基于风险的检验实施导则　第 2 部分：基于风险的检验策略》制定检验类型及选择原则。

容器的检验类型包括：①停机内部检验；②停机外部检验；③在线检验。

管道的检验类型包括：①停机外部检验；②在线检验。

容器检验类型的选择原则包括以下两种：

① 首次检验：具备条件时，应进行停机内部检验，否则进行停机外部检验或在线检验；

② 非首次检验：具备条件时优先选择停机内部检验，否则进行停机外部检验或在线检验。

管道检验类型的选择原则为：具备条件时优先选择停机外部检验，否则进行在线检验。

在线检验的选用原则：如果不具备停机检验的条件，且在线检测方法的有效性能够达到检验策略提出的有效性级别要求，可以选用在线检验。

3.3　检验方法和检验有效性

根据 GB/T 26610.2《承压设备系统基于风险的检验实施导则　第 2 部分：基于风险的检验策略》制定检验方法和检验有效性。

检验方法包括：①根据设备潜在的损伤模式及其严重程度确定检验方法和比例，检验部位应选择损伤模式发生可能性最高的区域，如果实施在线检验，选择检验方法时还应考虑从设备外部检测内部缺陷的能力和温度等操作条件对检验有效性的影响；②首次检验时，检验内容不仅包括使用环境下可能发生的损伤检验，还应补充对制造、安装质量的检验抽查；③若设备的风险以失效后果为主导，还应当考虑其他的风险控制措施。

确定检验有效性应考虑下列因素：①检验类型；②设备或部件的结构类型；③损伤模式及失效模式；④损伤速率或敏感性；⑤检测方法和频次；⑥受检区域的可检程度。

检验有效性分为5个级别，见表0－3。

表0－3 检验有效性分级

检验有效性级别	描　述
高度有效	某种检验方法准确识别某种损伤实际状态的置信度为80%～100%
中高度有效	某种检验方法准确识别某种损伤实际状态的置信度为60%～80%
中度有效	某种检验方法准确识别某种损伤实际状态的置信度为40%～60%
低度有效	某种检验方法准确识别某种损伤实际状态的置信度为20%～40%
无效	某种检验方法准确识别某种损伤实际状态的置信度小于20%

检验有效性的选取原则：对于高风险的设备，应采用中高度有效及以上级别的检验方法；对于中风险和中高风险的设备，应采用中度有效及以上级别的检验方法；对于低风险的设备可以采用低度有效及以上级别的检验方法。各种检测方法对应的检验有效性级别见表0－4和表0－5。

表0－4 停机检测方法及有效性

失效形式 检测方法	减薄	表面裂纹	近表面裂纹	微裂纹/微孔	金相组织变化	尺寸变化	氢鼓泡
目视检测	1～3	2～3	X	X	X	1～3	1～3
纵波超声检测	1～3	X	X	X	X	X	1～2
横波超声检测	X	2～3	1～3	3～X	X	X	X
TOFD	2～3	2～3	2～3	3～X	X	X	1～2
射线成像检测	1～3	3～X	3～X	X	X	X	X
荧光磁粉	X	1～2	3～X	X	X	X	X
渗透	X	1～3	X	X	X	X	X
声发射	X	（针对活性裂纹） 2～3	（针对活性裂纹） 2～3	X	X	X	3～X
涡流	1～2	1～2	1～2	3～X	X	X	X
漏磁	1～2	X	3～X	X	X	X	X
尺寸测量	1～3	X	X	X	X	1～2	X
金相	X	2～3	2～3	2～3	1～2	X	X
超声导波	1～3	X	X	X	X	X	X

注：1为高度有效；2为中高度有效；3为中度有效；X为低度有效或无效。

表0－5 在线检测方法及有效性

失效形式 检测方法	减薄	表面裂纹	近表面裂纹	微裂纹/微孔	金相组织变化	尺寸变化	氢鼓泡
脉冲涡流测厚	1～3	X	X	X	X	X	X
高温纵波超声检测	1～3	X	X	X	X	X	1～2
高温横波超声检测	X	2～3	1～3	3～X	X	X	X
高温磁粉	X	1～2	3～X	X	X	X	X
在线声发射监测	X	（针对活性裂纹） 2～3	（针对活性裂纹） 2～3	X	X	X	3～X
超声导波	1～3	X	X	X	X	X	X

注：1为高度有效；2为中高度有效；3为中度有效；X为低度有效或无效。

第 1 章　常减压蒸馏装置风险检验指南

1　常减压蒸馏装置工艺简介

常压蒸馏和减压蒸馏一般合称常减压蒸馏。常减压蒸馏基本属于物理过程，是原油进入炼油厂后必须经过的第一道工序，一般包括三个分工序：①原油的脱盐、脱水；②常压蒸馏；③减压蒸馏。常减压蒸馏装置是利用蒸馏原理对石油进行一次加工的装置。蒸馏，就是利用原油混合物中各个物质沸点不同，将其分离，得到沸点范围不同产品（称为馏分）的方法。借助于蒸馏过程，可以将原油分离成相应的汽油、煤油、柴油等燃料，还可以得到供其他炼油装置加工的原料。常减压蒸馏得到的成品和半成品称为直馏产品。

常减压蒸馏装置在炼油厂占有重要地位，一个炼油厂常减压蒸馏装置的总处理量就是该厂的原油总处理量，被称为是炼油厂的龙头。

1.1　基本原理

蒸馏是通过加热、汽化、分馏、冷凝和冷却等过程将液体混合物分离成一定纯度的组分的方法。它是按液体混合物中所含组分的沸点或蒸汽压不同而实现分离的一种加工手段。液体混合物中各组分沸点不同，加热时低沸点组分优先于高沸点组分而大量汽化。因此，蒸汽中含有较多的低沸点组分，而剩余的混合液中含有较多的高沸点组分。原油通常经加热炉和分馏塔进行多次部分汽化和部分冷凝，使汽液两相进行充分的热量交换和质量交换，使沸点不同的组分得以充分地分离，这个过程即称为精馏。生产中通过精馏将原油按沸点范围分成几个馏分，这种生产过程称为原油的蒸馏。

原油，是一种极复杂的多组分的混合物，由许多不同的化合物混合而成：其主要的化合物是各种烃类和少量的非烃类。原油中主要的烃类是烷烃、环烷烃和芳香烃三种。含硫、含氧和含氮化合物通称为非烃类化合物，常以胶状和沥青状物质的形态存在于原油中。组成原油的化学元素主要是碳、氢两种元素，碳含量占83% ~87%，氢含量占11% ~14%，两项合计占96% ~99%，其余1% ~4%是硫、氮、氧等元素和少量的金属元素。少数原油也有例外，特别是硫的含量变化更大。

一般原油的蒸馏可以在常压下进行，即蒸馏的压力和大气压相同，这种蒸馏塔称为常压塔。在常压条件下主要可以分割出沸点较低的馏分，如汽油、煤油和柴油等。常压蒸馏剩下的重油组分分子量大、沸点高、且在高温下易分解，使馏出的油品变质并生成焦炭，破坏正常生产。因此，为了提取更多的轻质组分，往往通过降低蒸馏压力，使被蒸馏的原料油沸点范围降低。这是一种在减压下进行的蒸馏过程称为减压蒸馏。

为了促使原油中的重质油在较低的温度下沸腾、汽化，除采用减压蒸馏外，还可以在蒸馏过程中，向待蒸馏油中通入高温水蒸气，称为汽提。汽提实际上是降低了油气的分压，所以它和减压蒸馏的作用相同，而且它的操作更简便，因此在原油蒸馏工艺中得到广泛应用。

1.2 工艺流程简介

常减压蒸馏工艺流程，一般划分为原油脱盐脱水部分、初馏部分、常压分馏部分和减压分馏部分。根据需要，有些装置还包括产品后处理部分，如航煤的脱蜡、脱色部分等。如图1－1所示为常减压蒸馏典型工艺流程。

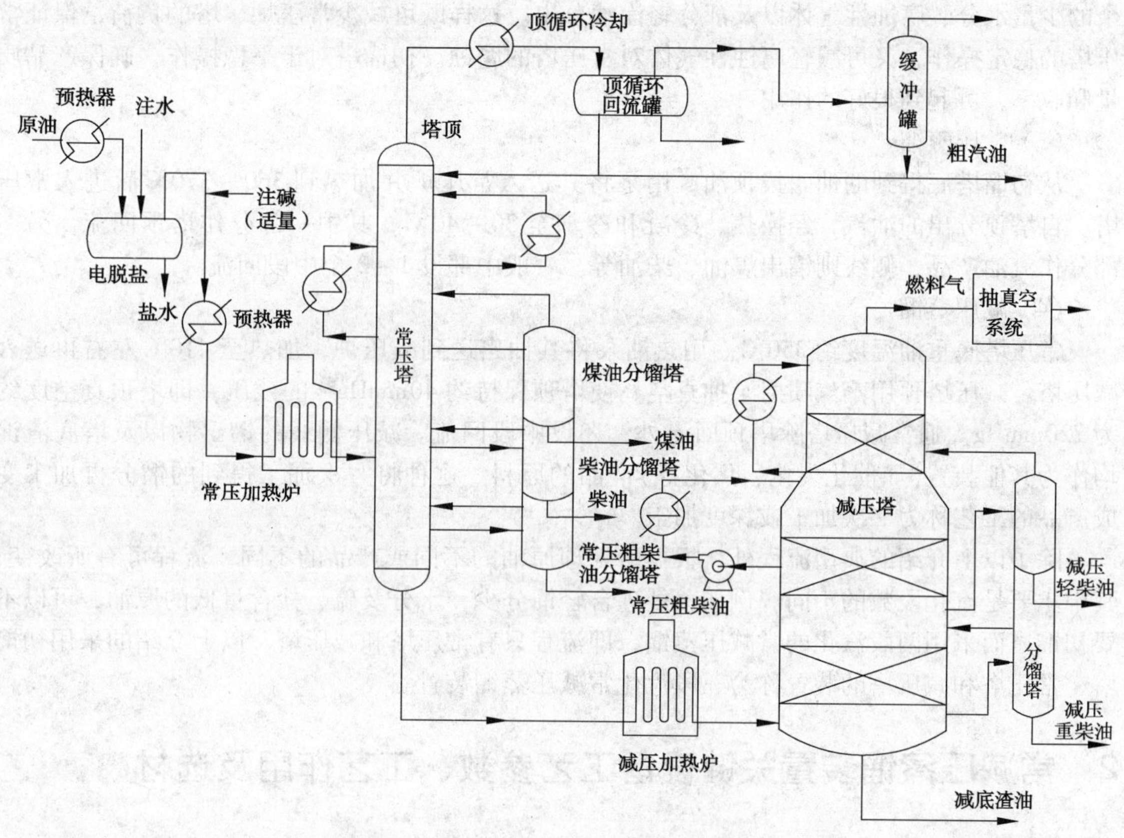

图1－1 常减压蒸馏典型工艺流程图

（1）原油脱盐脱水

由于原油中都含有水，水中一般溶解有氯化钠、氯化钙、氯化镁等盐类。原油中含水过多会造成蒸馏塔操作不稳定，严重时会造成冲塔事故。原油含水量大还会增加热能消耗，而原油中的盐类会水解生成强腐蚀性的氯化氢，同时盐类还会在管壁上沉积形成盐垢，这不仅会降低热效率，增大流动阻力，甚至会堵塞管路，造成停工事故。所以，原油在加工前需要先进行脱盐脱水。

通常，含水原油是油包水型乳状液。为实现油水分离，必须破坏这种乳化状态。现代炼油厂几乎都采用电脱盐脱水方法，即利用高压电场使乳状液破坏并促使水滴聚集，然后在油水密度差作用下，通过自由沉降得以分离。为了增强破乳效果，可在原油中加入适当的破乳剂。所以，电脱盐脱水过程实质是综合运用高压电场和破乳剂，在适当温度下使原油破乳、水滴聚集并沉降分离的过程。

原油中的盐大部分溶于所含的水中，所以脱盐脱水是同时进行的。为了能脱除悬浮于原油中的细盐粒，往往在脱盐脱水前向原油中加入一定量的水，使之溶解于水中，然后和水一起脱除。所以，脱盐脱水的实质是脱水。

原油经换热后进入电脱盐罐，在高压电场和所加的化学物质联合作用下进行脱盐脱水。电脱盐罐可用交流电也可用直流电，电压一般为15～35kV。

（2）初馏

原油脱盐脱水后经进一步换热，升温至200～250℃后进入初馏塔。原油在此塔中将残余的少量水分、腐蚀性气体以及部分轻汽油分出。这样既可减少常压炉、塔的负荷，保证常压塔的稳定操作，又可减轻腐蚀性气体对常压塔的腐蚀。初馏塔对于平稳操作，确保产品质量和收率，可起到很好的作用。

（3）常压蒸馏

从初馏塔底得到的油叫拔顶油。用泵将其送入常压炉并加热到360～370℃后进入常压塔。自塔顶分出的油汽，经换热、冷凝和冷却至30～40℃，其中一部分作塔顶回流，另一部分作汽油产品，侧线则馏出煤油、柴油等。一般中部设1～2个中段回流。

（4）减压蒸馏

常压塔底重油温度约350℃。用热油泵将其抽出送到减压炉，加热至410℃左右再送入减压塔。减压塔顶用蒸汽喷射泵抽真空，使塔顶保持约40mmHg❶的残压，即塔顶真空度约为720mmHg。通常减压塔除塔顶回流外，还设中段回流。减压侧线的馏出物以及塔底渣油均作为其他装置（如催化裂化、焦化等）产品的原料。这种将一次加工得到的馏分再加工变成产品的工艺称为二次加工或深度加工。

除了以上介绍的典型流程外，根据所处理原油的不同或产品的不同，流程可有所改变，其中主要是汽化段数的不同。例如，处理含轻馏分少，水分及硫、盐含量低的原油，可以不要初馏塔而采用两段汽化的常减压蒸馏，即流程只有常压塔和减压塔。以上介绍的采用初馏塔、常压塔和减压塔的装置称为三段汽化常减压蒸馏装置。

2 常减压蒸馏装置关键设备工艺参数、工艺作用及选材

常减压蒸馏装置关键设备主要包括常减压塔、常减压炉、汽提塔和电脱盐罐等。

2.1 常压塔

常压塔的是常减压蒸馏装置的核心设备之一，作用是完成原料油的常压蒸馏分离以得到初步分馏油品并为后续工艺提供原料。常压塔一般采用单层结构，操作压力范围：0.1～0.2MPa，操作温度范围：250～300℃。选材可以根据原油的实际腐蚀性和操作温度等实际条件确定，选用碳素钢+不锈钢衬里。例如，当在300℃以内炼制高硫高酸原油时，可采用Q245R+00Cr18Ni5Mo3Si2衬里；对操作温度大于300℃条件下，炼制低硫高酸油和高酸高硫油时，可采用Q245R+0Cr18Ni9Ti衬里；炼制高硫低酸油时，则可以采用Q245R+0Cr13衬里。

2.2 减压塔

减压塔是常减压蒸馏装置的核心设备之一，作用是进一步完成由常压塔底来的原料油的

❶ 1mmHg=133.3224Pa。

分离。

减压塔一般采用单层结构，操作压力为负压，压力为：720mmHg(绝压)，操作温度范围：300～420℃，材料选择原则和常压塔一致。

2.3 常、减压炉

常、减压炉的对流段和辐射段炉管一般采用 Cr5Mo 制造，常、减压炉对流段操作温度一般在 180～250℃，辐射段操作温度一般为 300～420℃。

2.4 汽提塔

气提塔一般采用单层结构，操作压力为常压，操作温度范围：200～300℃；材料选择原则和常压塔一致。

2.5 电脱盐罐

原油电脱盐是石油加工的第一道工序，该工序是从原油中脱除盐、水和其它杂质。是确保炼油厂后续加工装置长周期安全生产必不可少的措施。随着原油的深度加工，重油催化裂化技术和临氢加工工艺的开发和应用，对原油脱盐技术提出了更高的要求。

电脱盐罐是电脱盐的主要设备。脱盐罐一般为卧式，罐内设有 2 层或 3 层电极板。电脱盐罐一般为单层结构，根据原料油性质多采用 Q245R 或 16MnR 制造。

3 常减压蒸馏装置主要损伤机理及分布

在石油炼制过程中导致设备腐蚀的原因，其一是原油中的杂质；其二是加工过程中的外加物质。原油主要组成是各种烷烃、环烷烃和芳香烃等。它们本身并不腐蚀设备，但是原油中含有某些杂质会对设备产生腐蚀。对设备产生腐蚀的杂质有：硫的化合物、无机盐类、环烷酸、氰的化合物等。这些杂质虽然含量很少，但危害极大，因为在加工过程中它们本身有的是腐蚀介质，另外一些则在加工过程中转化为腐蚀介质。在炼制过程中加入的溶剂及酸碱化学剂会形成腐蚀介质．也加速了设备的腐蚀。

从腐蚀和防护角度考虑，可从原油性质的下列 4 个数值来初步判定原油腐蚀性的强弱。

（1）盐含量

原油中盐的含量高低直接影响到原油腐蚀性的强弱。因为原油中所含的盐多是些无机氯化物，如氯化钠、氯化镁和氯化钙等。后两种物质在原油加热过程中容易受热分解产生氯化氢，而氯化氢溶于水便成了腐蚀性很强的盐酸，所以从防腐角度，原油中的盐含量越低越好，这就要求在石油加工中必须进行严格的脱盐处理。

（2）硫含量

任何一种原油总是或多或少含有一些硫化物，含硫量的高低，表示原油中含有硫化氢和有机硫化物的多少。S<0.1% 为超低硫原油，0.1% <S<0.5% 为低硫原油，S>0.5% 为高硫原油。

原油中的有机硫化物主要是以硫醇、硫醚、噻吩等形式存在的，硫化氢有的是原来溶解于原油中的，有的则是在工艺过程中生成的。原油中很少有元素硫存在，但在工艺过程中可能产生元素硫。其中元素硫、硫化氢和硫醇对金属有腐蚀作用，称为活性硫化物，硫醚和噻吩等对金属没有直接的腐蚀作用，故称为中性硫化物。但许多中性硫化物在高温下可以分解为活性硫化物，特别是在有氢气存在的情况下，中性硫化物可以生成硫化氢或硫醚等活性硫化物而发生腐蚀作用。可以说含硫量越高腐蚀性越大。

（3）酸值

酸值的单位是 mg(KOH)/g(油)，酸度的单位是 mg(KOH)/mL(油)。这表示原油中含有的脂肪酸——环烷酸量的多少。较高酸值的原油在加工过程中腐蚀性较强，对生产有不利影响，酸值越高，腐蚀性越强。

（4）含氮量

含氮量的高低表示原油中氮化物的多少。一般来说，原油中的含氮量都是较少的。原油中的氮化物可分为碱性和非碱性两种。碱性氮化物有吡啶、喹啉等；非碱性氮化物有咔唑、吡咯等。此外还可能有非碱性的含氮的金属化合物。

由于原油中的含氮量比较低，氮化物在低温下较安定，因此在常减压蒸馏中不分解，不发生腐蚀作用。但在深度加工中，在催化裂化、热裂化和焦化装置中，甚至在临氢操作中，由于温度较高或受催化剂作用的影响，氮化合物中的氮可能释放出来，生成氨或氰化氢，可能造成二次加工装置中分馏塔顶及解吸和冷凝系统的腐蚀。

以上 4 个指标，含量越高，原油的腐蚀性越强，反之亦然。因此可根据这四项指标的大小来定性判断原油腐蚀性的强弱。

原油在炼制过程中的腐蚀介质种类繁多，既有原油本身的也有在加工过程中产生的，而且原油加工过程的工况条件对于腐蚀也有一定的影响。所以原油加工过程中设备的腐蚀十分复杂。

在石油炼制生产过程中，常压装置所发生腐蚀的主要潜在失效机理有：内部腐蚀减薄(包括均匀腐蚀减薄和局部腐蚀减薄)、外部腐蚀、应力腐蚀开裂等。

根据对工艺过程和实际采样结果的分析表明，在常减压蒸馏装置中，物料主要呈现微酸性，内部均匀腐蚀产生的机理主要是生产副反应以及所用溶剂水解的结果。可能的腐蚀介质有：氯化物、硫化物、石油酸(环烷酸)等。由于进料速度较快及蒸汽夹杂着水分在管线内经常冲刷，特别是弯管的外侧冲刷极为严重，管线的腐蚀一般为均匀腐蚀，也有局部腐蚀现象。另外，直径较小的塔器进料线对面塔壁内侧也容易发生冲蚀，是应重点关注的部位。

一般情况下，常压装置中应力腐蚀开裂形式主要有硫化物应力腐蚀开裂、碱开裂。根据应力腐蚀开裂的机理，不论是对压力容器还是压力管道的焊后热处理，还是其他消除残余应力的加工后处理工艺，都可以大幅度降低应力腐蚀开裂敏感性因子，从而大大降低设备发生应力腐蚀开裂的可能性，是有效的预防应力腐蚀开裂的技术手段。

3.1 硫化物的腐蚀

对石油炼制设备影响最大的腐蚀介质，主要是硫化物的腐蚀。硫化物自然存在于大多数原油中，浓度因原油的不同而不同，其自然生成的化合物不但受热分解转化成硫化氢，而且本身也有腐蚀性。通常将含疏量在 0.1% ~0.5% 的原油为低硫原油；含硫量大于 0.5% 者为高硫原油。

硫化物对设备的腐蚀与温度 t 密切相关。

① $t \leqslant 120$℃时，硫化物未分解，在无水情况下，对设备无腐蚀；但当含水时，则形成炼厂各装置中轻油部位的各种 H_2S-H_2O 型腐蚀，成为难以控制的腐蚀部位；

② 120℃ $< t \leqslant 240$℃，原油中活性硫化物未分解，故对设备无腐蚀；

③ 240℃ $< t \leqslant 340$℃，硫化物开始分解，生成硫化氢对设备腐蚀开始出现，并随着温度升高而腐蚀加重；

④ 340℃ $< t \leqslant 400$℃，硫化氢开始分解为氢气和硫，此时对设备的腐蚀反应式为：

$$H_2S \longrightarrow H_2\uparrow + S \tag{1-1}$$

$$Fe + S \longrightarrow FeS \tag{1-2}$$

$$R-S-H(\text{硫醇}) + Fe \longrightarrow FeS + \text{不饱和烃} \tag{1-3}$$

所生成的FeS膜具有防止进一步腐蚀的作用。但有酸存在时(如盐酸或环烷酸)，酸和FeS反应破坏了保护膜，使腐蚀进一步发展，强化了硫化物的腐蚀；

⑤ 420℃ $< t \leqslant 430$℃，高温硫对设备腐蚀最快；

⑥ $t > 480$℃，硫化物近于完全分解，腐蚀率下降；

⑦ $t > 500$℃，不是硫化物腐蚀范围，此时为高温氧化腐蚀。

由以上分析可见，硫化物腐蚀通常是一种内部均匀腐蚀的形式，它是发生在240～480℃之间的典型腐蚀，往往和油品中的环烷酸一起产生腐蚀，环烷酸的腐蚀通常是局部的。最常出现硫化物和环烷酸腐蚀的加工装置是常减压原油蒸馏装置。另外，值得注意的是：有环烷酸热分解的地方，会有小分子有机酸或二氧化碳生成，它们会影响冷凝水的腐蚀性。

正如硫化物的情况一样，环烷酸自然存在于某些原油中。环烷酸可以破坏金属材料上的防护膜(硫化物或氧化物)，致使硫化腐蚀速率加快，它也可以对金属直接腐蚀。沸点低的物料环烷酸含量也低，通常情况下，环烷酸含量低时，腐蚀表现为点蚀，酸含量高时，腐蚀表现为沟槽状腐蚀，流速高时腐蚀加剧。

3.2　无机盐的腐蚀

原油开采时会带有一部分油田水，经过脱水可以去掉大部分。但是仍有少量的水分与油乳化液悬浮在原油中，这些水分都含有盐类，盐类主要成分是氯化钠、氯化镁和氯化钙。在原油加工中，氯化镁和氯化钙很易受热水解，生成具有强烈腐蚀性的氯化氢，而氯化钠在500℃时尚无水解现象，故无氯化氢产生，氯化氢含量高则设备腐蚀严重。

常减压蒸馏装置设置二级交直流电脱盐工艺，一般可以有效降低原油及渣油中的盐含量，大大减少盐类对设备的腐蚀。

3.3　环烷酸的腐蚀

环烷酸(RCOOH，其中R为环烷基)，是石油中一些有机酸的总称，主要是指饱和环状结构的酸及其同系物。此外还包括一些芳香族酸和脂肪酸，其相对分子质量在很大范围内变化(相对分子质量范围：180～350)。环烷酸在常温下对金属没有腐蚀性，但在高温下能与铁等生成环烷酸盐，引起剧烈的腐蚀。环烷酸的腐蚀起始于220℃，随温度上升而腐蚀逐渐增加。在270～280℃时腐蚀最大，温度再提高，腐蚀又下降，到350℃附近又急骤增加。温度超过400℃以上则没有腐蚀，原因是此时原油中环烷酸已基本气化完毕，气流中酸性物浓度下降。环烷酸腐蚀生成特有的锐边蚀坑或蚀槽，是与其他腐蚀相区别的一个重要标志。一般以原油中的酸值来判断环烷酸的含量。原油酸值大于 0.5mg(NaOH)/g(原油)时即能引起设备的腐蚀。

3.4 外部腐蚀

外部腐蚀主要包括没有保温层的大气腐蚀和保温材料的层下腐蚀(CUI)。CUI 产生机理是由于保温层与金属表面间的空隙内水的集聚产生的，可能来自雨水的泄漏和浓缩、冷却水塔的喷淋、蒸汽伴热管泄漏等。CUI 形成局部腐蚀，导致了壁厚减薄，CUI 常发生在 -12 ~ 120℃温度范围内，在 50 ~ 93℃区间时尤为严重。API 581 - 2008 附录 N 指出，如果材料为碳钢或低合金钢，设备没有绝热层，操作温度(连续或短时)为 -12 ~ 121℃，则可能发生外部腐蚀。如果材料为碳钢或低合金钢，并且设备有绝热层，并且操作温度(连续或短时)为 -12 ~ 121℃，则可能发生层下腐蚀。

由于 CUI 可能会变得潮湿或污染而加速腐蚀，因此这种状态尤其有害。CUI 有害的另一种原因是它很难被检测到。无论哪种情况，都要通过恰当的腐蚀检测方法，采用正确的绝热层安装和维护，或合适的选择、应用以及防护涂层的维护以减少或避免损伤。

总的规律是，位于年降雨量较大地区或温暖、潮湿的沿海区的设备比位于较寒冷、干燥的中部大陆地区的更易于发生 CUI；不考虑气候因素，位于冷却水塔和蒸汽放空附近的部件，由于其操作温度周期性的经过露点，故更易于发生 CUI。CUI 主要发生在保温层穿透部位或可见的保温层破坏部位，以及法兰和其他管件的保温层端口等敏感部位。

3.5 硫化物应力腐蚀开裂

SCC 可定义为金属在拉应力和硫化氢及水存在的综合作用下出现的开裂。是由于在金属表面上进行的硫化腐蚀过程中产生了氢原子而发生的氢应力开裂。通常容易发生在高强度(高硬度)钢的焊接熔合区或在低合金钢的热影响区处。

SCC 的敏感性与渗透到钢材内氢的含量有关，这主要与 pH 值和水中的硫化氢含量这两个环境因素有关。通常，钢中的氢溶解量在 pH 值接近中性的溶液中最低，而在 pH 值较低和较高的溶液中含量较高。在较低 pH 值中的腐蚀原因是因为存在硫化氢，反之在高 pH 值中腐蚀是因为有高浓度的二硫化物离子。若高 pH 值溶液中存在氰化物，则能够加剧氢渗透到钢材中。目前已知钢材对 SCC 的敏感性随硫化氢含量(例如氯化氢在气相中的分压或液相中的氯化氢含量)的增加而增大。硫化氢含量为 1ppm[1]，这样小浓度的水中也发现对 SCC 有敏感性。

此外，SCC 的敏感性主要还与材料两种物理参数有关——硬度和应力水平。随着硬度的增加钢对 SCC 的敏感性增加。通常对用于湿硫化氢环境的碳钢压力容器和管道不考虑 SCC，因为它们具有较低的硬度(强度)。然而，焊接后的焊缝熔合区和热影响区如果具有较高的残余应力，则高的残余拉应力与焊缝结合增加了钢对 SCC 的敏感性。

3.6 碱开裂

碱开裂可以定义为金属在 NaOH 存在的条件下(如常减压塔顶注碱后的管线)，拉应力

[1] ppm：每百万分中的一部分，即表示百万分之(几)，$1ppm = 1 \times 10^{-6}$。

和适当温度产生的开裂，裂纹主要产生在晶间。在碳钢中典型地出现如网状的细小的裂纹。碱液浓度、金属温度和拉应力水平确定碱开裂的敏感性。有些开裂失效在几天内发生，而更多的需要延长到几年才暴露出来。增加碱液浓度或金属温度可以加速开裂速度。

碳钢在金属温度小于46℃时不会出现腐蚀性开裂。在46～82℃，开裂敏感性是碱液浓度的函数。超过82℃，开裂敏感性也是碱液浓度的函数。对于所有碱浓度超过5%（质）的情况，开裂具有高度的可能性。尽管开裂敏感性在碱浓度小于5%时非常低，但是存在高温情况时（接近沸腾）会产生局部的浓缩而增加开裂的敏感性。

碳钢和低合金钢部件经过焊接或冷弯方法加工成形的部位会有较高水平的残余应力，对碱腐蚀开裂有较高的敏感性。

4 常减压蒸馏装置关键设备主要失效机理及部位

常减压蒸馏装置的腐蚀主要分布情况是：①常压塔的腐蚀主要是塔内壁及塔内构件的腐蚀，低温腐蚀部位主要是常压塔塔体及部分挥发线及常压塔顶冷凝冷却系统；②减压塔的腐蚀比较严重的部分是挥发线和冷凝冷却系统。

4.1 常压塔的腐蚀和主要失效部位

常压塔的腐蚀情况是，一般气相部位腐蚀较轻微，液相部位腐蚀较重。尤以气液两相转变部位即“露点”部位最为严重。从国内炼厂常减压塔顶及其馏出系统的腐蚀情况来看，由于影响常减压塔顶系统腐蚀的主要因素是原油中的盐分水解后生成盐酸而引起的，因此，不论原油含硫，酸值高低，只要含盐，就会引起上述部位的腐蚀。

常顶空冷器腐蚀最严重的部位是入口段。由于 $HCl-H_2S-H_2O$ 类型的腐蚀与高速流体冲蚀和环境介质温度的综合作用，引起坑蚀、沟槽、穿孔等现象。

含有液滴的高速流体引起的冲刷腐蚀。在生产过程中常顶空冷器的使用寿命除与构件的材质及厚度有关外，还与介质流速的大小有关。空冷器管束顺液体流动的方向出现沟槽腐蚀是高速流体冲蚀而成，当油气夹带有腐蚀液滴进入空冷器时，被携带的液滴具有很高的动能，它与空冷器管束碰撞时呈现非弹性碰撞，液滴撞击局部形成的油气冲击使局部压力增大，液滴越大引起局部的油气压强越大，这些液滴就像无数小弹头一样连续击打在金属表面上，金属表面很快会疲劳剥蚀甚至穿孔。

物料从常压塔到常顶空冷器时，当塔顶馏出系统温度降低到水的露点温度时，氯化氢溶解水中形成盐酸与硫化氢相互促进，构成了 $HCl-H_2S-H_2O$ 循环腐蚀。

对低温（≤120℃）轻油部位 $HCl-H_2S-H_2O$ 的腐蚀的形态为：碳钢部件的全面腐蚀均匀减薄和Cr13钢的点蚀，以及1Crl8Ni9Ti不锈钢的氯化物应力腐蚀开裂。

对高温（240～425℃）部位的腐蚀形态为高温硫的均匀腐蚀及环烷酸的沟槽状腐蚀。高温硫的腐蚀出现在装置中与其接触的各部位。而高温环烷酸腐蚀发生于液相。如果气相中没有凝液产生，也没有雾沫夹带，气相腐蚀较小，但在气液混相区，或是高流速冲刷及产生涡流区腐蚀将加剧。

4.2 减压塔的腐蚀和主要失效部位

炼制低硫低酸原油，减压塔使用碳钢基本不腐蚀或腐蚀轻微，进料段塔壁可用碳钢防冲板；炼制低硫高酸原油，减压塔进料段 Q245R 塔壁腐蚀速度均大于 3mm/a，腐蚀形态呈“沟槽”状。

由于近年来炼制的原油酸值不断升高；造成减压三线至减压四线区间的塔壁腐蚀都较严重。另外，减压塔系统若有空气漏入则会导致环烷酸腐蚀加速。

4.3 常减压加热炉炉管腐蚀

低硫高酸值原油和高硫低酸值原油及高硫高酸值原油的炼油厂，常减压加热炉的对流段炉管腐蚀比较轻微，腐蚀严重的部位一般发生在辐射段的炉管，腐蚀形态主要是减薄。

4.4 换热器的腐蚀

炼制高硫低酸或高硫高酸原油的炼油厂减压塔底原油渣油一次换热器的腐蚀最为严重。当渣油走管程时，碳钢管束寿命为 1 年。管箱腐蚀速率大于 1mm/a，使用 0Cr18Ni9Ti 和 0Cr13 管束则没有明显腐蚀，使用寿命为 4 ~ 5 年。但因碳钢管板腐蚀导致管子胀口泄漏。当渣油走壳程时，碳钢管束寿命可达 2 年。

减压塔底二次换热的热交换器由于温度降低，其腐蚀性相对降低，碳钢管束年腐蚀率小于 0.5mm/a。

4.5 工艺管线的腐蚀

工艺管线的腐蚀与炼制的原料情况、选材情况、工艺条件等多方面因素有关，情况十分复杂，需要根据具体情况具体分析、具体处理。根据相关文献的介绍，工艺管线的腐蚀主要是高温环烷酸腐蚀，应重点关注以下 3 种情况：

（1）炼制高硫低酸原油

炼制高硫低酸原油常减压蒸馏装置工艺管线的腐蚀有以下 3 种形态：

a）轻腐蚀区

原油进装置至常压炉入口管线，常压塔各侧线，回流线温度小于 250℃减压冷渣油线，减压塔顶挥发线和减一线等。

b）重腐蚀区

常压炉出口转油线，常压塔底重油线，减压蜡油线，温度在 280 ~ 340℃减压渣油线。如果使用碳钢，则腐蚀率可达 0.7mm/a。

c）严重腐蚀区

350 ~ 380℃减压热渣油线，以高温硫的化学腐蚀为主。减压炉出口高速转油线既受高温硫的腐蚀，又受高速气流的冲蚀，管线腐蚀严重。

（2）炼制高硫高酸原油

炼制高硫高酸原油常压炉和减压炉转油线是腐蚀最为严重的部分，即使采用 Cr5Mo 材料，腐蚀也很严重。常压炉转油线支管弯头、集合管、转油线总管的弯头和丁字管腐蚀严重，进塔弯头段的腐蚀率高。如果流速较高，减压炉转油线使用 Cr5Mo 其弯头的腐蚀率最高可达 4.2 ~ 17.5mm/a，炉出口直管段腐蚀率最高也可达 4.2 ~ 6.4mm/a。低速的转油线腐蚀一般也比较严重。

(3) 炼制低硫高酸原油

炼制低硫高酸原油时，常压炉出口 T 字形集合管，常压炉转油线、减压炉出口转油线弯头腐蚀严重。低速转油线碳钢材料的腐蚀率可以高达 9mm/a。

5　常减压蒸馏装置设备和管道推荐的检验策略

5.1　检验策略

检验策略的选择原则参考 GB/T 26610.2《承压设备系统基于风险的检验实施导则　第 2 部分：基于风险的检验策略》进行制定。

5.2　常减压蒸馏装置关键设备推荐的检验方法和检验比例

常减压蒸馏装置关键设备推荐的检验方法和检验比例见表 1－1。

表 1－1　常减压蒸馏装置关键设备推荐的检验方法和检验比例

序号	设备名称	损伤机理	失效部位	检验方法		检验比例	备注
				内检	外检		
1	常压塔	硫化物和环烷酸腐蚀	筒体的液相部分和汽液相界面	宏观或/和壁厚抽查	壁厚抽查	抽检	
2	减压塔	硫化物和环烷酸腐蚀	筒体母材的液相部分和汽液相界面	宏观或/和壁厚抽查	壁厚抽查	抽检	
3	常、减压炉	炉管外表面氧化/均匀腐蚀	炉管内外壁	—	宏观或/和壁厚抽查金相分析	抽查	
4	汽提塔	硫化物和环烷酸腐蚀	筒体的液相部分和汽液相界面	宏观或/和壁厚抽查	壁厚抽查	抽检	
5	电脱盐罐	均匀腐蚀	筒体母材的液相部分和汽液相界面	宏观或/和壁厚抽查	壁厚抽查	抽检	

附录　常减压蒸馏装置失效树(图1-2)

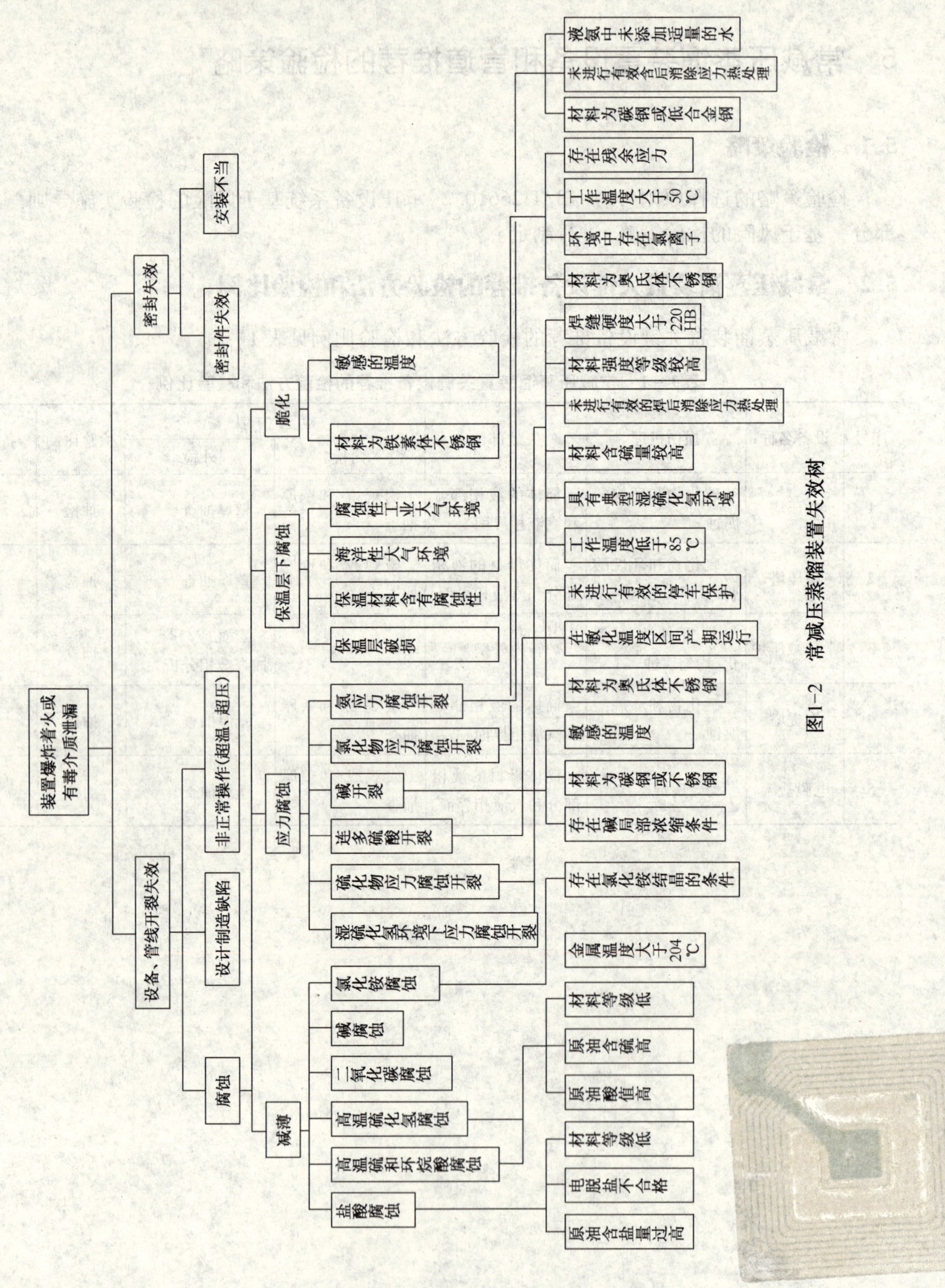

图1-2　常减压蒸馏装置失效树

第 2 章　催化裂化装置风险检验指南

1　催化裂化装置工艺简介

催化裂化装置处理的原料包括常压渣油、减压渣油、掺渣油的重质原料和劣质原料，得到的产品有汽油、轻柴油、干气和液化气等，因此，在炼油工艺中一直处于重要地位。

催化裂化装置按其催化剂的工艺特点，分为固定床催化裂化、移动床催化裂化和流化催化裂化。由于流化催化裂化装置的机械结构简单、造价相对较低、产品质量好等特点，目前，逐渐取代了上述两种类型的催化裂化工艺。流化催化装置(Fluid Catalytic Cracking，简称 FCC)，所谓“流化”是当气体以一定的速度通过装有催化剂的空间时，催化剂将剧烈扰动，气固两相混合在一起，像流体一样流动或沸腾。

1.1　反应的基本原理

作为催化裂化原料的石油馏分中主要的烃类有烷烃、环烷烃及带取代基的芳烃，在催化裂化条件下，这些烃类可发生催化反应及非催化反应。在催化剂作用下的反应称为催化反应；在催化剂不存在时，在反应条件下可测得的反应称为非催化反应，其中有一些反应在有催化剂时会略微加速。

1.1.1　催化反应

(1) 裂化反应

裂化反应主要是 C－C 键的断裂，包含以下几种反应：

① 烷烃裂化生成烯烃及较小分子的烷烃：

$$C_nH_{2n+2} \longrightarrow C_mH_{2m} + C_pH_{2p+2} \qquad (2-1)$$

式中　$n = m + p$

② 烯烃裂化生成两个较小分子的烯烃：

$$C_nH_{2n} \longrightarrow C_mH_{2m} + C_pH_{2p} \qquad (2-2)$$

式中　$n = m + p$

③ 烷基芳烃脱烷基：

$$ArC_nH_{2n+1} \longrightarrow ArH + C_nH_{2n} \qquad (2-3)$$

④ 烷基芳烃的烷基侧链断裂：

$$ArC_nH_{2n+1} \longrightarrow ArC_mH_{2m-1} + C_pH_{2p+2} \qquad (2-4)$$

式中　$n = m + p$

⑤ 环烷烃裂化生成烯烃：

$$C_nH_{2n} \longrightarrow C_mH_{2m} + C_pH_{2p} \qquad (2-5)$$

式中　$n = m + p$

⑥ 环烷—芳烃裂化时可以环烷环开环断裂，或环烷环与芳环链接处断裂。

（2）异构化

包含以下几种反应：

① 烷烃及环烷烃在裂化催化剂上有少量异构化反应；

② 烯烃异构化有双键转移及链异构化：

$$CH_2=CH—CH_2—CH_3 \longrightarrow CH_3—CH—CH—CH_3 \qquad (2-6)$$

③ 芳烃异构化。

（3）烷基转移

主要指一个芳环上的烷基取代基转移到另一个芳烃分子上去。

（4）歧化

歧化反应与烷基转移密切相关，在有些情况下歧化反应为烷基转移的逆反应。

（5）氢转移

氢转移主要发生在有烯烃参与的反应，氢转移的结果生成富氢的饱和烃及缺氢的产物。

（6）环化

烯烃通过连续的脱氢反应，环化生成芳烃。

（7）缩合

缩合是有新的 C—C 键生成的分子量增加的反应，主要在烯烃与烯烃、烯烃与芳烃及芳烃与芳烃之间进行。

（8）叠合

烯烃叠合是缩合反应的一种特殊情况。

（9）烷基化

烷基化与叠合反应一样，都是裂化反应的逆反应。烷基化是烷烃与烯烃之间的反应，芳烃与烯烃之间也可以发生。

1.1.2 非催化反应

非催化反应有以下几种类型：

① 烷烃脱氢生成烯烃；

② 简单环己烷脱氢生成芳烃；

③ 简单环戊烷开环生成烯烃；

④ 烷烃脱氢环生成环烷或芳烃；

⑤ 烯烃加氢；

⑥ 饱和烃（烷烃或环烃）异构化；

⑦ 烃类分解为碳及氢；

⑧ 烃类分解为甲烷及碳；

⑨ 氢分子参与反应的加氢裂化。

1.2 工艺流程简介

按照工艺流程，催化裂化装置主要由反应－再生系统、分馏系统、吸收稳定系统和能量回收系统组成。另外，有些炼油厂从合理利用能量、减少系统管线和便于操作管理角度出发，把干气脱硫、含硫污水汽提和柴油的碱洗精制等过程也并入催化裂化装置，有关设备布置在同一界区。不同的装置，虽有异同，但并无根本差别。因此，装置的分类及命名，均根据反应—再生系统的特点而定。下面以典型的提升管流化催化裂化装置的原则流程为例进行阐述。

1.2.1　反应—再生系统

反应—再生系统包括原料油的裂化反应和催化剂的再生两个工艺过程。

热的原料油，借助蒸汽的作用，从提升管的下部以喷射分散状态进入，与从再生斜管来的再生催化剂混合后一起向上流动，在流动过程中完成裂化反应，然后经快速分离器进入沉降器的沉降段。反应油气夹带着催化剂以很高的速度从快速分离器冲出后，立即减速。借助于动能和重力的作用，催化剂继续向下进入汽提段，在盘形挡板组成的缝隙中曲折向下，与向上喷吹的汽提蒸汽(入口在汽提段下部)逆流接触，脱除携带的反应油气后，通过待生斜管、待生单动滑阀，进入再生器密相段。反应油气从快速分离器出来后，速度降得很低，在反应油气集气室和沉降段之间的压差推动下，折而向上进入旋风分离器。在串联的一级和二级旋风分离器中，把所携带的少量催化剂分离下来后，进入反应油气集气室，通过顶部的油气出口，去催化分馏塔。分离下来的催化剂通过旋风分离器料腿下落进入汽提段，与沉降分离的催化剂一起，经过汽提去再生器。此时的催化剂称作待生催化剂。

来自主风机的空气经过加热后，在再生器的密相段与来自沉降器的待生催化剂混合后，在沸腾状态下，将附在催化剂表面的焦炭烧掉，使催化剂恢复“活性”，然后通过再生淹流斗、再生斜管、再生单动滑阀进入提升管反应器的下部，再次参加催化裂化反应，从而完成一个循环。催化剂再生烧焦时生成的烟气，在再生器密相段和烟气集气室之间的压差作用下，向上进入再生器稀相段。由于稀相段直径大，烟气流速降低，它所夹带的催化剂，在重力作用下，大部分将回落到密相段。少量催化剂将随烟气一起进入旋风分离器(两级串联)，分离下来的催化剂，沿料腿落回密相段，净化后的烟气进入烟气集气室，通过烟道去能量回收系统。

1.2.2　分馏系统

分馏系统的作用是根据裂化产品的沸程不同，将其分割成气体、汽油、柴油、回炼油和油浆。

由沉降器来的反应油气，携带有少量催化剂，进入分馏塔，以便分割成气体、汽油、柴油(包括轻柴油和重柴油)、回炼油和油浆。在分馏塔下部装有多层“人”字形挡板，反应油气自最下一层挡板进入，因为它携带有少量催化剂细粉，为防止堵塞塔盘和影响产品质量，所以先在“人”字形挡板处用油浆加以洗涤。由于反应油气温度比较高(500℃左右)，在用油浆洗涤的同时，取走了多余的热量，油浆从塔底抽出，经油浆蒸汽发生器换热降温后，一部分返回分馏塔参加循环，另一部分可返回反应—再生系统回炼或留作装置自用燃料。经过油浆洗涤和取热后的反应油气，在分馏塔内被分割成不同馏分的产品。气体和汽油自塔顶出来，经冷却后进入油气分离器，使气体和汽油分开，富气从分离塔顶部出来，汽油(粗汽油)从底部出来。气体经压缩机压缩后去吸收稳定系统的凝缩油罐，粗汽油则直接进入吸收塔的上部。轻柴油进入汽提塔，经汽提和冷却后，送出装置，重柴油直接进入冷却器冷却后送出装置。

1.2.3　吸收稳定系统

在吸收稳定系统，用稳定汽油将裂化气体中的 C_3 和 C_4 组分(液化石油气的主要成分)吸收下来，把乙烷及其以下的轻组分(裂化干气的主要组分)汽提出去，作为燃料气使用。

来自分馏系统油气分离器的富气，经气体压缩机压缩冷却后，进入凝缩油沉降罐，罐顶出来的气体(不凝气)进入吸收塔，罐底沉降出来的凝缩油去解吸塔。来自分馏系统的粗油气直接进入吸收塔上部。吸收塔的作用是用从稳定塔来的稳定油气将富气中的 C_3 和 C_4 组分吸收下来，将溶解在粗油气中的乙烷以下的轻组分汽提出去。吸收塔顶出来的气体，因携带有少量吸收剂——稳定汽油，所以需进入再吸收塔，利用柴油做吸收剂回收稳定汽油，再返回催化分馏塔重新分馏。吸收塔底出来的液体(富吸收油)和凝缩油均进入解吸塔，使其中溶解的气体解吸后，从塔顶返回凝缩油沉降罐。塔底产品为未稳定汽油，经换热后送入稳定塔。从稳定塔底出来的液体为稳定汽油，塔顶产品经冷凝后进入回流罐，罐底即为液化石油气(液态烃)，可作为化工原料或民用燃料；罐顶产品为气态烃，送出装置。从再吸收塔顶出来的气体产品为“干气”，送出装置。

1.2.4 能量回收系统

由于催化剂再生时产生的烟气携带有大量热能和压力能。把这部分能量回收下来，可以降低生产成本和能耗，提高经济效益。对于大型装置，一般都是采用烟气轮机回收压力能，用作驱动主风机的动力和带动电机发电；以余热锅炉回收热能产生蒸汽，供汽轮机使用或外输。小型催化裂化装置，由于烟气量少，投资回收期长，一般都不设回收系统。

由再生器来的烟气，含有微量的催化剂粉尘，它将会造成烟气轮机叶片的磨损，所以在烟气进人烟气轮机前，需要经过三级旋风分离器再次净化。净化分离下来的催化剂粉尘，排出装置。净化后的烟气，进入烟气轮机作功，驱动主风机，多余部分功带动发电机发电。烟气在烟气轮机中做完功，回收了压力能后，温度亦略有降低，然后去余热锅炉产生蒸汽，烟气降温后去放空烟囱放入大气。

2 催化裂化装置典型设备工艺参数、工艺作用及选材

催化裂化装置关键设备一般包括反应沉降器、再生器、分馏塔、旋风分离器、吸收和解吸塔及烟道气系统等。

2.1 反应沉降器

反应沉降器是催化裂化装置的核心设备，在反应沉降器的提升管内完成原料油的催化裂化反应，重质油转化为轻质油。同时，在沉降器内将反应生成油气所携带的少量催化剂分离下来。

反应器分为热壁设计和冷壁设计。用耐热衬里防止冲蚀的热壁反应器一般用低合金钢制造，如1.25Cr-0.5Mo。选择这种合金代替碳钢是因为其优越的高温强度以及不会发生石墨化。

冷壁反应器采用内部有绝热层的碳钢壳体(Q245R)。为了具有良好的耐冲蚀性和绝热性能，在反应器中可以采用双重冷壁耐热系统，即采用双层衬里或者浇铸成型的单层中等密度的耐热材料。

在早年，炼油工业只用双层衬里。这是紧贴器壁有层100mm(4in)厚的软质低密度的耐热材料，再用12Cr或304不锈钢龟甲网封包起来的一层25mm(1in)厚的硬质高密度的耐热材料防止冲蚀。用金属螺栓把龟甲网固定在器壁上。

由于双层衬里费用高而且很难维护保养，目前，广泛采用的是较厚的浇铸成型的单层中间密度的耐热材料，再用304不锈钢V形锚件固定。虽然这种衬里没有轻质绝热耐热材料那样高的绝热性能，也没有硬质高密度耐热材料那样高的耐冲蚀性能，但是总的来说，它确实是很有效的。

反应器内部构件，如旋风分离器、格子板和汽提段折流板等一般都是用碳钢制造的，但在有些部位，能够用12Cr不锈钢防护。通常，碳钢旋风分离器和料腿容易发生冲蚀损坏，所以，内部必须用硬质高密度耐热材料的耐冲蚀衬里防护，耐热材料用12Cr不锈钢龟甲网固定。

2.2 再生器

再生器的作用是烧掉催化剂上的焦炭沉积，使催化剂恢复活性，并且，再生器提供吸热裂化反应所需要的热量。再生温度一般为650~760℃。

再生器壳体通常是用碳钢制造的，内部有耐热材料衬里，使壳体保持足够低的温度，以免失去材料强度，防止发生石墨化，并防止发生冲蚀、氧化和渗碳。

可以采用双层耐热材料衬里，或者采用单层中等比重的耐热衬里。用碳钢螺栓固定12Cr(410不锈钢)或18Cr-8Ni(304不锈钢)龟甲网。由于经过若干年后，需要提高再生温度，所以要用410不锈钢螺栓替换碳钢螺栓。

目前，在再生器壳体上，已经普遍采用中等密度耐热材料。虽然这些材料没有轻质绝热耐热材料那样好的绝热性能，也没有达到冲蚀阻挡层那样好的耐冲蚀性能，但是，它们确实显著降低了成本，并且容易使用。在壳体上喷一层中等密度耐热材料，再用304不锈钢V形螺栓固定，这就是现在再生器壳体上普遍采用的一种施工方法。

在再生器内部构件上，旋风分离器和旋风分离器支撑结构都已经采用304H不锈钢。旋风分离器内部用25mm(1in)厚的耐冲蚀耐热材料衬里防护，用304不锈钢龟甲网固定。最近，正在用"S-bar"锚件取代龟甲网，特别方便修理。当装配在弯曲表面上时，这样的锚件比龟甲网更容易弯曲。旋风分离器上部2in长的料腿也可以采用耐热材料衬里。

2.3 分馏塔

分馏过程生产出的轻质烃与传统蒸馏过程生产出的轻质烃不同，含有烯烃这样的不饱和组分。C_4和更轻的流体里不仅含有甲烷、乙烷、丙烷、丁烷，而且还含有氢、乙烯、丙烯和丁烯。所以，必须在裂化气体装置中把这样的流体进行分离。

分馏塔的作用是冷却裂化后的反应器流出气体，并把轻质和重质回炼油与轻馏分(裂化的汽油、烯烃等)分离开。

分馏塔壳体一般采用碳钢，在温度高于285℃容易发生硫化腐蚀的部位，要用12Cr不锈钢(405、410、410S不锈钢)包覆。塔里温度较高的塔盘，一般应采用12Cr不锈钢(405、410、410S不锈钢)，塔的上部可以采用12Cr或碳钢。入口接管能有相当高的温度480~540℃，这足以使材料发生高温石墨化。

高温340~370℃原油分馏塔塔底残渣系统需要耐受催化剂浆料的冲蚀和高温硫化氢的腐蚀。进入主分馏塔的工艺流体含有催化剂细末，常常会造成塔底系统发生局部冲蚀。正常情况下，主分馏塔下部的冲蚀问题并不严重，但是，在下游塔底残渣管道和泵这样的设备中，高速流动区域的冲蚀问题会相当严重。

为防止发生硫化，管道和阀门一般采用5Cr-0.5Mo或9Cr-1Mo。下游换热器壳体、通道包覆层和管子往往采用12Cr或300系列不锈钢。常常用表面硬化的合金或蒸汽扩散镀层增强压力排放阀和塔底泵的抗冲蚀能力。泵壳采用5Cr-0.5Mo、9Cr-1Mo或者12Cr不锈钢。塔底残渣泵也采用高铬抗冲蚀铁制造。

2.4 旋风分离器

旋风分离器与低速流动的催化剂接触的金属表面，当冲蚀和磨蚀并不严重时，一般可不采取特殊的防护措施，如两器的内构件等；但对于与高速流动的催化剂接触的部位，如：一、二级旋风分离器入口处烟气或油气的线速度一般均在15~25m/s范围内，气体(夹带有催化剂)进人旋风分离器后，高速含催化剂气流不断地冲刷器壁，使其受到剧烈的冲蚀和磨蚀，则必须采用防护措施，防护的方法是在分离器的内表面衬上耐磨蚀的非金属材料。一、二级旋风分离器的本体一般用1Cr18Ni9材料，内衬20mm厚的耐磨衬里，国内目前多采用磷酸铝——刚玉衬里。

三级旋风分离器的分离单管，气流速度非常高(叶片的叶尖速度达60~80m/s)，虽然催化剂浓度很低，但磨损也是相当严重的，若某一根单管失效，将对烟气轮机造成严重的危害。但因其直径很小，不能衬里，一般是采用表面渗硼的办法，提高其表面硬度。单管下端的泄料盘，通常是在表面堆焊硬质合金，或者是采用整体高温陶瓷。三级旋风分离器的壳体可用Q245R，内衬100~150mm厚的隔热耐磨衬里。

2.5 吸收和解吸塔

吸收塔的作用是用从稳定塔来的稳定油气将富气中的C_3和C_4组分吸收下来，将溶解在粗油气中的乙烷以下的轻组分汽提出去；通过解吸操作，在解吸塔底得到基本不含C_2的脱乙烷汽油。吸收塔操作压力为1.4MPa，平均吸收温度为45℃，吸收塔的壳体可用Q245R；解吸塔亦可用12Cr2AlMoV，内构件可用碳素钢。

2.6 烟道气系统

烟道气系统用于冷却气体、除去催化剂细末、除去污染物，实现热量回收，并且净化再生器排入大气的废气。离开再生器的废烟道气的温度为675~760℃。

在烟道气管道系统中，弯头处的冲蚀比在直管段的冲蚀更明显，并且在紧贴限流孔板和滑阀的下游部位，冲蚀是严重的。管道一般采用耐热材料衬里的碳钢，或者，使用能量回收透平时，入口管道通常采用无绝热的300系列不锈钢，以免耐热材料颗粒进入透平。

3 催化裂化装置主要损伤机理及分布

3.1 高温气体腐蚀

(1) 损伤机理

催化裂化装置的高温气体，主要是在催化剂再生过程中，烧焦时所产生的烟气。再生烟气的组成比较复杂，各组成成分之间的比例也是变化不定的。其主要成分为一氧化碳、二氧化碳、氮气、氮氧化物和水蒸汽。在高温条件下，氧气与钢表面的铁发生化学反应生成三氧化二铁和四氧化三铁。这两种化合物，组织致密，附着力强，阻碍了氧原子进一步向钢中扩散，对钢起着保护作用。随着温度升高，氧的扩散能力增强，三氧化二铁和四氧化三铁膜的阻隔能力相对下降，扩散到钢内的氧原子增多。这些氧原子，与孔生成另一种形式的氧化物——二氧化亚铁。二氧化亚铁结构疏松，附着力很弱，对氧原子几乎无阻隔作用，因而二氧化亚铁层愈来愈厚，极易脱落，从而使三氧化二铁和四氧化三铁层也附着不牢，使钢曝露了新的金属表面，又开始了新一轮氧化反应，直至全部氧化完为止。在再生烟气条件中，钢不仅会产生氧化，而且还会产生脱碳反应。

（2）损伤形态

多数合金，包括碳钢和低合金钢，由于氧化而会导致全面变薄。通常，部件外表面会被氧化皮所覆盖，这取决于温度和暴露的时间。SS300 系列不锈钢和镍合金通常有非常薄的黑锈，除非暴露在金属流失速率过度的极高温度下。

（3）控制措施

防止氧化最好的方式是改进材料为一种更耐蚀的合金。为加强控制，用含有足够铬的耐蚀合金（耐蚀性能改进程度从 5Cr、9Cr 到不锈钢）；金属内表面用耐热材料使之保持较低温度。

（4）工段分布

高温气体腐蚀的主要部位是再生器至放空烟囱之间与烟气接触的设备和构件。

3.2　胺腐蚀

（1）损伤机理

胺腐蚀多为局部腐蚀，它主要发生在一些气体（硫化氢或二氧化碳）处理装置中的碳钢设备上。气体处理胺有两种主要方式——化学溶解和物理溶解。胺腐蚀大多数是化学溶解时的腐蚀。乙醇胺（MEA）、二乙醇胺（DEA）、甲烷基二乙醇胺（MDEA）等用来去除工艺流体中的酸性气体，主要是硫化氢气体。MEA 和 DEA 也可以去除二氧化碳，但 MDEA 是有选择地去除硫化氢，而二氧化碳很少。一般若能很好的控制杂质，发生在 MDEA 中的腐蚀比 MEA 和 DEA 中的少。

胺处理工艺中的碳钢腐蚀与许多相关因子有关，其中主要因素有胺液的浓度、溶液中酸性气体的含量（浓度）和温度，浓度变大时，腐蚀速率加快；与大多数腐蚀机理相似，温度增加会加快腐蚀速率。

流速或湍流也会影响胺腐蚀。在没有高速流体和湍流时，胺腐蚀通常是均匀的。而流速增加和在湍流情况下，会从溶液中产生酸性气体，特别是在弯头和压力突然降低的地方（如阀门），从而引起更多的局部腐蚀。高速流体和湍流会破坏保护层硫化铁。对于碳钢，流速一般限制在 5fps（浓胺）和 20fps（稀胺）。

（2）损伤形态

碳钢和低合金钢一般会出现整体变薄，当介质流速产生影响后，可能出现点蚀或槽状局部腐蚀。

（3）控制措施

合适的胺系统操作是控制腐蚀最行之有效的方法，同时应注意酸性气体的密度等级。此外，为避免具有腐蚀性胺的降解产物，运行温度不应超过所推荐的极限。为了保持换热器的最高极限温度，应当合理控制再沸器的使用率及温度。系统的设计应结合测量来控制压力波动最小化。在那些无法避免的位置，材料升级到300系列的SS或使用其他抗腐蚀的材料是必要的。固体以及碳氢化合物应该用过滤或控制转移的方式从胺溶液中除去。对于固体的除去，富胺溶液比贫胺溶液更为行之有效。在条件允许的情况下，腐蚀抑制剂的使用也可以控制腐蚀的程度。

(4) 工段分布

主要发生在双脱工段的胺溶液泵及贫液—富液换热器的富胺侧。

3.3 高温硫化

(1) 损伤机理

高温硫化物腐蚀(没有氢存在)是假定没有液态水存在的情况下，温度大约高于232℃时，硫化氢和其他硫的化合物产生的腐蚀问题。

能够引起硫腐蚀的硫的化合物有：

① 元素硫；

② 聚硫化物；

③ 硫化氢；

④ 脂族硫化物；

⑤ 脂族二硫化物。

当装置进料中的有机硫化物发生热分解时，在流化催化裂化装置预热器和反应器中就会生成(硫化氢)，在温度高于232℃，浓度≥1ppm时，硫化氢对材料有腐蚀性。当温度高于260℃时，腐蚀速率迅速加快，尤其是碳钢；当温度超过454℃时，硫腐蚀速率开始减慢。影响硫化作用的主要因素是合金组分、温度及硫化物的浓度和类型以及质量流速等。

(2) 损伤形态

由工作条件决定的，腐蚀最常以均匀变薄的形式出现，但也会发生例如局部腐蚀或高腐蚀速率破坏。硫氧化物通常将覆盖部件的表面，沉积物厚度可能厚或薄，这取决于这个合金流液的侵蚀性、流速和污染物的百分含量。

(3) 控制措施

一般说来，提高铬的含量能明显增强防硫化腐蚀的能力，由300系列或400系列的SS不锈钢建造的或以此为涂层的管道和设备抗腐蚀性能优越，低合金钢铝弥散处理有时用于减小硫化速率，并尽量减少其形成，但是，它不可能完全抵制该种类型的腐蚀。

(4) 工段分布

预热器、预热器下游的进料管道，反应器、反应混合物管线，主分馏塔中温度高于260℃的各段、分馏塔塔底残渣管道和泵、分馏塔的进料段及侧线馏分管道。

3.4 $H_2S-HCN-H_2O$ 型的腐蚀

(1) 损伤机理

催化原料油中的硫化物，在裂化反应温度的条件下发生分解反应，生成硫化氢，原料油中的元素硫，在这种条件下，也能与烃类物质反应生成硫化氢。因此，在催化富气中，硫化氢的浓度很高。同时，原料油中的氮化物发生裂解，其中有10%～15%转化成氨气，有1%～2%则转化成氢氰酸，而吸收稳定系统的温度较低，有水存在，从而构成了 $H_2S-HCN-H_2O$ 类型的腐蚀环境。在这种环境中，硫化氢和铁发生下面几种电化学反应：

硫化氢在水中离解：

$$H_2S \longrightarrow H^+ + HS^- \longrightarrow 2H^+ + S^{2-} \tag{2-7}$$

钢在硫化氢水溶液中发生电化学反应：

a）阳极反应：

$$Fe \longrightarrow Fe^{2+} + 2e，二次反应过程，Fe^{2+} + S^{2-} \longrightarrow FeS \tag{2-8}$$

b）阴极反应：

$$2H^+ + 2e \longrightarrow 2H \longrightarrow H_2 \tag{2-9}$$

从上述过程可以看出，钢在这种环境中，不仅会由于阳极反应而出现一般腐蚀。而且由于新生的原子氢具有很强的活性，进入钢的内部，导致钢产生鼓包或裂纹。当钢中存在拉伸应力(工作应力或残余应力)时，在 $H_2S-HCN-H_2O$ 环境下，如果钢材内部有氢致裂纹，就很容易产生硫化物应力腐蚀开裂，当介质呈酸性时($pH<7$)，开裂容易发生；当介质呈碱性时($pH>7$)，开裂则较难发生，但是在有氰离子存在时，即使在碱性溶液中，也能发生这种破坏。

（2）损伤形态

$H_2S-HCN-H_2O$ 类型的局部腐蚀减薄特点是坑蚀、穿孔，$H_2S-HCN-H_2O$ 类型腐蚀在严重情况会伴有氢鼓包及硫化物应力腐蚀开裂的特征。

（3）控制措施

采取有效的隔离可以在湿硫化氢的环境中保护钢铁以及合金覆盖层；改变水中的氨水或氢氰酸浓度以改变水中的 pH 值可以减轻损坏，通常使用的方法就是注入水来稀释氢氰酸的浓度，比如，在 FCC 气罐中，氢氰酸可以被注入的聚乙烯铵来稀释；通过预先加热、焊后热处理(PWHT)、焊接产物以及对碳量的控制，SCC 可以被限制到热影响区焊接硬度高达200HB 才发生；也可以使用特别的腐蚀抑制剂。

（4）工段分布

$H_2S-HCN-H_2O$ 型的腐蚀主要分布在吸收稳定工段，对于一般腐蚀减薄的情况多发于吸收解吸塔顶部、稳定塔顶部和中部，再吸收塔的顶部和中部；氢鼓包的情况可能发生在解吸塔顶和解吸气空冷器至后冷器的管线弯头，解吸塔后冷器壳体、凝缩油沉降罐罐壁及吸收塔壁。

3.5 酸性水腐蚀

（1）损伤机理

是含有硫化氢和氨的水引起的腐蚀，对于碱性环境中的碳钢是需要重点关注的，这种腐蚀是由硫氢化铵(NH_4HS)引起的，它又称作硫氢化铵。主要腐蚀变量是水中 NH_4HS 的浓度以及介质流速，其次为水的 pH 值以及水中氰化物和氧含量。

（2）损伤形态

酸水腐蚀通常导致整体变薄，但是局部腐蚀也会发生，特别是在有氧的环境下，环境中含有二氧化碳的腐蚀通常会与碳酸盐压力腐蚀破裂共同发生。

（3）控制措施

采用SS300系列不锈钢在使用温度低于60℃的条件下，能够控制酸性水腐蚀的发生；铜合金和镍合金也可以抵御酸水腐蚀，但是铜合金却无法抵御环境中有胺的腐蚀。

（4）工段分布

主要分布在酸性水、酸性气处理单元。

3.6 湿硫化氢/二氧化碳气体的腐蚀

（1）损伤机理

硫化氢在潮湿或有冷凝液的情况下，由于硫化氢的溶解，生成呈酸性的电解质溶液而产生严重腐蚀。

二氧化碳腐蚀在60℃以上时尤为明显，当二氧化碳输送过程因温度变化产生冷凝液时，就对碳钢管壁产生强烈腐蚀。二氧化碳溶解于水形成碳酸，它可降低pH值，而足够数量的碳酸会导致碳素钢的全面腐蚀或孔腐蚀。

（2）损伤形态

湿硫化氢与二氧化碳气体联合作用会形成比较严重的局部腐蚀特征。

（3）控制措施

腐蚀抑制剂能减少蒸汽冷凝水系统的腐蚀，应采用气相抑制剂防止冷凝蒸汽的侵蚀；凝结水pH值提高到6以上，能减少蒸汽冷凝水系统的腐蚀；在大多数应用中，300系列、400系列及双相不锈钢能有效抵抗腐蚀。

（4）工段分布

主要发生在吸收稳定和双脱工段。

3.7 高温环烷酸腐蚀

（1）损伤机理

环烷酸是油品中各种有机酸的总称。在低温时，其腐蚀性很小，甚至看不出明显的腐蚀迹象，在操作温度超过220℃时腐蚀开始，在270～280℃温度范围，腐蚀最为剧烈。超过这个温度，腐蚀有所减轻，但在350℃时，腐蚀又重新加剧，400℃以上，腐蚀又变得很微弱了。环烷酸可与铁反应，同时能与硫的腐蚀产物反应。环烷酸腐蚀还与介质流速有关，流速增加则腐蚀加剧。

（2）损伤形态

一般情况下，环烷酸腐蚀严重的部位都是涡流比较强烈或流速较高的部位，因此，环烷酸的腐蚀实际是腐蚀和冲蚀共同作用的结果。

（3）控制措施

a）掺炼，用低酸值原油稀释高酸值原油，以降低环烷酸含量，从而将腐蚀降低到可直接加工的水平；

b）加注缓蚀剂，加注缓蚀剂能对已知腐蚀严重的部位提供保护，这种情况下需要合适的监测手段来检查处理效果。采用化学处理抑制环烷酸腐蚀的方法主要有两种：一是加入的化学物质与环烷酸反应生成不腐蚀的油溶性产物；另一种是加入的化学物质与金属铁形成油不溶物，被吸附在金属表面；

c）原油脱酸，把环烷酸从原油中脱除也许是解决环烷酸腐蚀最根本的的办法。含酸原油脱酸的工艺主要包括：碱中和法、抽提分离、吸附分离、加氢脱除、热处理脱酸、碱性金属氧化物脱酸等；

d）通过选择适当的材质来控制，大体的选材顺序是：碳钢→Cr－Mo→1Cr13→18－8→316L→317L，碳钢在低于220℃时不受环烷酸侵蚀，如果介质流速低于25～30m/s时，在较高温度下也能使用；Cr5Mo、Cr9Mo钢对环烷酸腐蚀有更好的抵抗力，但在较高流速下容易严重腐蚀，可用于加热炉管、管线和热交换器；含钼的奥氏体不锈钢被认为是最好的耐环烷酸腐蚀材料；

e）渗铝技术，渗铝作为材料的表面改性处理方法，可以显著提高金属材料表面的防腐性能；

f）化学镀技术，化学镀非晶态合金涂层是近十年发展起来的一种新型材料，尤其是化学镀镍磷镀层的化学稳定性高，防腐性能极强。

（4）工段分布

环烷酸腐蚀主要发生的部位：分馏塔的下部，尤其是正对油气入口的塔壁，由于冲刷的结果而导致腐蚀速率较高；对于低流速的部位，如油气管线、人字挡板和下部几层塔盘腐蚀速率较低，塔顶冷凝系统由于介质的pH值较高(一般大于8)，所以腐蚀也不严重。

3.8 湿硫化氢环境下的硫化物应力腐蚀开裂

（1）损伤机理

SCC为金属在拉应力和硫化氢及水存在的综合作用下出现的开裂。是由于在金属表面上进行的硫化腐蚀过程中产生了氢原子而发生的氢应力开裂。

SCC的敏感性主要与pH值和水中的硫化氢含量这两个环境因素有关。硫化氢在潮湿或有冷凝液的情况下，由于硫化氢溶解生成呈酸性的电解质溶液而产生严重腐蚀。

（2）损伤形态

在承压设备中，SCC通常发生在焊缝处，同时也会出现在任何硬度高或韧性高的地方，SCC特征是器壁有开裂倾向。

（3）控制措施

采取有效的隔离可以在湿硫化氢的环境中保护钢铁以及合金覆盖层；改变水中的氨水或氢氰酸浓度以改变水中的pH值可以减轻损坏，通常使用的方法就是注入水来稀释氢氰酸的浓度，比如，在FCC气罐中，氢氰酸可以被注入的聚乙烯铵来稀释；通过焊前预热，焊后热处理，以及对含碳量的控制，SCC可以被限制到热影响区焊接硬度高达200HB才发生；可以使用特别的腐蚀抑制剂。

（4）工段分布

主要发生在分馏和吸收稳定工段。

3.9 碱应力腐蚀开裂

（1）损伤机理

在拉应力和高温氢氧化钠腐蚀的联合作用下产生的开裂。裂纹主要位于晶间，典型形态是细微网状裂纹。经验表明，有些碱腐蚀应力裂纹失效发生在几天内，而多数则可能持续1年以上才会发生。碱腐蚀应力裂纹的敏感性由3个关键参数确定：碱浓度、金属温度和拉应力水平。

（2）损伤形态

碱脆一般发生在与焊缝相邻的金属基体里，其裂纹呈平行扩展趋势，当然也能发生在焊缝或热影响区域。裂纹的特征是在金属表面呈细微蜘蛛网状发展，它常常起源于热影响区的应力集中源的缺陷处，或者与此处的裂纹相互连接；通过金相检测碱脆缺陷的断口特征主要是晶粒间的，最典型的是发生在由碳钢材料的焊缝区域，裂纹为细小网状；300系列的不锈钢中的碱脆是典型的穿晶断裂。

（3）控制措施

可以通过焊后热处理来进行应力释放，从而有效降低碱脆发生的可能性。对碳钢来所以，一般认为在621℃的去应力退火已经可以有效地释放应力。也可以将热处理应用到设备内、外部的附属焊缝或者进行焊缝的修复护理；碳钢的抗碱脆能力比300系列不锈钢优越，镍基合金具有较强的抗碱脆能力，尤其是在高温和高碱浓度的环境下，使用镍基合金钢比较理想；尽量避免或消除在蒸汽出口的管道或设备处使用未经过焊后热处理的碳钢；蒸汽出口设备在使用前应该水洗；注射系统的设计要合理，以保证碱液在注入原料高温预热系统之前浓度的均匀性。

（4）工段分布

碱应力腐蚀开裂主要分布在双脱工段。

3.10 胺致开裂

（1）损伤机理

在高温作用下，由胺溶液产生的腐蚀和拉应力共同作用下金属产生的开裂。裂纹主要为晶间类型，典型的裂纹是发生在碳钢上的网状极细裂纹，腐蚀产物充满裂纹。低合金铁素体钢也易产生胺致开裂。钢材对胺致开裂的敏感性可用四个参数评价，即胺的类别、胺溶液成分、金属温度以及拉应力的水平。胺致开裂破裂大多在贫胺环境下发生的。

（2）损伤形态

胺致开裂起初发生在焊缝热影响区，通常平行于焊缝，并且裂纹之间也是平行的；在焊接金属中，裂纹既非横穿过焊缝也非纵穿过焊缝，对于管出口处的情况，裂纹是呈放射状的，在管进口处，裂纹是平行于焊缝的；裂纹的外观形貌有些像潮湿环境下硫化氢造成的应力腐蚀开裂；由于造成开裂主要是残余应力，因此胺致开裂通常出现在与介质接触的一侧。

（3）控制措施

在设备制造过程中进行焊后热处理，可有效地控制胺致开裂的发生；在可能用到碳钢的情况下，尽量换用不锈钢、合金400和其他具有抗破裂的合金。

（4）工段分布

胺致开裂常在胺处理（双脱）单元中出现。

3.11 硝酸盐应力腐蚀开裂

（1）损伤机理

硝酸盐应力腐蚀开裂是由于烟气中氮氧化物过高并结露造成的。如果再生系统的设备保温不好，壁温长期处于烟气露点温度以下，则烟气在设备器壁结露，也就会为应力腐蚀开裂创造了条件。从统计的数据表明，发生开裂的设备壁温几乎均在露点温度以下。

(2) 损伤形态

硝酸盐应力腐蚀开裂部位发生在热影响区，裂纹附近有严重的腐蚀坑，也正是这些腐蚀坑而使试样发生快速开裂。对裂纹和断口进行宏观及微观观察，发现裂纹均发生于焊接区或热影响区，裂纹平行于焊缝方向，垂直于加载的应力方向。裂纹走向从宏观上看较直，裂纹有分支，即有二次裂纹产生。裂纹从内表面开始向外表面扩展，裂纹发生部位的金属未见明显塑性变形。

(3) 控制措施

一般是避开烟气的露点温度(115～167℃)。

(4) 工段分布

发生失效的设备：再生系统的设备。

3.12　连多硫酸引起的应力腐蚀开裂(PTASCC)

(1) 损伤机理

当装置运行期间遭受硫的腐蚀，在设备表面生成含硫化合物，装置开、停工期间有氧(空气)和水进入时，与设备表面生成的含硫化合物反应生成连多硫酸。若奥氏体不锈钢处于敏化条件下，且暴露在连多硫酸中的奥氏体不锈钢受到残余拉伸应力或外加拉伸应力作用时，就会发生连多硫酸应力腐蚀开裂(PTASCC)。

(2) 损伤形态

连多硫酸引起的应力腐蚀开裂通常发生在焊缝附近，也会有发生在母材的情况，通常为局部化且失效特征不明显，裂纹形态为沿晶开裂，但不会造成壁厚减薄。

(3) 控制措施

① 停车阶段或停车后立即用碱性的苏打溶液中和硫酸，或者用干燥氮气、氮气/氨气吹扫以隔离空气；

② 低碳等级不锈钢如304L/316L降低PTASCC敏感性，但温度不能超过538℃；

③ 应用添加Ti、Nb等稳定元素如321/347不锈钢以及镍基合金825、625；

④ 对低碳等级不锈钢以及化学稳定型不锈钢进行稳定化热处理。

(4) 工段分布

连多硫酸应力腐蚀开裂主要发生在再生器内部构件(耐热材料锚件及龟甲网、旋风分离器)、滑阀、300系列不锈钢催化剂抽出接管、烟道气管线、膨胀节。

3.13　高温石墨化

(1) 损伤机理

在碳钢和碳－钼钢中，大量碳是以碳化铁形式存在的。当钢暴露在非常高的温度下时，碳化铁分解生成铁素体(铁)和石墨(碳)，这个过程叫做石墨化。石墨是强度(或者说延性)非常差的物质，因此，它的形成使金属相应失去原有特性。当保温材料破损而使金属壁温升高超高425℃(碳钢)，455℃(碳－钼钢)，可导致材料高温石墨化、劣化的发生。

(2) 损伤形态

由于石墨化导致的失效在外观上不是很明显或不容易看出来，只能通过金相检测才能观察到。对于石墨化发生而导致蠕变强度降低的材料裂化后期，会形成微裂纹/微孔空洞，内部的破裂或表面开裂。

（3）控制措施

对承压部件采用铬钼钢材料（1.25Cr－0.5Mo）代替碳钢，或者承压部件采用碳－钼钢（最高使用温度455℃），另外在金属表面用耐热材料绝热来降低壳体温度。

（4）工段分布

可能发生高温石墨化的部位有：碳钢反应器旋风分离器、分馏塔入口喷嘴和邻近壳体、反应器和再生器内部构件或者催化剂输送管线的绝热层损坏部位。

3.14　高温蠕变

（1）损伤机理

在低温下，假如金属受到应力作用低于其屈服值，那么当应力除去时，依靠材料弹性，金属会恢复其原有尺寸。当应力作用高于其屈服值时，金属材料就会发生永久变形。假如应力保持恒定不变，也不会进一步发生变形。但是，在高温下外加负载时，即使外加应力低于其屈服值，金属也会永久拉伸变形。这种现象叫做蠕变，最终使金属失效。蠕变是一种高温机制，在外加应力低于正常屈服强度的情况下，金属蠕变会连续发生塑性变形。

（2）损伤形态

蠕变失效的初始阶段只能由金相扫描电子显微镜确定。蠕变失效导致的孔洞通常出在晶界，并在后期形成裂隙进而导致裂缝。在温度远高于初始极限温度下，可观察到明显变形。

（3）控制措施

确保实际使用温度不超过金属设计温度；在发生金属变形的部位，用应力分析技术确保热膨胀应力处于设计余量范围内；采用更高级别的合金。

（4）工段分布

高温蠕变失效可能发生在热壁反应器、碳钢旋风分离器和吊架、再生器及管道，或者绝热耐热层破损的冷壁反应器中。对于蠕变开裂容易发生的部位是：高温容器及管道的高温和应力集中结合部位，如靠近主要的不连续性结构，包括管道三通接头、喷嘴，或焊缝上的缺陷。

3.15　高温渗碳

（1）损伤机理

当温度高于540℃时，金属能够从大气中吸收碳，生成金属碳化物，这个过程叫做高温渗碳。在催化裂化装置中，渗碳是从碳（焦炭）在金属内表面沉积开始的，然后，沉积的碳与金属反应，会生成金属碳化物。当金属碳化物渗透进此金属并形成一层时，因为它占据的体积比未受此影响的金属大，所以它产生很高的压缩应力。这样金属碳化物与未受影响的金属脱离，或者呈鳞片状掉落，由此使金属材料厚度减薄。

（2）损伤形态

可以由金相分析确认渗碳的程度，渗碳过程可导致材料硬度的大幅度增加和延性的损失。在发生渗碳失效较严重的阶段，受影响的组件有可能出现体积增加。渗碳结果是消耗周围的碳化物的碳元素以形成金属碳化物，一些合金的铁磁性可以增加。

(3) 控制措施

选择足够的抗渗碳合金包括具有强烈表面氧化或硫化膜形成的合金(硅和铝)。通过较低的温度和较高的氧/硫分压以降低发生渗碳的可能性，硫会抑制渗碳的发生，加入少量硫到工艺流化气之中。

(4) 工段分布

在反应器和再生器内部构件上会发生高温渗碳。当温度很高而又没有完全燃烧时，再生器烟道气系统里会生成一氧化碳，过多的一氧化碳甚至会使300 系列不锈钢发生渗碳问题。

3.16 亚硫酸或硫酸的“露点”腐蚀

(1) 损伤机理

当加工含硫量较高的蜡油或渣油时，硫化物高温分解后，一部分粘附在待生催化剂上进入再生器，使烟气中的二氧化硫和三氧化硫含量增加，在有氧存在的条件下，遇水时就会生成亚硫酸或硫酸，引起材料的腐蚀，形成局部坑蚀，使材料穿孔或成为起裂源。这种情况多出现在停工期间。因为烟气含有一定数量的水蒸气，停工降温到露点时，在局部易于积水的地方积存下来，造成局部腐蚀，尤其对膨胀节上的波纹管威胁很大，因为它不仅壁薄，且易于积水。

(2) 损伤形态

亚硫酸或硫酸引起的“露点”腐蚀形态主要是局部坑蚀，有时会有下列几种破坏形式：膨胀节波纹管与筒节焊缝开裂；波纹管穿孔；波纹管变形挤压及波纹管鼓泡等。

(3) 控制措施

尽量减少开、停工次数，避免操作参数的大幅度快速波动，这样既可以避免酸性成分在波纹管内形成，又可以避免开停工过程中产生的交变应力对膨胀节造成的疲劳破坏。尽可能不用蒸汽吹扫，应改用风或填充致密陶纤毡。对于必须设置吹扫蒸汽的膨胀节，尽可能使用过热蒸汽，并注意经常在膨胀节底部排凝。

(4) 工段分布

可能亚硫酸或硫酸引起的“露点”腐蚀发生的工段是在能量回收系统，膨胀节的波纹管为重点关注部件。

3.17 热应力及热疲劳

(1) 损伤机理

热疲劳是由于温度差异而产生的循环应力造成的。热疲劳破坏可能以裂纹的形式发生在部件的任何地方，对于一个金属构件的略微膨胀，特别是反复的热循环条件下就会发生。热应力的产生，主要有下列3 种情况：构件本身各部分间的温差、具有不同热形胀系数的异种钢焊接和结构因素引起的热渗胀不协调。

(2) 损伤形态

热疲劳裂纹通常最初出现在部件的表面，裂纹可能是单一的或若干条。热疲劳裂纹是沿应力横向延伸的，它们通常是尖形发展、穿晶的，并有氧化物填充。由热疲劳导致的断裂可能是轴向的或是圆周的，也可能是在同一个位置两者都有。

（3）控制措施

合理的设计消除开裂的风险，尽量去除应力集中的斜接焊缝。

（4）工段分布

热疲劳发生的部位有：反应混合物的管线中特别是在斜接焊缝处；反应器顶部和分馏塔入口接管的对接部位；再生器的主风分布管与再生器壳体的连接处；再生器中旋风分离器的料腿拉杆以及两端焊接固定的松动风、测压管等部位。

3.18 催化剂冲蚀

（1）损伤机理

冲蚀是流化催化裂化装置高温段的最大问题，由于高速流动的流体中固体颗粒的冲击和切削作用，使材料损失。随反应油气和再生烟气流动的催化剂，不断冲刷着构件的表面，使构件大面积减薄，甚至局部穿孔。最近几年，由于广泛采用新型的催化剂，其高温强度显著提高，而且温度(主要指再生温度)提高，流速加快，因而，催化剂的磨蚀和冲蚀更加剧烈。

（2）损伤形态

冲刷腐蚀的特点是以坑、凹槽、沟壑、波浪、圆形孔和谷为形式的局部减薄。这些损失往往会表现出具有方向性的特点。冲刷腐蚀可能在相对短的时间内发生。

（3）控制措施

改进设计包括更改外型、几何形状和材料选择，采取增加管径以降低流速，增加管壁厚度，使用可更换的防冲击挡板；提高抗侵蚀通常是通过用更坚硬的合金，堆焊或表面硬化处理增加基板硬度，难熔耐侵蚀材料用在气旋及滑动阀门上也能有效地预防冲刷腐蚀的发生。

（4）工段分布

催化剂的磨蚀和冲蚀主要分布在反应再生、能量回收工段。主要发生部位有：反应器、再生器壳体及内部构件(尤其是旋风分离器)，催化剂输送管线、测温套管、滑阀、烟道气管线、提升管预提升蒸汽喷嘴、原料油喷嘴及再生器主风分布管，提升管出口快速分离设施、烟气和油气管道弯头。

3.19 σ相脆化

（1）损伤机理

铁素体、马氏体、奥氏体和双向不锈钢在538～954℃温度范围内，就会有σ相出现，导致材料的脆化。σ相钢的拉伸强度和弯曲强度与固溶退火材料相比有略微的增加，同时伴随着延展性的降低其硬度会略微升高。

合金的组分、工作时间和温度都是影响σ相发生的关键因素。对于敏感合金，影响σ相形成的最主要的因素是在较高工作温度下的暴露时间；σ相易发生在SS300系列和双相不锈钢的焊缝，也能在SS300系列的基体金属(奥氏体相)出现，但是通常较为缓慢；如果奥氏体不锈钢被快速的加热到690℃，σ相形成具有很明显的趋势，奥氏体不锈钢中的σ相会在几小时内形成。

（2）损伤形态

σ相脆化不是一种很明显的金相组织变化，只能通过金相检测和冲击试验才能被确认。σ相脆化一般出现在焊缝或是其热影响区。

（3）控制措施

预防σ相脆化的最好的方法是使用抗σ相形成的合金，或者是避免将材料置于脆化温度范围内，要注意避免应用在高压下关机，这样会导致脆断；SS300系列不锈钢可以通过在1066℃下4h的固溶退火处理，随后进行淬火处理；焊接金属中铁素体含量限制在3%～10%；金属冷却后要避免受到撞击负荷；在再生器系统采用304不锈钢而不是其他奥氏体不锈钢等级，如321和347不锈钢；滑阀采用内部绝热的碳钢或低合金钢。

（4）工段分布

σ相脆化会发生在300系列不锈钢焊接的再生器内部构件或烟道气系统部件，以及暴露在590～925℃温度下铸造的300系列不锈钢滑阀。

3.20　475℃高温致脆

（1）损伤机理

铁素体不锈钢在370～540℃温度下长期使用时会发生严重变脆的现象，尤其在475℃最为严重，并会失去该材料的环境温度延性，这种现象称为475℃高温致脆。300系列的奥氏体不锈钢焊件和铸件也能够发生高温致脆现象。

（2）损伤形态

发生475℃高温致脆材料的冲击韧性显著降低。

（3）控制措施

在承压高温环境中不要使用400系列不锈钢，如果采用400系列不锈钢材料要避开使用温度370～540℃范围，用低铬的不锈钢代替高铬不锈钢。

（4）工段分布

分馏塔内部的不锈钢构件可能会发生475℃高温致脆。

3.21　外部腐蚀

（1）损伤机理

外部腐蚀包含没有保温层的大气腐蚀和CUI。CUI产生机理是由于保温层与金属表面间的空隙内，水的集聚产生的。CUI形成局部腐蚀，常发生在－12～120℃温度范围内，在50～93℃区间时尤为严重。如果材料为碳钢或低合金钢，设备没有绝热层，并且操作温度为－12～120℃，则可能发生外部腐蚀。外部腐蚀情况和装置所处的地理位置相关。

（2）损伤形态

大气腐蚀表现为均匀或局部腐蚀。大气腐蚀的局部腐蚀依赖于是否有水的局部积聚；一般漆层脱落的部位为均匀腐蚀。大气腐蚀外观表现为形成红色氧化铁产物。

层下腐蚀对于碳钢和低合金钢表现为松散的、薄片状的氧化皮，具有高度的局部腐蚀特征。对于300系列不锈钢，层下腐蚀表现为凹坑或氯化物应力腐蚀开裂。

（3）控制措施

保持漆层和保温层完好，选择合适的保温材料。

（4）工段分布

壁温在－12～120℃，无保温层的碳钢或低合金钢设备和管道，均可能发生大气腐蚀，特别是漆层脱落部位、操作温度在常温附近波动、停车或长期停用设备、管道支撑部位。

层下腐蚀发生在蒸汽放空附近、处在管沟内的管道，保温支撑圈、平台、扶梯、支腿、接管、蒸汽伴热泄漏部位、设备底部积液部位。

4 催化裂化装置关键设备主要失效机理及部位

催化裂化装置关键设备包括反应沉降器、再生器、分馏塔、旋风分离器、吸收和解吸塔、烟道气系统等，关键设备的主要失效机理及失效部位如下：

4.1 反应沉降器

反应沉降器的主要失效机理及失效部位：

① 高温硫化，失效部位为反应沉降器的内部构件；

② 催化剂冲蚀，失效部位为反应沉降器壳体；

③ 耐热材料损坏；

④ 高温石墨化，失效部位为反应沉降器的内部构件；

⑤ 高温蠕变，失效部位为热壁反应沉降器的壳体；

⑥ 高温渗碳，失效部位为反应沉降器内部构件。

4.2 再生器

再生器的主要失效机理及失效部位：

① 催化剂冲蚀，失效部位为再生器壳体及内部构件；

② 耐热材料损坏，失效部位为再生器的耐热衬里；

③ 蠕变，失效部位为再生器壳体；

④ 高温氧化(完全燃烧)，失效部位为再生器壳体及内部构件；

⑤ σ 相致脆，失效部位为再生器内部构件；

⑥ 连多硫酸应力腐蚀开裂，失效部位为再生器内部构件；

⑦ 高温渗碳(部分燃烧)，失效部位为再生器内部构件；

⑧ 高温石墨化，失效部位为再生器内部构件。

4.3 分馏塔

分馏塔的主要失效机理及失效部位：

① 高温硫化，失效部位为分馏塔温度高于285℃的各段壳体；

② 高温石墨化，失效部位为分馏塔壳体；

③ 475℃高温致脆，不锈钢部件；

④ 湿硫化氢环境中的硫化物应力腐蚀开裂，失效部位为分馏塔塔底。

4.4 旋风分离器

旋风分离器的主要失效机理及失效部位：

① 催化剂冲蚀，失效部位为旋风分离器的壳体及内部构件；

② 耐热材料损坏；

③ 蠕变，失效部位为旋风分离器的壳体；
④ 高温渗碳，失效部位为旋风分离器的壳体；
⑤ 连多硫酸应力腐蚀开裂，旋风分离器的内部构件；
⑥ 高温硫化，反应器旋风分离器壳体；
⑦ σ 相致脆，再生器旋风分离器壳体。

4.5　吸收塔

吸收塔的主要失效机理及失效部位：
$H_2S-HCN-H_2O$ 型腐蚀，失效部位为吸收塔顶部壳体。

4.6　解吸塔

解吸塔的主要失效机理及失效部位：
$H_2S-HCN-H_2O$ 型腐蚀，失效部位为解吸塔壳体。

4.7　烟道气系统

烟道气系统的主要失效机理及失效部位：
① 催化剂冲蚀，失效部位为烟道气管道及弯头；
② 连多硫酸应力腐蚀开裂，失效部位为300系列不锈钢的结构材料；
③ 高温氧化，烟道气系统管道及弯头；
④ 耐热材料损坏。

5　催化裂化装置设备和管道推荐的检验策略

5.1　检验策略

检验策略的选择原则参考GB/T 26610.2《承压设备系统基于风险的检验实施导则　第2部分：基于风险的检验策略》进行制定。

5.2　催化裂化装置关键设备推荐的检验方法和检验比例

催化裂化装置关键设备推荐的检验方法和检验比例见表2-1～表2-2。

表2-1　反应沉降器推荐的检验方法和检验比例

序号	损伤机理	失效部位	检验方法		检验比例	备注
			内检	外检		
1	高温硫化	反应沉降器的内部构件	宏观或/和壁厚抽查	—	抽检	—
2	催化剂冲蚀	反应沉降器壳体	宏观或/和壁厚抽查	壁厚抽查	抽检	—
3	耐热材料损坏	—	宏观	—	—	—
4	高温石墨化	反应沉降器的内部构件	金相分析	—	抽查	—
5	高温蠕变	热壁反应沉降器的壳体	宏观、尺寸检验	宏观、尺寸检验	抽查	—
6	高温渗碳	反应沉降器的内部构件	金相分析	—	抽查	—

表 2－2　再生器推荐的检验方法和检验比例

序号	损伤机理	失效部位	检验方法		检验比例	备　注
			内检	外检		
1	催化剂冲蚀	再生器壳体及内部构件	宏观或/和壁厚抽查	壁厚抽查	抽检	—
2	耐热材料损坏	—	宏观	—	—	—
3	高温蠕变	再生器的壳体	宏观、尺寸检验	宏观、尺寸检验	抽查	—
4	高温氧化	再生器的壳体及内部构件	宏观（用锤击试验除去氧化皮，查找损坏部位），壁厚抽查	壁厚抽查	抽查	—
5	σ 相致脆	再生器的内部构件	金相分析	—	抽查	—
6	连多硫酸应力腐蚀开裂	再生器的内部构件	渗透检测	—	—	—
7	高温渗碳	再生器的内部构件	金相分析	—	抽查	—
8	高温石墨化	再生器的内部构件	金相分析	—	抽查	—

附录　催化裂化装置失效树（图 2－1）

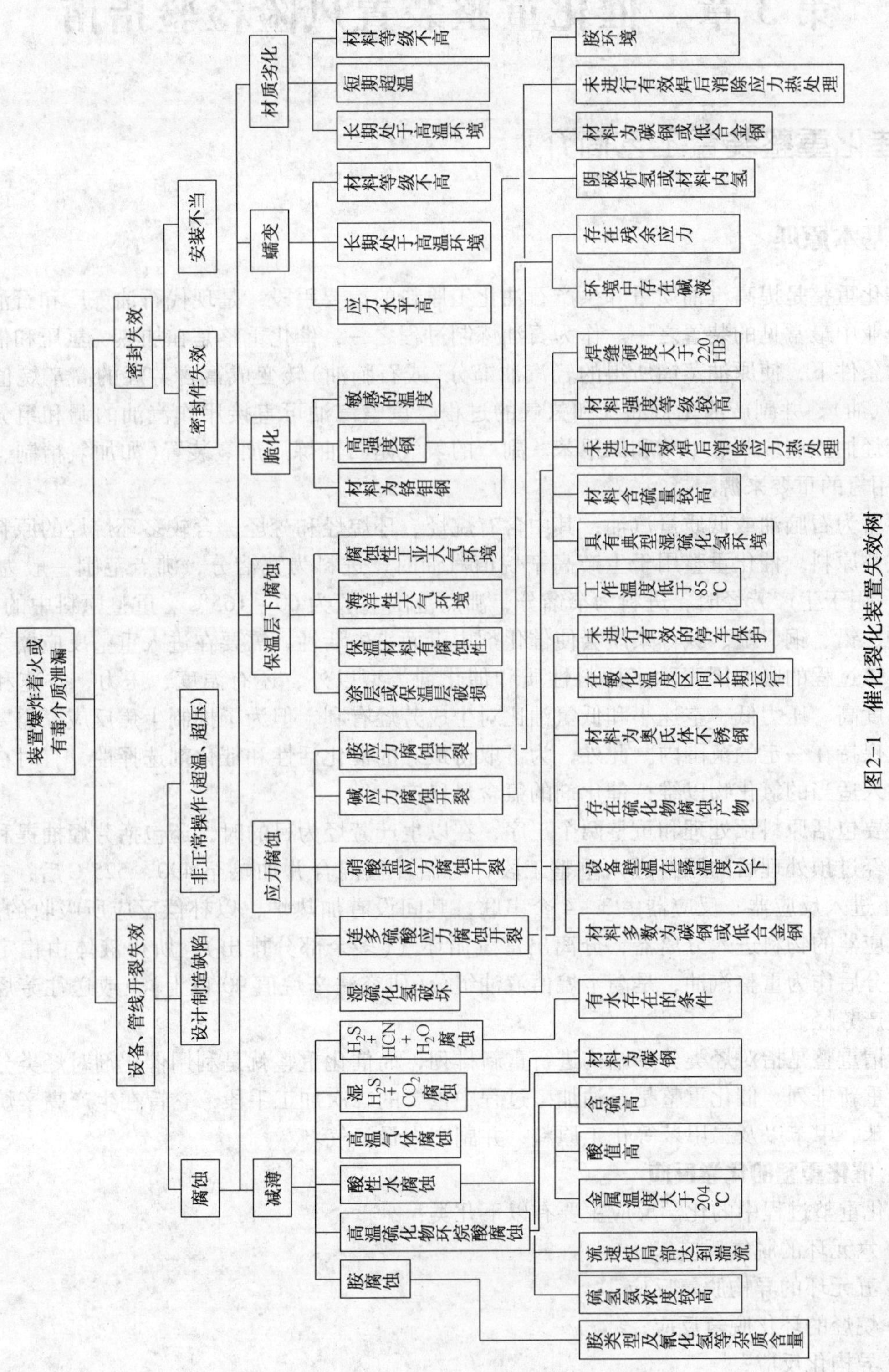

图2-1　催化裂化装置失效树

第3章　催化重整装置风险检验指南

1　催化重整装置工艺简介

1.1　基本原理

催化重整是提高汽油质量和生产石油化工原料的重要手段，是现代石油炼厂和石油化工联合企业中最常见的装置之一。作为石油炼制过程之一，催化重整是在加热、氢压和催化剂存在的条件下，使原油蒸馏所得的轻汽油馏分(或石脑油)转变成富含芳烃的高辛烷值汽油(重整汽油)，并副产液化石油气和氢气的过程。重整汽油可直接用作汽油的调和组分，也可经芳烃抽提制取苯、甲苯和二甲苯。副产的氢气是石油炼厂加氢装置(如加氢精制、加氢裂化)用氢的重要来源。

原料为石脑油或低质量汽油，其中含有烷烃、环烷烃和芳烃。含较多环烷烃的原料是良好的重整原料。催化重整用于生产高辛烷值汽油时，进料为宽馏分，沸点范围一般为80～180℃；用于生产芳烃时，进料为窄馏分，沸点范围一般为60～165℃。重整原料中的烯烃、水及砷、铅、铜、硫、氮等杂质会使催化剂中毒而丧失活性，需要在进入重整反应器之前除去。对该过程的影响因素除了原料性质和催化剂类型以外，还有温度、压力、空速和氢油比。温度高、压力低、空速小和低氢油比对生成芳烃有利，但为了抑制生焦反应，需要使这些参数保持在一定的范围内。此外，为了取得最好的催化活性和催化剂选择性，有时在操作中还注入适当的氯化物以维持催化剂的氯含量稳定。

主要包括原料预处理和重整两个工序，在以生产芳烃为目的时，还包括芳烃抽提和精馏装置。经过预处理后的原料进入重整工段，与循环氢混合并加热至490～525℃后，在1～2MPa下进入反应器。反应器由3～4个串联，其间设有加热炉，以补偿反应所吸收的热量。离开反应器的物料进入分离器，分离出富氢循环气(多余部分排出)，所得液体由稳定塔脱去轻组分后作为重整汽油，是高辛烷值汽油组分(研究法辛烷值90以上)，或送往芳烃抽提装置生产芳烃。

所谓重整是指对烃类分子结构进行重新排列，而催化重整就是利用催化剂对烃类分子结构进行重新排列。催化重整是石油加工过程中重要的二次加工手段，它旨在生产高辛烷值汽油或者苯、甲苯以及二甲苯等化工原料，并副产大量氢气。

1.1.1　催化重整的化学反应

催化重整过程中的化学反应主要有以下几类：

① 六元环的脱氢反应；

② 五元环的异构脱氢反应；

③ 烷烃的环化脱氢反应；

④ 异构化反应；

⑤ 加氢裂化反应；

⑥ 烯烃的加氢饱和反应；

⑦ 生焦反应。

反应①、②和③是生成芳香烃的反应，无论对于生产高辛烷值汽油还是芳香烃都是有利的。这三类反应的速率具有很大差异，反应①进行得很快；反应②比反应①的速率慢得多，因此五元环通常只能一部分转化成芳香烃；而反应③最慢，一般在重整过程中，烷烃转化成芳香烃的转化率很低，需要用铂－铼双金属催化剂或多金属催化剂来提高烷烃的转化率。

1.2　催化重整工艺流程

根据生产的目的产品不同，催化重整的工艺流程也不一样。当以生产高辛烷值汽油为目的时，其工艺流程主要包括原料预处理和重整反应部分；而当以生产轻质芳香烃为目的时，则工艺流程还包括芳香烃分离部分(包含芳香烃溶剂抽提、混合芳香烃精馏分离等几个单元过程)。

1.2.1　重整原料的预处理部分

原料的预处理包括预分馏、预脱砷、预加氢和脱水脱硫等4部分。预分馏就是根据目的产品的生产要求对原料进行精馏以切取适当的馏分；预脱砷即通过吸附、加氢、化学氧化等方法脱除原料中的绝大部分砷，延缓催化剂的中毒失活；预加氢就是通过加氢脱除原料中的硫、氮、氧等杂质以及砷、铅等重金属，并同时使烯烃变为饱和烃。常用的预加氢催化剂是钼酸钴或钼酸镍，脱水脱硫即通过汽提或者蒸馏等方式脱除原料中溶解的硫化氢和水等杂质。

1.2.2　重整反应部分

图3－1为重整反应部分的工艺流程示意图。预处理后的原料油与循环氢混合，经过换热、加热后进入重整反应器。一般的重整反应器由3～4个反应器串联，反应器之间用加热炉加热，以避免温度下降过大。由最后一个反应器出来的反应产物经过换热、冷却后进入高压分离器，分离出的气体含有85%～95%(体)的氢气，经循环压缩机增压后大部分作为循环氢使用，少部分去预处理部分。分离出的重整生成油进入稳定塔，塔顶出少量裂化气和液化石油气，塔底出高辛烷值汽油。当以生产轻质芳香烃为目的时，需要在稳定塔之前加一个后加氢反应器，使重整产物中的少量烯烃饱和。

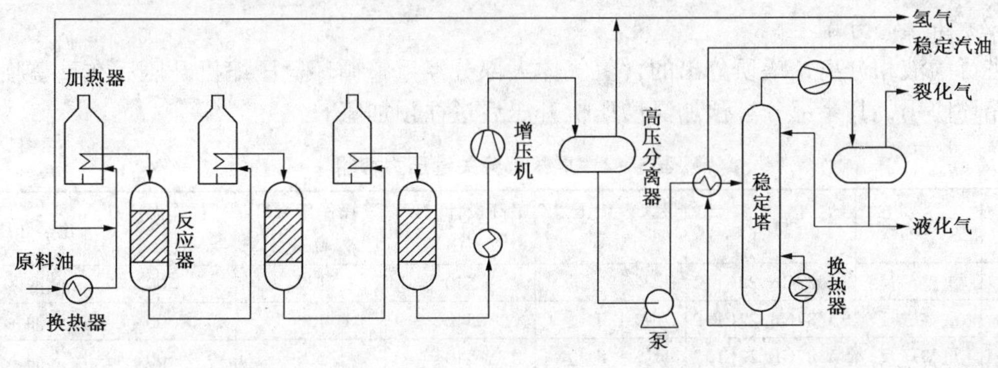

图3－1　重整反应部分工艺流程示意图

2 催化重整装置关键静设备工艺参数、工艺作用及选材

2.1 预处理部分

预处理部分关键压力容器见表3-1。

(1) 预加氢反应器

通过加氢脱除原料中的砷、铅、铜等金属杂质及烯烃，并使硫、氮、氧等非金属杂质变成能在蒸发塔中脱除的硫化氢、氨和水等化合物。

(2) 制氢反应器

为满足重整开工用氢的要求设置的重整开工制氢设施。

(3) 脱氯反应器

通过反应脱出预加氢反应产物中的氯。

(4) 预加氢高分罐

进行气液相分离，罐顶气相即含氢气体送至装置外，罐底液相送入蒸发脱水塔。

表3-1 预处理部分关键压力容器

编号	设备名称	材料	最大设计压力/MPa	最高设计温度/℃	操作压力/MPa	操作温度/℃	化学介质名称
1	预加氢反应器	15CrMoR/SUS321	2.75	385	2.5	320	汽油+氢气+硫化氢
2	制氢反应器	15CrMoR	2	455	1.5	420	汽油+氢气
3	脱氯反应器	15CrMoR/SUS321	2.75	385	2.5	320	汽油+氢气
4	预加氢高分罐	16MnR	2.45	70	2.5	40	汽油+氢气

2.2 重整部分

重整部分关键压力容器见表3-2。

(1) 重整1~4组反应器

重整1~4组反应器均是使原料中的烷烃在催化剂的作用下经过环烷脱氢和烷烃环化脱氢以及异构化等反应生成芳烃和异构烃类，以得到高辛烷值汽油组分。

(2) 重整高分罐

进行气液相分离，罐顶分出的含氢气体大部分经重整循环氢压缩机升压后在重整临氢系统中循环使用，其余部分经预加氢增压机升压后送往预加氢。

表3-2 重整部分关键压力容器

编号	设备名称	材料	最大设计压力/MPa	最高设计温度/℃	操作压力/MPa	操作温度/℃	化学介质名称
1	重整一反	SA387GR.22CL.2	2	540	1.7	500	汽油+氢气
2	重整二反	SA387GR.22CL.2	1.9	540	1.6	500	汽油+氢气
3	重整三反	SA387GR.22CL.2	1.8	540	1.5	500	汽油+氢气
4	重整四反	SA387GR.22CL.2	1.75	540	1.4	500	汽油+氢气
5	重整高分罐	16MnR	1.5	80	1	40	汽油+氢气

3　催化重整装置主要损伤机理及分布

催化重整联合装置中主要的潜在失效机理有：内部腐蚀减薄（包括均匀腐蚀减薄和局部腐蚀减薄）、应力腐蚀开裂和高温氢损伤。

影响催化重整装置腐蚀减薄的失效模式主要有以下 6 种。

3.1　高温 H_2S/H_2 腐蚀

（1）损伤机理

在烃类裂解过程中，原料发生断链和脱氢，产生氢气。高温下（200℃以上）硫化氢对钢材的腐蚀性很强，氢气的存在会增加高温硫化物腐蚀的严重性。按抗高温硫化氢/氢气腐蚀能力由低到高排列，依次是碳钢、低合金钢、400 系列不锈钢、300 系列不锈钢。主要影响因素是温度、氢气含量、硫化氢浓度以及合金成分。随着温度、氢含量以及硫化氢浓度的增加，腐蚀速率加快。对高温硫化物腐蚀的敏感性决定于钢材的化学成分，增加合金中铬含量可以改善抵抗性能，但铬含量增加到 7% ~9% 时抵抗性能才有明显改善。含铬的镍基合金与不锈钢有相近的抵抗性能。

高温 H_2S/H_2 腐蚀是一种常见的均匀腐蚀。为了保护重整催化剂，重整原料油一般都经过预加氢处理以脱除原料油中的硫。在加氢过程中，原料油中 90% 的硫化物会转化成硫化氢，对钢材造成腐蚀，在富氢环境中，腐蚀加剧。

（2）损伤形态

高温硫化氢/氢气腐蚀形态为均匀减薄，并伴有硫化铁腐蚀产物的形成。硫化铁腐蚀产物大约是金属损失体积的 5 倍，可能形成多层。一些腐蚀产物与母材结合非常紧密，有灰色光泽，往往被误认为母材没有腐蚀。

（3）控制措施

使用高铬含量的合金可以最大限度的降低高温硫化物的腐蚀。在服役条件下，300 系列不锈钢如 304L、316L、321、347 具有高度的抵抗力。

（4）工段分布

催化重整装置中高温 H_2S/H_2 腐蚀分布在预处理工段。主要分布在预加氢进料换热器至预加氢反应器。

3.2　$H_2S-HCl-H_2O$ 腐蚀

（1）损伤机理

在预加氢过程中除了氢之外还有原料油中的硫、氮、氧、氯等的化合物，在加氢时分解生成硫化氢、氨、氯化氢、水，但形成以 H_2S-H_2O 为主的腐蚀环境，重整原料中的水和含氧化合物加氢后形成的水，与催化剂中的氯接触后生成氯化氢，形成 $HCl-H_2O$ 腐蚀环境，两种腐蚀环境互相促进，加速腐蚀。

（2）损伤形态

$H_2S-HCl-H_2O$ 腐蚀为全面腐蚀，但是当有氧存在的条件下，可发生局部腐蚀。对于某些材料可能会同时存在应力腐蚀的可能。

（3）控制措施

60℃以下可采用300系列的不锈钢，或者在无氨的情况下采用铜合金或者镍合金。

（4）工段分布

催化重整装置中 $H_2S-HCl-H_2O$ 腐蚀分布在预处理工段，主要分布在空冷器至预分馏塔顶分离器。

3.3 高温环烷酸腐蚀

（1）损伤机理

在高温部位，环烷酸除了直接与铁发生反应产生腐蚀外，还能与硫的腐蚀产物硫化铁发生腐蚀反应，破坏了保护膜，使腐蚀进一步加剧。

（2）损伤形态

高温环烷酸腐蚀是一种局部腐蚀、点蚀或者在流体高速区域形成沟槽。

（3）控制措施

减少或中和物料中的原油总酸值TAN值；或采用含钼量较高的合金；或施加高温高温环烷酸腐蚀抑制剂；对于严重腐蚀的工况下可采用317L或者含钼量更高的合金。

（4）工段分布

催化重整装置中高温环烷酸腐蚀分布在预处理工段和加热炉炉管，主要分布在预加氢进料换热器至预加氢反应器以及预加氢加热炉辐射段炉管。

3.4 高温氧化

（1）损伤机理

高温下氧与金属反应生成氧化皮。金属损失是由于金属和周围环境中的氧气发生了反应。通常，当温度达到氧化温度时，在其表面会形成具有相对保护作用的氧化物，它可以减少金属的损失速率。碳钢发生高温氧化腐蚀的温度高于482℃，高于538℃则氧化程度更明显，而合金的温度则更高些（如300系列不锈钢在816℃以下具有抗力）。金属中的含铬量越高，氧化层的保护作用越强。对炉管而言，外壁高温氧化腐蚀更严重，氧化速率与炉内温度和氧气的数量相关。另外，炉管中焦炭沉积物堆积，在炉管和工艺介质中形成一层隔热层，降低了传热效率，提高了炉管壁温，从而加速炉管的蠕变和腐蚀。

（2）损伤形态

高温氧化腐蚀表现为均匀减薄。

（3）控制措施

选择高抗力的合金，如铬-钼钢、300系列不锈钢等。

（4）工段分布

催化重整装置中高温氧化分布在预处理工段的加热炉炉管。主要分布在蒸发塔加热炉辐射段炉管。

3.5 湿硫化氢腐蚀

（1）损伤机理

钢在湿硫化氢环境中腐蚀时，氢能够渗透进入钢材。氢来自腐蚀反应，而不是物流中的氢气。游离氰化物能够剥去可能形成的硫化亚铁保护膜，增加氢渗透的严重性。

湿硫化氢开裂包括氢鼓包、氢致开裂、应力导向氢致开裂、硫化物应力腐蚀开裂。氢鼓包、HIC、应力导向氢致开裂(SOHIC)发生在室温～150℃，SCC 发生在 82℃以下。

硫化物应力开裂(SCC)主要发生在高强度的铁素体或马氏体钢上，与硬度和残余应力水平有关，与杂质硫含量无关；而氢鼓包、HIC、SOHIC 与硬度没关系，因此与硫化物应力开裂不同，在各种软质材料里也会发生氢致开裂和应力定向氢致开裂。另外，氢鼓包、HIC 与应力也没关系，只与钢中夹杂物(含硫高)及夹层缺陷密切相关，因为这些缺陷为渗氢的积累提供场所，所以 PWHT 并不能消除氢鼓包和 HIC。

(a) 氢鼓包

氢原子渗透到钢中，在不连续处如夹杂物、夹层累积，氢原子合成氢分子后直径变大，无法从钢种扩散出来，压力逐渐升高形成鼓包。

(b) 氢致开裂(HIC)

在一些情况下，不同深度的氢鼓包非常靠近，彼此连接起来形成裂纹，裂纹形态通常为阶梯状。

(c) 应力导向氢致开裂(SOHIC)

SOHIC 与 HIC 相近，但裂纹形态表现为多处裂纹彼此堆积，垂直于钢材表面，其驱动力是高的应力水平(如残余应力或外加应力)。位置通常位于靠近焊缝热影响区的母材，初始裂纹为 HIC、SCC 或其他裂纹。

(d) 硫化物应力腐蚀开裂(SCC)

SCC 定义为湿硫化氢腐蚀和拉应力作用下发生的开裂，是一种氢应力开裂，原理也是渗氢。

湿硫化氢开裂(氢鼓包、氢致开裂、应力导向氢致开裂、硫化物应力腐蚀开裂)主要影响材料为碳钢和低合金钢。

(2) 损伤形态

湿硫化氢腐蚀破坏腐蚀形态为鼓包和开裂。其中鼓包和 HIC、SOHIC 均发生在母材，SOHIC 发生区域靠近焊缝，而 SCC 发生在具有较高硬度的焊缝和热影响区表面的局部区域。

(3) 控制措施

控制措施可采用以下几种：

① 焊后热处理(PWHT)可以降低残余应力水平和硬度，从而降低 SCC 和 SOHIC 敏感性；

② 限制焊缝熔敷和热影响区的硬度降低 SCC 敏感性，碳钢不超过 220HB 的焊接硬度限制，对低合金钢，推荐的最大允许焊接接头硬度是 225HB；

③ 使用 304L 或 316L 这样的不锈钢衬里是避免湿硫化氢开裂最可靠的方法，基底金属没有什么额外要求，完全衬里的容器也不需要进行焊后热处理，除非法规另有要求；

④ 调整水的 pH 值，通常做法是注水稀释；

⑤ 采用抗 HIC 钢，减少钢材含硫杂质以降低鼓包和 HIC、SOHIC 敏感性；

⑥ 采用专用缓蚀剂。

(4) 工段分布

催化重整装置中硫化物应力腐蚀开裂，分布在预处理工段。主要分布在预加氢进料/产品换热器至预加氢产物空冷器，以及预加氢高分罐、蒸发塔回流罐排放管线上。

3.6 高温氢损伤

(1) 损伤机理

氢与钢中的碳化物反应生产甲烷，造成钢材脱碳，使钢材失去强度，甲烷不断累积压力升高，形成微观鼓泡，连接在一起后形成裂纹。裂纹会造成承压部件承载能力降低而发生失效。按抗高温氛损伤(HTHA)由低到高顺序排列，依次是碳钢、低合金钢、C－0.5Mo、Mn－0.5Mo、1Cr－0.5Mo、1.25Cr－0.5Mo、2.25Cr－1Mo、2.25Cr－1Mo－V、3Cr－1Mo、5Cr－0.5Mo及化学成分稍有变化的相似钢材。催化重整的目的是制取芳烃或提高汽油的辛烷值，其中环烷烃的脱氢反应会产生氢气，在高温和一定压力下，会产生高温氢损伤。

对某一特定钢材而言，HTHA依赖于温度、氢分压、时间和应力，服役时间具有累积效应。在正常操作条件下，300系列不锈钢，以及5Cr、9Cr、12Cr合金对HTHA并不敏感。

(2) 损伤形态

HTHA表现为钢材表面和内部脱碳，以及开裂。并且为沿晶开裂，发生在碳钢的珠光体区域。

(3) 控制措施

使用含铬和钼的钢材有助于形成弥散状的铬和钼的碳化物，从而增加碳化物的稳定性，减少甲烷的形成，其他碳化物稳定元素如钨和钒，从而增加抗HTHA能力。

HTHA通常用纳尔逊(NELSON)曲线表征(API RP 941《炼油与石化高温临氢选材方法》)，该曲线表明了对碳钢和低合金钢操作温度和氢分压的安全应用范围。尽管该曲线获得了很好的应用效果，但在原来认为是安全的服役条件下，在炼油厂出现过C－0.5Mo钢失效案例。原因可能是采用C－0.5Mo钢的设备在制造过程中采用了不同的热处理工艺，而导致出现了不同的碳化物造成的。因此，C－0.5Mo已从主曲线中去掉，不再推荐在高温临氢环境下应用。对现存应用C－0.5Mo的设备，则需要进行检验成本和更换设备的经济性评估，但由于失效发生在热影响区及远离焊缝的母材，所以很难检出。

在母材没有足够的抗硫化物腐蚀能力时，在临氢环境下通常应用300系列不锈钢堆焊层。尽管适当的奥氏体堆焊层有助于降低堆焊层下基材接触的氢分压，大多数企业还是会选择在服役条件下有足够抵抗HTHA能力的基材。只是在厚壁设备停产时，考虑氢气逸出的需要，当设备有不锈钢堆焊层时，部分企业会将此氢分压降低考虑进去。

(4) 工段分布

催化重整装置中HTTA主要分布在重整工段，即在重整循环氢压缩机至重整进料/产品换热器管程、重整进料/产物换热器至重整第一反应器、重整第一反应器至重整进料/产物换热器/二段混氢/产物换热器壳程。

3.7 酸性水腐蚀

(1) 损伤机理

酸性水腐蚀为碱性酸水NH_4HS对碳钢、碳锰钢造成的均匀或局部腐蚀。按抗酸性水腐蚀由低到高顺序排列依次为碳钢、300系列不锈钢、双相不锈钢、铝合金和镍基合金。酸性水腐蚀的影响因素为NH_4HS的浓度、流速、局部湍流、pH值、温度、合金成分以及流体分布。NH_4HS浓度在2%(质)以下，通常没有腐蚀性，浓度在2%(质)以上，腐蚀性开始增强。汽油分馏塔顶裂解气注氨以中和酸性气体。在66℃以下，NH_4HS 从反应产物气相中沉淀出来，可能造成管路或管束堵塞，需要定期注水冲洗。冲洗水中的氧和铁会加速腐蚀，所以冲洗水最好脱氧。氨盐沉淀会造成垢下腐蚀和堵塞。另外因为氰根会破坏硫化物保护膜所以氰根的存在会加速腐蚀。

(2) 损伤形态

酸性水腐蚀造成壁厚减薄。通常表现为均匀腐蚀，浓度在2%(质)以上时，在冲刷和湍流部位会造成严重的局部减薄。

若洗涤水量不足以溶解氨盐，出现氨盐沉淀时，在低流速区域会发生严重的局部垢下腐蚀。换热器则会出现换热管堵塞。

(3) 控制措施

在 NH_4HS 浓度超过2%(质)达到8%(质)或更高时，要严格控制局部流速；对碳钢而言，NH_4HS 浓度超过8%(质)时腐蚀性明显增强，控制流速在3~6m/s，流速超过6m/s时采用合金825或双相不锈钢；注入足量低氧含量的水以稀释氨盐；在酸性水汽提顶部冷凝装置中，采用钛及合金C276；铝制换热管束极易造成酸性水侵蚀破坏。

(4) 工段分布

酸性水腐蚀主要发生在预处理单元。主要分布在预加氢进料换热器预加氢产物空冷器至预加氢产物分离罐的反应产物、预加氢产物分离罐排放。

4　催化重整装置关键设备主要失效机理及部位

4.1　预处理部分关键设备主要失效机理及部位

预处理部分关键设备主要失效机理见表3-3。

表3-3　预处理部分关键设备主要失效机理

编　号	设备名称	主要失效机理
1	预加氢反应器	减薄
2	制氢反应器	减薄
3	脱氯反应器	减薄
4	预加氢高分罐	减薄、应力腐蚀和外部损伤

4.2　重整部分关键设备主要失效机理及部位

重整部分关键设备主要失效机理见表3-4。

表3-4　重整部分关键设备主要失效机理

编　号	设备名称	主要失效机理
1	重整一反	减薄
2	重整二反	减薄
3	重整三反	减薄
4	重整四反	减薄
5	重整高分罐	减薄与外部损伤

4.3 腐蚀减薄倾向较高的压力容器

腐蚀减薄倾向较高的压力容器见表3-5。

表3-5 腐蚀减薄倾向较高的压力容器

工段	序号	压力容器编号	部位	腐蚀减薄类型
预处理	1	预加氢加热炉	辐射段炉管	局部腐蚀
	2	预加氢进料/产物换热器	换热管	均匀/局部腐蚀
	3	蒸发塔底加热炉	辐射段炉管	局部腐蚀

4.4 应力腐蚀开裂倾向较高的压力容器

SCC倾向中高的压力容器见表3-6。

表3-6 SCC倾向中高的压力容器

工　段	序　号	压力容器编号	部位
预处理	1	预加氢高分罐	壳体

5 催化重整装置设备和管道推荐的检验策略

5.1 检验策略

检验策略的选择原则参考GB/T 26610.2《承压设备系统基于风险的检验实施导则 第2部分：基于风险的检验策略》进行制定。

5.2 装置关键设备推荐的检验方法和检验比例

装置关键设备推荐的检验方法和检验比例见表3-7~表3-8。

表3-7 预处理部分关键设备推荐的检验方法和检验比例

编号	设备名称	损伤机理	失效部位	检验方法	检验比例	备注
1	预加氢反应器	减薄	整体	宏观+测厚	>30%宏观检查，必要时对有保温层的可拆除20%~30%保温层；壁厚抽查	
2	制氢反应器	减薄	整体	宏观+测厚	>30%宏观检查，必要时对有保温层的可拆除20%~30%保温层；壁厚抽查	
3	脱氯反应器	减薄	整体	宏观+测厚	>30%宏观检查，必要时对有保温层的可拆除20%~30%保温层；壁厚抽查	
4	预加氢高分罐	减薄/SCC/外部损伤	整体	超声波横波检测或TOFD或声发射检测，必要时辅以磁记忆抽查	湿法荧光磁粉10%~25%；UT/TOFD10%~25%	

表3-8　重整部分关键设备推荐的检验方法和检验比例

编号	设备名称	损伤机理	失效部位	检验方法	检验比例	备注
1	重整一反	减薄	整体	宏观+测厚	>30%宏观检查，必要时对有保温层的可拆除20%~30%保温层；壁厚抽查	
2	重整二反	减薄	整体	宏观+测厚	>30%宏观检查，必要时对有保温层的可拆除20%~30%保温层；壁厚抽查	
3	重整三反	减薄	整体	宏观+测厚	>30%宏观检查，必要时对有保温层的可拆除20%~30%保温层；壁厚抽查	
4	重整四反	减薄	整体	宏观+测厚	>30%宏观检查，必要时对有保温层的可拆除20%~30%保温层；壁厚抽查	
5	重整高分罐	减薄/外部损伤	整体	宏观+测厚	>30%宏观检查，必要时对有保温层的可拆除20%~30%保温层；壁厚抽查	

附录　催化重整装置失效树(图 3-2)

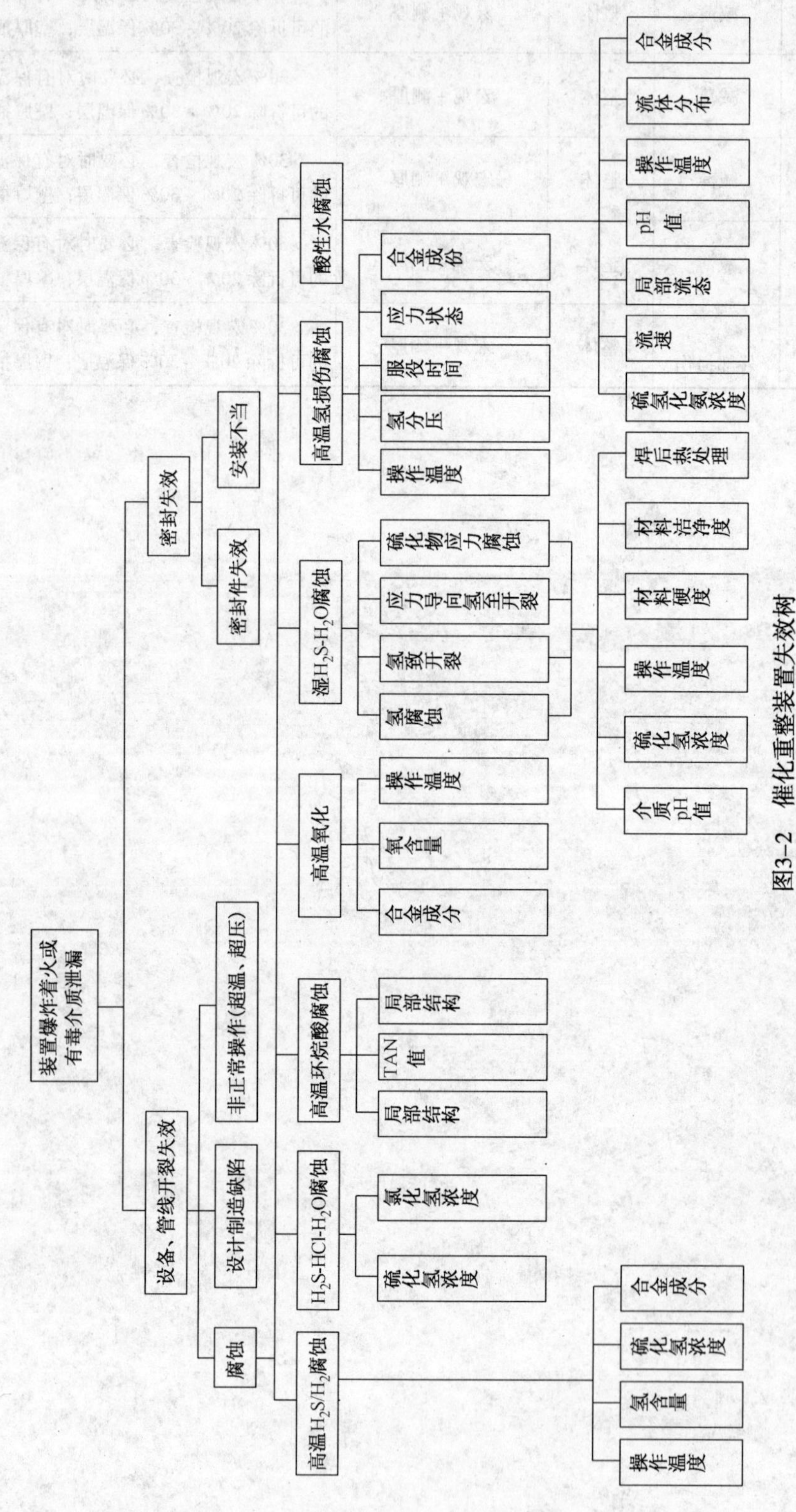

图3-2　催化重整装置失效树

第4章 加氢裂化装置风险检验指南

1 加氢裂化装置工艺简介

加氢裂化是炼油厂中重要的二次加工手段。加氢裂化装置除去杂质从而改善了烃原料的品质，并把重质进料转化成附加值更高的轻烃产品。可加工石脑油、直馏煤油、直馏柴油、AGO、VGO、脱沥青油(DAO)、催化裂化轻柴油、催化裂化重柴油、焦化瓦斯油、焦化蜡油(CGO)等原料油，产品有干气、液化石油气、轻石脑油、重石脑油、汽油、航空煤油、柴油、尾油(润滑油、乙烯裂解、催化裂化原料)。

1.1 基本原理

1.1.1 反应部分原理

反应部分主要是加氢精制和加氢裂化。加氢精制主要是加氢脱除硫、氮、氧杂质，以及烯烃饱和。其中，脱硫主要是链烃，如硫醇、二硫化物、硫醚等加氢反应；脱氮主要是环烃如苯胺加氢反应；脱氧主要是有机酸和苯酚加氢反应。而加氢裂化主要是存在氢的情况下，靠催化剂裂解重烃的过程。

1.1.2 分馏部分原理

分馏是把反应部分来的反应生产油按沸点范围分割成干气、液化气、轻石脑油、重石脑油、航煤、柴油和尾油等馏份。与反应部分的加氢处理和加氢裂化主要是化学过程不同，分馏是把完全互溶而沸点或挥发度不同的液体混合物分离的一种物理过程。

1.1.3 脱硫部分原理

脱硫溶剂在低温下呈碱性，在高温下呈中性。在40℃左右脱硫溶剂在脱硫塔内与干气、液化气逆向接触，将硫化氢和二氧化碳等酸性物质吸收下来。

1.2 工艺流程简介

加氢裂化的工艺流程，一般划分为反应部分和分馏部分，有些装置还包括酸性水处理部分、干气及液化气脱硫部分。典型工艺流程见图4-1。

把氢注入进料，进料在进出料换热器和加热炉里加热，在反应器内，硫和氮化合物被转化成硫化氢和氨，然后精制反应器馏出物进入裂化反应器完成裂化反应。裂化反应器馏出物经一系列换热器和空冷器被冷却，然后送进分离器和分馏塔。通常注入水来控制空冷器上游的积垢或腐蚀。以氢气为主的气相再循环返回进料。

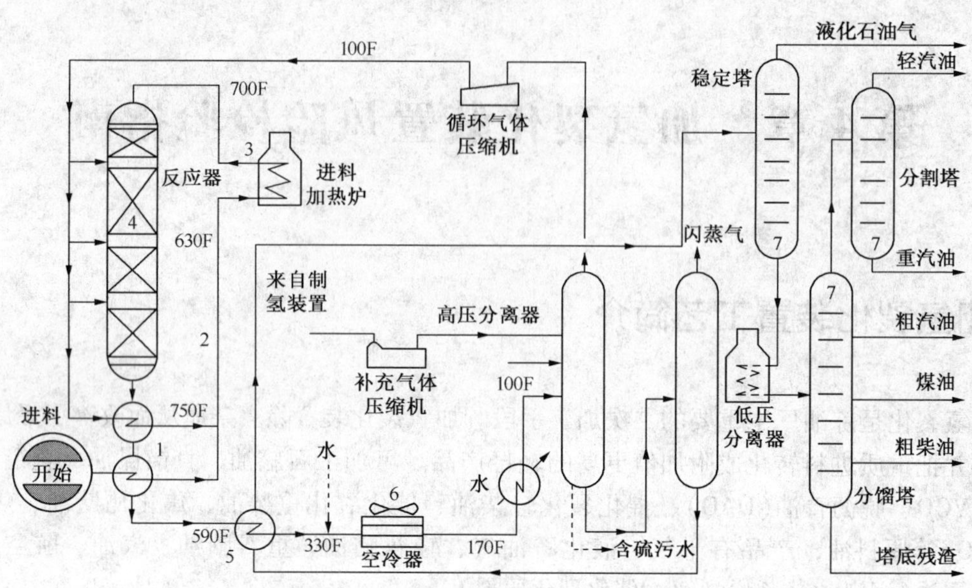

图 4－1　加氢裂化装置典型工艺流程

2　加氢裂化装置关键设备工艺参数、工艺作用及选材

加氢裂化装置关键设备包括加氢反应器、高压换热器、高压空冷器、高压分离器、分馏塔、加氢加热炉等。

2.1　加氢反应器

加氢反应器是加氢裂化装置核心设备(见图 4－1 中位置 4)，其中加氢精制反应器完成原料油的净化以满足加氢裂化进料的要求，加氢裂化反应器完成原料油的裂化反应，将重质油转化为轻质油，为后续工艺分割成不同目的产品提供原料。

精制反应器一般操作压力 42～141kgf/cm^{2}❶，操作温度 371～454℃；裂化反应器压力 106～211kgf/cm^2，温度处于 343～454℃的范围内。反应器操作于高温、高压、临氢环境下，且进入到反应器内的物料中含有硫和氮等杂质，将与氢反应生成具有腐蚀性的硫化氢和氨，而且加氢反应是放热反应，要控制不能出现局部超温，因此操作工况非常苛刻。

鉴于以上考虑，加氢反应器本体采用低合金钢制造，防止高温氢腐蚀，并且用奥氏体不锈钢堆焊防止 H_2-H_2S 腐蚀。反应器最常用的基底金属是 2.25Cr－1Mo 钢，只要温度和氢分压允许，偶尔也用等级低于 2.25Cr－1Mo 的合金。反应器内部构件采用奥氏体不锈钢(321 或 347 不锈钢)制造，有时催化剂支撑筛网规定渗铝有助于防止积垢堵塞引起的硫化氢腐蚀。加氢反应器工艺参数及材质见表 4－1。

❶　1kgf/cm^2 = 98.0665kPa。

表 4-1　加氢反应器工艺参数及材质

设备名称	操作压力/MPa	操作温度/℃	介质	材质	
				壳体	内件
加氢精制反应器	11	400	柴油、蜡油、氢气	2.25Cr-1Mo+SS	—
加氢裂化反应器	10	395	柴油、蜡油、氢气	2.25Cr-1Mo+SS	—

2.2　高压换热器

加氢裂化装置高压换热器用于完成反应馏出物与反应器进料或循环氢的换热(见图4-1中位置1)及分馏塔进料的换热(见图4-1中位置5)；回收热量和多台串联。使用较多的高压换热器通常采用U型管式结构，采用螺纹环锁紧式和密封盖板封焊式两种形式。其操作压力可达10MPa以上，操作温度可达400℃以上，处于高压、高温、临氢条件下。

在循环氢加入点之前的反应器进料系统，若温度高于260℃，能够发生高温硫腐蚀，用铬含量5%或更好的合金能够消除高温硫腐蚀，而在循环氢加入点之后，需要选用等级逐步提高的合金，耐受氢腐蚀和高温 H_2-H_2S 腐蚀。大多数炼厂里，H_2-H_2S 腐蚀的阈值温度是260℃，但要根据循环气体引入的硫化氢的量而定。就耐高温硫腐蚀或 H_2-H_2S 腐蚀而言，换热器管束通常采用321不锈钢，壳体和管箱用321或347不锈钢衬里。厚壁部件衬里最好选用347不锈钢，因为在长时间加工热处理期间，321不锈钢会敏化。

温度高于232℃的反应器进料系统，材料选择时还应重点考虑氢腐蚀问题。高于此阈值温度，不能使用碳钢，甚至部件有不锈钢衬里的基底金属也不能使用碳钢。虽然在炼厂条件下不锈钢能够抵御氢腐蚀，但是氢能够扩散穿过不锈钢衬里而侵蚀基底金属。因此，在232~288℃相对较窄的温度范围内，可以选用1.25Cr-0.5Mo或2.25Cr-1Mo耐受氢腐蚀。温度高于288℃时，换热器管箱和壳体需要用1.25Cr-0.5Mo或者2.25Cr-1Mo作为基底金属，并加不锈钢衬里防止高温氢腐蚀。温度低于232℃的氢腐蚀阈值温度时，换热器一般采用碳钢。

处于图4-1中位置5的换热器还存在特别的腐蚀问题，如在分离器液体里夹杂少量含盐水，进料加热时水会蒸发，盐就沉积在管子里，导致碳钢管发生腐蚀。在这样的使用条件下，铬-钼钢的性能一般不如碳钢，而奥氏体不锈钢容易发生氯化物应力腐蚀开裂或者发生垢下氯化铵点状腐蚀，所以这些换热器的管子通常是碳钢，但如果反应器馏出物侧温度高到足以引起高温硫化氢等腐蚀时，需要综合考虑换热管两侧接触介质的要求，如选用合金825、合金625。高压换热器工艺参数及材质见表4-2。

表 4-2　高压换热器工艺参数及材质

类型	操作压力/MPa		操作温度/℃		介质		材质	
	壳程	管程	壳程	管程	壳程	管程	壳程	管程
循环氢/反应产物换热器	11.1	9.8	280	302	混氢	生成油、氢气	2.25Cr-1Mo+SS	2.25Cr-1Mo+SS/SS
原料油/反应产物换热器	10.9~13	9.8	188~355	200~395	柴油、蜡油	生成油、氢气	2.25Cr-1Mo+SS	2.25Cr-1Mo+SS/SS

2.3 高压空冷器

加氢裂化装置反应馏出物经高压换热器换热后，一般都还要进入高压空冷器进一步冷却。其操作压力可达10MPa以上，操作温度170℃以下。

高压空冷器(见图4-1中位置6)可能是最容易发生硫氢铵(NH_4HS)腐蚀的设备。大多数空冷器里安装的是碳钢管，流速过快，流动分布不良，所以安装了双相不锈钢、合金400、合金800或合金825管子。

镍铜合金Monel400因不含铬，若注入水里有氧则耐氧化腐蚀性不佳；虽然镍铬合金Inconel800系列能够耐受硫氢铵腐蚀，但能够引起连多硫酸应力腐蚀开裂；合金825含有钼并且是稳定的，所以它耐受连多硫酸应力腐蚀开裂、氯化物应力腐蚀开裂和硫氢铵腐蚀的性能均极佳。

双相不锈钢，如2205不锈钢，可以用在管子和管箱上，但因为焊缝或热影响区微观结构内的奥氏体与铁素体比例不当，容易引起氢脆和硫化物应力开裂。

尽管奥氏体不锈钢具有良好的抗硫氢铵腐蚀的能力，但是在这种场合很少使用奥氏体不锈钢管，因为它们容易发生氯化物应力腐蚀开裂。在馏出物空冷器里使用的410和430不锈钢管，也因为点状腐蚀而发生了失效事故。

除了硫氢铵腐蚀外，氯化铵(NH_4Cl)腐蚀也能够造成失效事故。采用两台空冷器串联的装置，水是从第一台空冷器下游注入的，这样可能发生氯化铵沉淀，并且在第一台空冷器出口端发生点状腐蚀。没有什么特别的材料可以防止氯化铵腐蚀，但是提高工艺温度通常能够防止氯化铵腐蚀。高压空冷器工艺参数及材质见表4-3。

表4-3 高压空冷器工艺参数及材质

类型	操作压力/MPa		操作温度/℃		介质		材质	
	壳程	管程	壳程	管程	壳程	管程	壳程	管程(换热器)
高压空冷器		12		127~49		反应馏出物、氢气		20#

2.4 高压分离器

加氢裂化装置通常在反应器的下游设置高压分离器，以对反应馏出物进行分离。高压分离器包括热高分和冷高分，热高分设于反应馏出物注洗涤水之前，用于气液初步分离，其操作温度一般为200~300℃，操作压力为10MPa；冷高分设于反应馏出物注洗涤水之后，将物流中的油、气、水三相分离，其操作温度一般为40~60℃，操作压力为10MPa。

热分离器是在反应器出口温度下或者接近这样的高温下操作的。在此情况下，建议采用不锈钢衬里结构防止热分离器发生高温H_2-H_2S腐蚀，基底金属一般采用2.25Cr-1Mo或1.25Cr-0.5Mo钢，条件许可时采用碳钢。

内有含硫污水的冷分离器用抗氢致开裂的钢材制造，或者用300系列不锈钢衬里，防止发生氢致开裂或应力导向氢致开裂。

若硫氢铵含量超过10%，则会造成个别部位发生局部硫氢铵冲刷腐蚀，安装不锈钢防冲击挡板通常就能够防止这样的问题发生。高压分离器工艺参数及材质见表4－4。

表4－4　高压分离器工艺参数及材质

设备名称	操作压力/MPa	操作温度/℃	介质	材质	
				壳体	内件
热高压分离器	9.6	195	生成油、氢气	16MnR + SS	—
冷高压分离器	9.3	49	生成油、氢气	16MnR	—

2.5　产品分馏塔

产品分馏塔（见图4－1中位置7）用于把反应部分来的 C_5 及以下组分反应生成油（脱丁烷油）按沸点范围分割成轻石脑油、重石脑油、航煤、柴油和尾油等最终产品。产品分馏塔通常采用板式塔结构，操作压力0.1MPa，操作温度135～305℃。

分馏塔材料要根据抗高温硫化氢腐蚀的需要来选择。根据硫化氢浓度，假如在高于260～316℃的温度下存在硫化氢，就需要选用合金。如果没有硫化氢，或者温度低于260℃，一般选用碳钢就足够了。分馏塔工艺参数及材质见表4－5。

表4－5　分馏塔工艺参数及材质

设备名称	操作压力/MPa	操作温度/℃	介质	材质	
				壳体	内件
分馏塔	0.1	135～305	脱丁烷油	16MnR	—

2.6　加氢加热炉

加氢加热炉（见图4－1中位置3）是为进料提供热源的关键设备。

炉管是在高温高压临氢环境下工作的，因此炉管材料的选择除了要考虑高温强度（持久强度和蠕变极限）外，还要考虑抗氢及硫化氢腐蚀、高温氧化。管子和U形弯头普遍采用347不锈钢制造，但也有的使用321不锈钢或铬钼钢。U形弯头用锻件比铸件好，虽然两者质量都很好，但是温度高于538℃时，铸件容易发生σ相致脆。加氢加热炉工艺参数及材质见表4－6。

表4－6　加氢加热炉工艺参数及材质

设备名称	操作压力/MPa	操作温度/℃	介质	炉管材质
加氢加热炉辐射	10.7	270/510	混氢	ASTM A312
加氢加热炉对流	2	100	锅炉水	10#

3　加氢裂化装置主要损伤机理及分布

损伤机理概述分析：加氢裂化装置操作温度在室温～400℃，所以首先排除高温材料性能退化和低温/低韧性脆断机理。

（1）氢气系统

加氢裂化装置中，使用氢气使加氢裂化原料发生加氢精制和加氢裂化反应。既有循环氢，也有新鲜氢作为补充。氢气系统中含有加氢裂化产生的硫化氢、氨气，并且气流中可能夹带少量水（注水稀释氨盐），而且操作温度 5～133℃（从冷低压分离器顶部至反应产物/循环氢换热器之前流程），若脱水不完全，可能产生酸性水（碱性）腐蚀和 SCC/HIC/SOHIC；循环氢系统在循环氢压缩机出口至循环氢/反应产物换热器管程流程段温度高于 149℃部位，也可能产生氨盐腐蚀（局部浓缩）；循环氢/反应产物换热器管程之后至循环氢加热炉流程，操作温度 270～510℃，存在高温 H_2S+H_2 腐蚀机理。

（2）油系统

a）进料系统

加氢原料油从界区（原料罐）至加氢反应器进料流程，中间经反应馏出物/原料油换热器换热升温，并在进加氢反应器之前与循环氢混合。原料油中含有的硫、氮、氯等均以有机化合物形式存在，尽管含水，但不与水相溶，不能构成酸性电解质溶液，所以在原料油自界区至反应馏出物/原料油换热器之前流程（操作温度 60～188℃）不存在湿腐蚀环境；而在反应馏出物/原料油换热器之后至加氢反应器进料流程（操作温度 294～385℃，包括进料之前与循环氢混合），则存在高温损伤机理（高温 H_2S+H_2 腐蚀机理以及高温硫化物腐蚀机理）。

b）反应馏出物系统

反应馏出物自加氢反应器（包括加氢精制和加氢裂化反应器）至热高、低压分离器和冷高、低压分离器流程，中间有反应产物/原料油或循环氢换热器换热降温。反应馏出物含有氢、硫化氢、氨、氯化氢、水，在加氢反应器至反应产物/原料油或循环氢换热器出口流程（包括反应器和换热器），操作温度 400～210℃，存在高温损伤机理（高温 H_2S+H_2 腐蚀机理）；而从反应产物/原料油或循环氢换热器出口至热高压分离器流程，操作温度 200～195℃，尽管存在硫化氢、氨气、氯化氢等杂质，但不存在游离水（149℃以下自由水），所以不存在湿腐蚀环境；在热高压分离器至冷高压分离器流程，中间经换热器和空冷器冷却，操作温度 195～49℃，存在湿腐蚀环境，如湿 H_2S – SCC、酸性水（碱性）腐蚀、氨盐腐蚀（垢下腐蚀和堵塞）等。

c）分馏系统

反应馏出物在进分馏系统之前，经冷高、低压分离器油（反应馏出物）、气（H_2、干气）、水（酸性水送出界区）三相分离，基本不含水，所以反应馏出物至脱丁烷塔（稳定塔）进料流程，仅在中间换热器换热升温到 200℃以后才会有高温硫化物腐蚀机理；脱丁烷塔塔釜料至产品分馏塔以后的流程，因为产品分馏塔采用蒸汽汽提，提供了湿腐蚀环境（游离水），而且分馏塔进料（C_5 及以上馏分）含有硫化氢、氨气（pH = 8.3），分馏塔塔顶操作温度 35～135℃，所以分馏塔塔顶石脑油轻烃系统（包括分馏塔塔顶、回流罐、石脑油分馏塔顶、回流罐及冷却器、空冷器）存在酸性水腐蚀、SCC 机理。分馏塔侧线航煤、柴油及塔釜尾油已没有硫化氢、氨气，不存在腐蚀介质，所以也就不存在损伤机理。

d）脱硫

干气、液化气脱硫采用 DEA 溶液脱硫化氢，操作温度 28～75℃，存在胺腐蚀、胺脆以及 SCC 机理。

3.1　高温硫化物腐蚀

（1）损伤机理

在氢注入点上游的进料系统中，以及在已经分离出氢后的部分分馏段里，当温度高于200℃时发生这样的腐蚀，此时氢的分压 $<4kgf/cm^2$。高温硫化物腐蚀速率与材料、温度和硫化物的浓度有关，另外流速也是一个重要因素，流速增大加快了硫化物保护层的流失，导致腐蚀速率增大。

（2）损伤形态

高温硫化物腐蚀形态表现为均匀减薄，个别情况下有局部减薄或高速冲蚀破坏。腐蚀产物形成一层薄膜覆盖在金属表面。

（3）控制措施

根据这种特殊的腐蚀机理，合金的耐蚀性能与其铬含量成正比，含铬量中等的合金比碳钢有更好的防腐效果。当温度高于260℃时，常用的较高等级的合金是5Cr、9Cr、12Cr或300系列不锈钢。镍基合金因其铬含量与不锈钢相近而具有相似抵抗力，低合金钢也有采用表面渗铝增加抗力，但效果有限。

（4）损伤分布

a）反应器进料系统

在循环氢加氢点以前温度高于200℃的反应器进料系统，即反应器进出料换热器的进料侧（管程或壳程）高温区域进反应器前的相连管道，以及反应器进料/循环氢换热器的进料侧（管程或壳程）高温区域。

b）分馏系统

加氢裂化装置分馏系统差别很大，应视具体情况而定。稳定塔或汽提塔进料管道、稳定塔或汽提塔塔釜及塔釜油出口管道（包括回流及至分馏塔进料管道）可能存在此种机理，在许多分馏塔的下半部以及分馏塔重沸器里，碳钢腐蚀往往是很小的，除非是高温状态，因为硫化氢已经从烃里汽提出来了。

3.2　高温硫化氢/氢气腐蚀

（1）损伤机理

加氢裂化装置的进料一般都含有硫化合物（硫醇、二硫化物等），在反应器条件下，它们被转化成硫化氢。高温下（200℃以上）硫化氢对钢材的腐蚀性很强，氢气的存在会增加高温硫化物腐蚀的严重性。主要影响因素是温度、氢气含量、硫化氢浓度以及合金成分。随着温度、氢含量以及硫化氢浓度的增加，腐蚀速率加快。

（2）损伤形态

高温硫化氢/氢气腐蚀形态为均匀减薄，并伴有硫化铁腐蚀产物的形成。

（3）控制措施

含铬5%或9%的合金耐 H_2-H_2S 腐蚀效果有限，含铬12%的合金耐 H_2-H_2S 腐蚀效果较好，但因可能发生475℃高温致脆应用不多，奥氏体不锈钢（18% Cr）或含铬的镍基合金效果最好。

（4）损伤分布

a）反应器进料系统

在循环氢加氢点以后温度高于200℃的反应器进料系统，即反应器进出料换热器的进料侧(管程或壳程)高温区域、进料加热炉炉管和进反应器前的相连管道，以及反应器进料/循环氢换热器的进料侧(管程或壳程)高温区域；

b) 加氢精制反应器和加氢裂化反应器

c) 反应器馏出系统

从反应器出口开始，至温度下降到大约200℃止，即反应器进出料换热器的出料侧(管程或壳程)高温区域、反应器出料与分馏塔进料换热器的出料侧(管程或壳程)高温区域及相连管道。

d) 热高压分离器。

e) 循环氢系统

原料油/循环氢换热器循环氢侧(管程或壳程)高温区域、循环氢加热炉炉管及相连管道。

3.3 湿硫化氢开裂

损伤机理、损伤形态、控制措施见第3章3.5部分内容。

损伤分布分为以下几种。

a) 反应馏出物系统

馏出物空冷器可能是最常发生湿硫化氢开裂设备，因为充分冷却后就形成了液体水。馏出物空冷器上游(从水注入点开始)的管道和下游的管道容易和空冷器一样发生湿硫化氢开裂。此外，还包括从注水点开始至冷高压分离器结束的中间流程中换热器/水冷器反应馏出物侧(管程或壳程)的低温部位。

b) 分离器

冷高压分离器、冷低压分离器。

c) 分馏系统

假如从反应器分离器出来的流体携带过多的水进入分馏系统，那么在各分馏塔塔顶冷凝系统就存在湿硫化氢开裂，包括低压分离器的出口管道，各分馏塔顶部、回流罐及相连管道。

d) 循环氢系统

循环氢系统含硫化氢，若脱水不完全，也有可能产生湿硫化氢开裂。

e) 脱硫系统

贫胺液进料系统、干气脱硫塔、液化气脱硫塔以及相连管道以及富胺液管道。

3.4 连多硫酸应力腐蚀开裂(PTASCC)

(1) 损伤机理

只有奥氏体不锈钢和少数有关的奥氏体合金如合金800，才发生连多硫酸应力腐蚀开裂。当这些合金因为焊接、焊后热处理被敏化，或者因为暴露在371～454℃的高温下时，这些合金就能够发生开裂。连多硫酸是硫化铁膜与氧及水分发生反应而生成的，因此停工期间设备暴露在空气和水分中时，就会造成敏化态的奥氏体不锈钢发生这样的应力腐蚀开裂。

（2）损伤形态

PTASCC 通常发生在焊缝区域，少数在母材高应力区。具有高度的局域性，裂纹形态为沿晶开裂，不会造成壁厚减薄。

（3）控制措施

对于不同敏化区间的不锈钢材料规定不同的温度限值。停车阶段或停车后立即用碱性的苏打溶液中和硫酸，或者用干燥氮气吹扫以隔离空气，这些方法可以消除连多硫酸的生成。

（4）损伤分布

PTASCC 发生在开停车阶段，材质为不锈钢或不锈钢衬里且介质含硫的设备如原料油/反应产物换热器的换热管、进料加热炉炉管、加氢反应器衬里，以及加氢反应器的进出口管道。

3.5　酸性水(硫氢铵)腐蚀

（1）损伤机理

硫氢铵(NH_4HS)是氨和硫化氢气体的反应产物。当反应器馏出物冷却到66℃以下时，固体硫氢铵就会从蒸汽相里结晶出来，堵塞换热器管，造成垢下腐蚀。酸性水腐蚀的影响因素为 NH_4HS 的浓度、流速、pH 值、温度等。另外氰根存在会加速腐蚀，这是因为氰根会破坏硫化物保护膜。

（2）损伤形态

酸性水腐蚀通常表现为均匀腐蚀，浓度在2%(质)以上时，在冲刷和湍流部位会造成严重的局部减薄。若洗涤水量不足以溶解硫氢铵而出现沉淀时，在低流速区域会发生严重的局部垢下腐蚀，换热器则会出现换热管堵塞。

（3）控制措施

普遍的做法是在馏出物空冷器之前注入水，建议通过注水控制分离器水里的硫氢铵浓度限制在2%～10%的范围里，以溶解硫氢铵防止它们沉积。因冲洗水中的氧和铁会加速腐蚀，所以冲洗水最好脱氧。另外，严格控制局部流速，对碳钢而言，控制流速在6m/s及以下，流速超过6m/s时采用合金825或双相不锈钢。设计上，入口和出口管的管端都可以采用不锈钢管箍，并带有锥形管端，管束要便于清洗，同时避免使用U形管，因为容易发生冲蚀。

（4）损伤分布

a）反应馏出物系统

馏出物空冷器可能是最容易发生硫氢铵腐蚀的设备。馏出物空冷器上游(从水注入点开始)的管道和下游的管道容易和空冷器一样发生硫氢铵腐蚀，如在弯头、三通以及其他发生局部湍流的管段，此外，还包括从注水点开始至冷高压分离器结束的中间流程中换热器/水冷器反应馏出物侧(管程或壳程)的低温部位。

b）分离器

正常情况下，分离容器的腐蚀速率是很低的，但是硫氢铵含量超过10%时，会造成冷高压分离器、冷低压分离器进料部位严重冲蚀，另外冷高压分离器底部排污水管道，特别是控制阀门下游可能因为闪蒸引起严重的冲蚀。

c）分馏系统

假如从反应器分离器出来的流体携带过多的水进入分馏系统，那么在分馏塔塔顶就存在氨和氯化物，这些会产生硫氢铵腐蚀和氯化铵腐蚀，包括低压分离器的出口管道、分馏塔顶部、回流罐及相连管道。

3.6 高温氢腐蚀(HTHA)

(1) 损伤机理

因为加氢裂化装置的反应器系统都使用热的高压氢气，所以选用能够耐高温氢腐蚀的结构材料非常重要的。当温度高于232℃、氢的分压 > 7kgf/cm^{2}时，氢能够造成碳钢和低合金钢发生氢腐蚀，从而造成钢材脱碳，削弱金属强度。此外，在间隙中能够生成甲烷，造成裂纹、鼓泡，从而使材料失效。

对某一特定钢材而言，HTHA敏感性依赖于温度、氢分压、时间和应力，且服役时间具有累积效应。在装置正常操作条件下，300系列不锈钢，以及5Cr、9Cr、12Cr合金对HTHA并不敏感。

(2) 损伤形态

HTHA表现为钢材表面和内部脱碳，以及沿晶开裂。

(3) 控制措施

通过设计选材来控制，在纳尔逊曲线图指定材料曲线下方的面积是该种材料可以接受的操作条件。当碳钢不适用时，就要提高材料等级，常用1.25Cr－0.5Mo和2.25Cr－1Mo合金。使用纳尔逊曲线选择材料时采用28℃的安全系数，但选择反应器材料时，一般采用14℃安全系数。

铬合金和钼合金能够减少高温氢腐蚀的潜在损害，因为它们生成弥散状碳化物的能力很强，从而增加碳化物的稳定性，减少甲烷的形成，其他碳化物稳定元素还有钨和钒。

尽管认为适当的奥氏体堆焊层有助于降低堆焊层下基材接触的氢分压，但氢仍会扩散穿过表层材料而侵蚀到基底材料。因此，不管有什么表层材料，应当选择能够满足纳尔逊曲线要求的基底材料。

(4) 损伤分布

a) 反应器进料系统

在循环氢加氢点以后，温度高于232℃的反应器进料系统，应重点关注高温氢腐蚀问题。即反应器进出料换热器的进料侧(管程或壳程)高温区域、进料加热炉炉管及进反应器前的相连管道。

b) 加氢精制反应器和加氢裂化反应器

c) 反应器馏出系统

从反应器出口开始，至温度下降到大约232℃止，即反应器进出料换热器的出料侧(管程或壳程)高温区域、反应器出料与分馏塔进料换热器的出料侧(管程或壳程)高温区域及相连管道。

d) 热高压分离器

3.7 铬－钼钢的回火脆

(1) 损伤机理

如果铬－钼钢，特别是2.25Cr－1Mo钢，长时间在360～566℃的温度下加热时，就会发生回火致脆，使延脆转变温度明显升高。热壁加氢反应器的操作温度又恰好处于该钢种产生回火脆性的温度范围内，所以长期操作会发生回火脆性断裂。回火脆性敏感性在很大程度上是由于合金中锰和硅的存在，以及杂质元素磷、锡、锑、砷。强度水平及热处理历史也应考虑。尽管操作温度下材料韧性降低并不明显，但在开停车阶段设备有可能因回火脆性而发生脆性断裂。

（2）损伤形态

回火脆是冶金改变，并不容易发现，但可以通过冲击试验验证。

（3）控制措施

为了避免反应器在脆变温度范围里操作时突然发生脆断，在低于延脆转变温度操作时，要使反应器维持很低的压力和维持最小保压温度。一般来讲，此低压的概念就是小于反应器设计压力的25%，最小保压温度最高为171℃，最低为38℃。

回火脆性对于含有一定量脆性敏感杂质元素并处于脆断温度范围内的材料来说是不可避免的。降低回火脆性可能性和程度的最好办法是限制母材和焊材中锰、硅以及杂质元素磷、锡、锑、砷含量，限制母材的 J 系数和熔敷金属的 X 系数。

依据以下材料成分：

$$J=(\mathrm{Si}+\mathrm{Mn})\times(\mathrm{P}+\mathrm{Sn})\times10^{4}\text{（元素质量比）} \tag{4-1}$$

$$X=(10\mathrm{P}+5\mathrm{Sb}+4\mathrm{Sn}+\mathrm{As})/100\text{（元素 ppm）} \tag{4-2}$$

2.25Cr 钢典型的 J 系数和 X 系数分别是 100 和 15。

（4）损伤分布

回火脆性发生在材质为铬－钼钢制加氢反应器、温度高于 360℃ 的进料/反应产物换热器、热高压分离器，一般发生在开停车阶段。

3.8 胺应力腐蚀开裂

（1）损伤机理

胺腐蚀应力裂纹常发生在胺处理装置中，胺处理装置是利用胺溶液从各种气态或液态的碳氢化合物中去除硫化氢和二氧化碳等酸性气体。胺致开裂是碱性环境下的应力腐蚀开裂的一种形式，发生在无焊后热处理的碳钢和低合金钢焊缝区。

胺腐蚀应力裂纹的敏感性可用四种参数评估，它们是：胺的类别；胺溶液组分；金属温度和拉应力的水平。乙醇胺（MEA）和二异丙醇胺（DIPA）装置中胺应力裂纹最为普遍。纯的胺液不会产生胺致开裂，只会产生腐蚀减薄，而富胺液的开裂通常与硫化氢有关。

（2）损伤形态

胺致开裂发生在焊缝和热影响区，热影响区裂纹通常表现为平行于焊缝，而焊缝区裂纹则可能为平行或垂直于焊缝。安放式接管，裂纹呈放射状，而插入式接管，裂纹平行于焊缝。裂纹形态与湿硫化氢开裂类似，沿晶开裂，分支有氧化物，典型形态为极细的蛛网状裂纹。

（3）控制措施

进行焊后热处理，使用不锈钢或不锈钢堆焊层、400 合金或其他耐蚀合金替代碳钢。

（4）损伤分布

脱硫系统：贫胺液进料系统、干气脱硫塔、液化气脱硫塔以及相连管道以及富胺液管道。

3.9 胺腐蚀

（1）损伤机理

胺液本身不会产生腐蚀，胺腐蚀是由于溶解了硫化氢、二氧化碳等酸性气体，或产生胺降解产物热稳定胺盐（HSAS）等。主要发生在碳钢或低合金钢，300 系列不锈钢具有高度抵抗力。

按严重程度由高到低排列顺序为 MEA、DGA、DIPA、DEA、MDEA。HSAS 浓度达到 2% 以上时，贫胺液产生腐蚀；温度高于 104℃且压力降足够大时，酸性气闪蒸，造成局部高浓度产生严重的局部减薄。

（2）损伤形态

胺腐蚀通常表现为均匀腐蚀，但若流速高或存在湍流时则表现为局部减薄。

（3）控制措施

控制酸性气含量；避免热稳定胺盐累积到不可接受水平；控制操作温度；控制局部压力降避免产生酸性气闪蒸；控制氧含量；应用缓蚀剂。

（4）损伤分布

脱硫系统：贫胺液进料系统、干气脱硫塔、液化气脱硫塔以及相连管道以及富胺液管道。

3.10 氯化物应力腐蚀开裂（Cl－SCC）

（1）损伤机理

在装置进料中会存在氯化物，来自催化重整装置的补充氢里也会存在氯化物，造成反应器下游换热器里发生氯化铵沉积，对不锈钢设备产生开裂或点蚀。开裂敏感性取决于氯离子的浓度、温度和 pH 值。金属温度在 60℃以上，$2 < pH < 10$ 时更易发生 Cl－SCC，氧的存在促进 Cl－SCC，干湿交替环境下，氯浓缩使开裂敏感性增加。

（2）损伤形态

典型 Cl－SCC 形态为穿晶、多分支。

（3）控制措施

控制 Cl 含量，特别是水压试验时。保持涂层完好，就 Cl－SCC 而言，可选用碳钢、低合金钢以及 400 系列铁素体不锈钢或双相不锈钢、含钼的稳态镍基合金替代奥氏体不锈钢。

（4）损伤分布

a）反应器馏出物系统

当用不锈钢（奥氏体和双相不锈钢）制造换热器管时，反应器馏出物/汽提塔进料换热器存在应力腐蚀开裂的风险，分离器排出的的液态烃，即汽提塔的进料，可能含有少量水及溶解的氯盐，当这些烃被重新加热时，水会蒸发，剩余的氯盐沉积物会使管子迅速发生氯化物开裂或点状腐蚀。

b）在停工冲洗阶段或设备暴露在大气中时

含有氯化物的水会聚集，重新投产后，当温度超过 60℃，残留的水开始挥发，氯化物浓缩，造成不锈钢材质的进料加热炉炉管、加氢反应器进出口连接管道和加氢反应器不锈钢衬里开裂。

3.11　氢脆(HE)

(1) 损伤机理

在加氢裂化装置的反应器里，氢脆是个常要关注的问题，因为溶解氢的浓度很高，装置在高温和氢分压下操作时，氢会在容器壁内聚集。假如反应器壁有足够厚度，并且停工时迅速冷却，溶解的氢就没有机会从金属里释放出来。假如冷却后有大量溶解氢留在钢内，材料的机械特性就会暂时受到影响，这样的机械特性的退化叫做氢脆。只有当氢留在钢里时才会有发生氢脆，假如允许氢释放出来，那么钢会重新恢复其原有的特性。即使金属里可能有氢，只有在低于149℃的温度下，才会发生氢脆。

需要指出的是，HE 只影响材料的静强度而不是冲击性能。相比薄壁容器，厚壁容器更敏感，这是因为热应力和变形约束度较大，而且氢析出时间更长。强度级别高的材料，HE 敏感性更强。

(2) 损伤形态

裂纹起源于近表面，但大多数情况下造成表面开裂，高强钢的 HE 裂纹表现为沿晶开裂。

(3) 控制措施

控制反应器降温速率，目的是在反应器冷却到低于149℃的温度之前，能够使大量氢从金属里扩散出来。认为冷却速率在28～56℃/h 可以提供足够的时间进行排气。另外，降低钢材强度，应用焊后热处理，采用不锈钢衬里、堆焊层等减少渗氢都是有效的手段。

(4) 损伤分布

停工阶段加氢反应器及进料/反应产物换热器等高温高压临氢操作的设备，特别是硬度值高于235HB 的焊缝热影响区、位置靠近焊缝热影响区的高残余应力区或接管部位等三维应力区，以及加氢反应器内部支持圈角焊缝、堆焊奥氏体不锈钢的梯形槽法兰密封面的槽底拐角处。

3.12　短期过热－应力破裂

(1) 损伤机理

由于局部过热，在相对低应力水平下发生永久变形，造成鼓包和最终破裂。

(2) 损伤形态

局部变形和鼓包，变形程度可达3%～10%。开裂部位呈张口的鱼嘴形，并有减薄。

(3) 控制措施

控制炉膛超温，防止炉管发生堵塞造成热点和过热，反应器床热电偶监控温度。

(4) 损伤分布

在进料加热炉炉管，以及加氢反应器反应床部位(急冷氢量不足以控制反应热)。

3.13　奥氏体不锈钢堆焊层的氢致剥离

(1) 损伤机理

堆焊层剥离也是氢致延迟开裂的一种形式。高温、高压、临氢环境下操作的反应器，氢会渗透到器壁中。由于反应器本体材料(Cr－Mo)与堆焊层材料(TP309/TP347)结晶结构不同，因而氢的溶解度和扩散速度都不一样，湿堆焊层界面上氢浓度形成不连续状态。当反应器从正常运行状态下停工冷却到常温时，氢在基材中的溶解度的过饱和度要比堆焊层大得多，使氢由基材向堆焊层的过渡层扩散，而氢在奥氏体不锈钢中的扩散系数比 Cr - Mo 小，所以氢在过渡层扩散缓慢，导致大量聚集而引起脆化。

（2）损伤形态

从宏观看，剥离沿着堆焊层和基材的界面扩展；从微观看，剥离裂纹沿着熔合线碳化铬析出区或沿着长大的奥氏体晶界扩展。

（3）控制措施

制造上采用高焊速大电流堆焊工艺，优化焊后热处理参数避免碳化铬析出，操作中停工时控制冷却速度。

（4）损伤分布

对于加氢反应器，损伤一般出现在停工阶段。

3.14 蠕变及应力破裂

（1）损伤机理

高温下，金属材料在低于屈服强度的低载荷下，发生缓慢而持续的变形，最终破裂。蠕变变形与时间相关，温度每升高 12℃或应力水平增加 15%，蠕变剩余寿命减少一半。蠕变有温度门槛值，在门槛值以下，即使在高应力状态下，蠕变不会发生。

（2）损伤形态

蠕变出现在晶界，后期形成裂纹。温度在门槛值以上，可见明显变形、鼓包，最后开裂。

（3）控制措施

选择高蠕变抗力合金，避免炉管出现堵塞、局部过热。

（4）损伤分布

进料加热炉炉管。

3.15 大气腐蚀和层下腐蚀

（1）损伤机理

大气腐蚀发生在潮湿的环境条件下，尤其是海洋环境或潮湿的工业气体污染环境中更为严重，层下腐蚀发生在保温层下积水时。发生腐蚀的因素包括环境条件(工业、海洋或乡村)、潮湿度、温度、盐或硫化物的存在，以及保温层的类型(层下腐蚀)等，特别是氯化物、硫化氢、二氧化硫以及烟尘等空气污染物加速大气腐蚀。

（2）损伤形态

大气腐蚀表现为均匀或局部腐蚀，依赖于是否有水局部积聚，漆层脱落部位为均匀腐蚀。大气腐蚀外观表现为形成红色氧化铁产物。层下腐蚀对于碳钢和低合金钢表现为松散的、薄片状的氧化皮，具有高度的局部腐蚀特征。对于 300 系列不锈钢，层下腐蚀表现为凹坑或氯化物应力腐蚀开裂。

（3）控制措施

保持漆层和保温层完好，选择合适的保温材料。

(4) 损伤分布

壁温在 -12 ~121℃，无保温层的碳钢或低合金钢设备和管道，均可能发生大气腐蚀，特别是漆层脱落部位、操作温度在常温附近波动、停车或长期停用设备、管道支撑部位。

层下腐蚀发生在冷却水塔下风向、冷却水喷林系统、酸气、蒸汽放空附近，以及法兰、直接焊在器壁上的保温支撑圈、平台、扶梯、支腿、接管、蒸汽伴热泄漏部位、设备底部积液部位。

4 加氢裂化装置关键设备主要失效机理及部位

加氢裂化装置关键设备包括加氢反应器、高压换热器、高压空冷器、高压分离器、分馏塔、加氢加热炉。

4.1 加氢反应器

加氢反应器主要的失效机理及失效部位：

① 高温硫化氢/氢气腐蚀，发生在衬里和基材；

② 连多硫酸应力腐蚀开裂，发生在开停工阶段的衬里部位；

③ 高温氢腐蚀(HTHA)，发生在基材；

④ 铬-钼钢的回火脆，发生在开停工阶段；

⑤ 氢脆，发生在停工阶段，特别是加氢反应器内部支持圈角焊缝、堆焊奥氏体不锈钢的梯形槽法兰密封面的槽底拐角处部位；

⑥ 氯化物应力腐蚀开裂，发生在开停车期间的衬里部位；

⑦ 短期过热——应力破裂，发生在加氢反应器反应床部位；

⑧ 堆焊层剥离，发生在停工阶段。

4.2 高压换热器

高压换热器主要的失效机理及失效部位：

① 高温硫化物腐蚀，发生在反应馏出物/进料换热器的进料侧(管程或壳程)；

② 高温硫化氢/氢气腐蚀，反应器进出料换热器的进料侧(管程或壳程)高温区域、以及反应器进料/循环氢换热器的进料侧(管程或壳程)高温区域；

③ 湿硫化氢开裂，发生在换热器/水冷器反应馏出物侧(管程或壳程)的低温部位；

④ 连多硫酸应力腐蚀开裂，发生在开停车阶段的原料油/反应产物换热器的换热管；

⑤ 酸性水腐蚀，发生在换热器/水冷器反应馏出物侧(管程或壳程)的低温部位；

⑥ 高温氢腐蚀(HTHA)，发生在反应器进出料换热器的进料侧(管程或壳程)高温区域；

⑦ 铬钼钢回火脆性，发生在开停车阶段，温度高于360℃的进料/反应产物换热器；

⑧ 氢脆，发生在停工阶段反应产物/进料换热器高温高压临氢操作环境(管程或壳程)，特别是硬度值高于235HB 的焊缝热影响区，位置靠近焊缝热影响区的高残余应力区或接管部位等三维应力区；

⑨ 氯化物应力腐蚀开裂。

4.3 高压空冷器

高压空冷器主要的失效机理及失效部位：

① 酸性水（硫氢铵）腐蚀：发生在空冷管束、空冷器管箱、空冷器进出口管道，特别是空冷器管束进出口末端、U型管的U型段存在严重的冲蚀，空冷器进出口管道弯头部位及盲管等死角部位，以及空冷器跨线；

② 氯化铵（NH_4Cl）沉淀腐蚀；

③ 馏出物空冷器可能是最常发生湿硫化氢开裂设备，因为充分冷却后就形成了液体水。

4.4 高压分离器

高压分离器主要的失效机理及失效部位：

① 高温硫化氢/氢气腐蚀，发生在热高压分离器；

② 湿硫化氢开裂，发生在冷高压分离器；

③ 酸性水腐蚀，发生在冷高压分离器，另外冷高压分离器底部排污水管道，特别是控制阀门下游可能因为闪蒸引起严重的冲蚀；

④ 高温氢腐蚀，发生在热高压分离器；

⑤ 大气腐蚀或层下腐蚀，发生在冷高压分离器。

4.5 分馏塔

分馏塔主要的失效机理及失效部位：

① 湿硫化氢开裂，发生在分馏塔顶部；

② 酸性水腐蚀，发生在分馏塔顶部；

4.6 加氢加热炉

加氢加热炉主要的失效机理及失效部位：

① 高温硫化氢/氢气腐蚀；

② 高温氢腐蚀；

③ 连多硫酸应力腐蚀开裂，发生在开停车阶段；

④ Cl-SCC，发生在开停车期间；

⑤ 短期过热-应力破裂；

⑥ 蠕变及应力破裂。

5 加氢裂化装置设备和管道推荐的检验策略

5.1 检验策略

检验策略的选择原则参考GB/T 26610.2《承压设备系统基于风险的检验实施导则 第2部分：基于风险的检验策略》进行制定。

5.2　加氢裂化装置关键设备推荐的检验方法和检验比例

加氢裂化装置关键设备推荐的检验方法和检验比例见表4－7。

表4－7　分馏塔推荐的检验方法和检验比例

序号	损伤机理	失效部位	检验方法		检验比例	备注
			内检	外检		
1	湿硫化氢开裂	分馏塔顶部	湿荧光磁粉检测	超声波横波检测或TOFD或声发射检测，必要时辅以磁记忆抽查	WFMT10%～25%；UT/TOFD10%～25%	重点是分馏塔顶部、及接管部位
2	酸性水腐蚀	分馏塔顶部	宏观和壁厚抽查	壁厚抽查或脉冲涡流测厚	宏观100%，壁厚抽检	重点是分馏塔顶部、及接管部位

附录 加氢裂化装置失效树(图4-2)

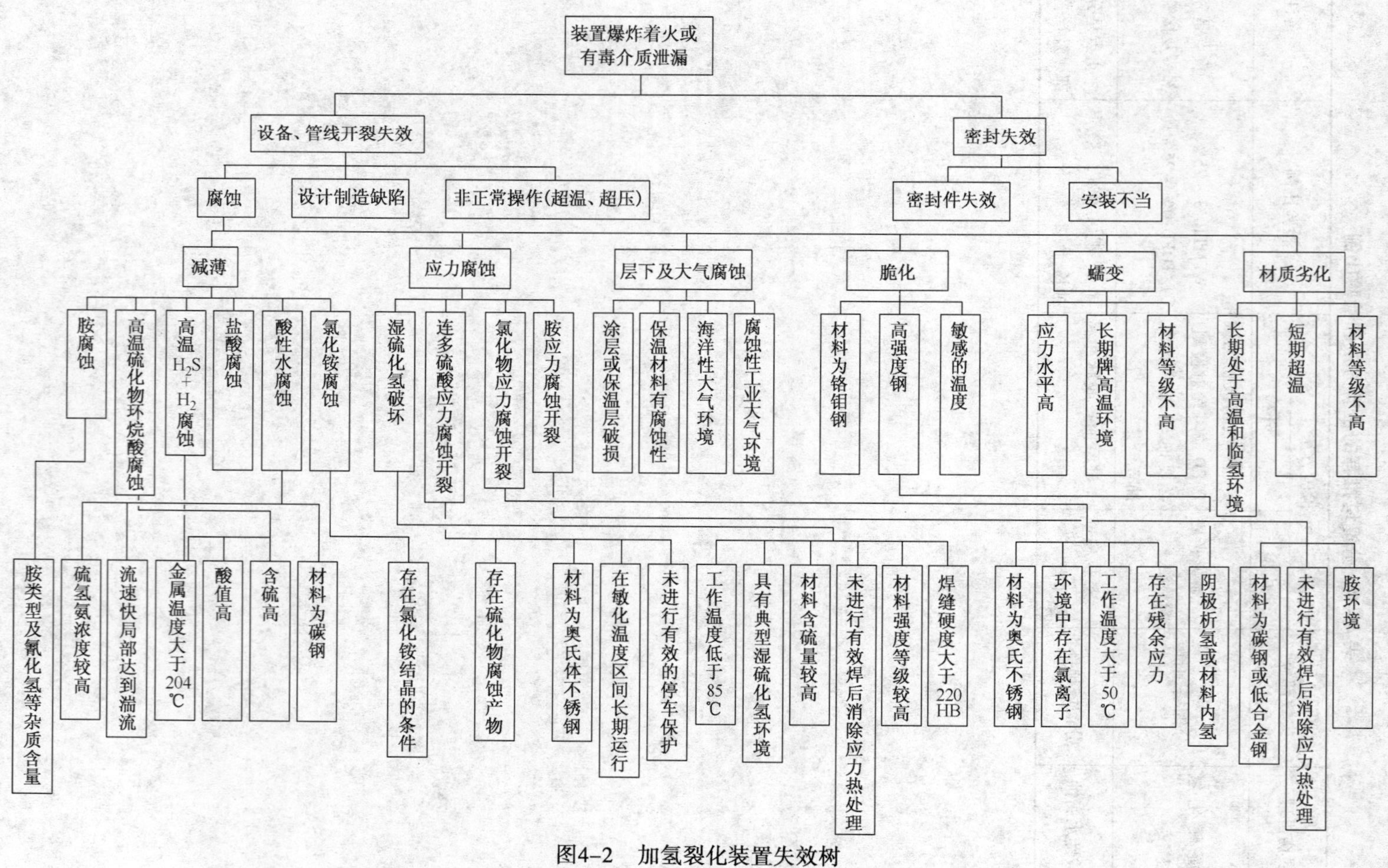

图4-2 加氢裂化装置失效树

第5章　延迟焦化装置风险检验指南

1　概述

延迟焦化是个热裂化过程，用于将来自原油蒸馏装置的常压重油转化成轻质馏分，适合加工成附加值更高的石油产品，如煤油、汽油和液化石油气。在此过程中，常压重油里的重组分被热裂解成碳(焦炭)，而轻组分被转化成粗柴油和粗汽油，由此增加了进入下游生产汽油装置的进料。

随着焦炭需求量迅速增长。例如，铝的冶炼过程需要使用的碳正极，生产电石、钛和不锈钢电炉炼钢用的碳化硅电极，在钢铁工业和水泥工业中，焦炭还用作增碳剂。结果，焦炭成为炼油工业一个高附加值产品。除了生产出的焦炭可供销售外，还从延迟焦化过程获得了额外的益处。作为催化裂化装置的进料，粗柴油的生产数量和质量都有了提高。但是，焦化过程也会使焦炭中不良组分的浓度增大，如硫和氮化合物、烯烃、无机盐、重金属杂质等。尽管这样会增加焦化装置的腐蚀问题，但可以显著减少催化裂化装置中的腐蚀问题。

2　延迟焦化装置工艺流程简介

延迟焦化装置的主要进料是来自原油蒸馏塔和减压蒸馏塔的重油。有时候，炼厂下游装置的一些循环流体会加到进料主流中。进料从分馏塔下部汽相段进入塔里第2～4塔盘。见图5－1。从塔底塔盘下方进入塔的热循环气流被来自塔盘上方的向下流动的冷却器液体急冷。分馏塔塔底排出的液体被泵送通过直接烧火加热炉。温度升高到496℃左右，将水蒸气注入加热炉的炉管，提高混合流体的流速，防止炉管内焦炭生成。离开加热炉后，流体进入两个平行的焦炭塔之一。由于焦炭塔直径很大，延长了流体在高温下的停留时间。这样使流体延迟通过焦炭塔，允许继续生成焦炭，因此，把这样的工艺过程称为延迟焦化。从塔顶排出的高温气体重新进入分馏塔的塔底，由此完成循环。焦炭塔是成对操作的。正常情况下，一台焦炭塔连续运转24h。与此同时，把另一焦炭塔里的焦炭清理出来。清理焦炭可以采用机械手段，也可以用水力方式。采用水力清焦时，用高压水枪把大块焦炭切成小块，再从塔底把焦炭排出。在24h运转周期结束时，清理好的空的焦炭塔接续投入生产，而刚结束运转的焦炭塔开始清焦。

分馏塔与粗柴油汽提塔是平行操作的。来自焦炭塔的热的循环蒸汽，被新鲜进料部分急冷后，在分馏塔内自下而上流动。蒸汽被分馏塔上段底部塔盘抽出的液体进一步冷却，再泵送和冷却，并在同一塔盘下方重新引入。离开分馏塔塔顶的蒸汽被冷却并部分冷凝。液相用作分馏塔上段的冷却回流。过量液体作为粗汽油半成品排出。未冷凝的蒸汽相作为粗柴油排出，接受进一步处理或者作为燃料气。从分馏塔上段底部塔盘抽出的部分液体被送进粗柴油汽提塔。来自汽提塔的轻烃组分被循环送进分馏塔。水蒸气从汽提塔底部注入，液烃组分在汽提塔里进一步汽提。汽提塔底部的产品被作为粗柴油排出，送进催化裂化装置，生产高辛烷值汽油。

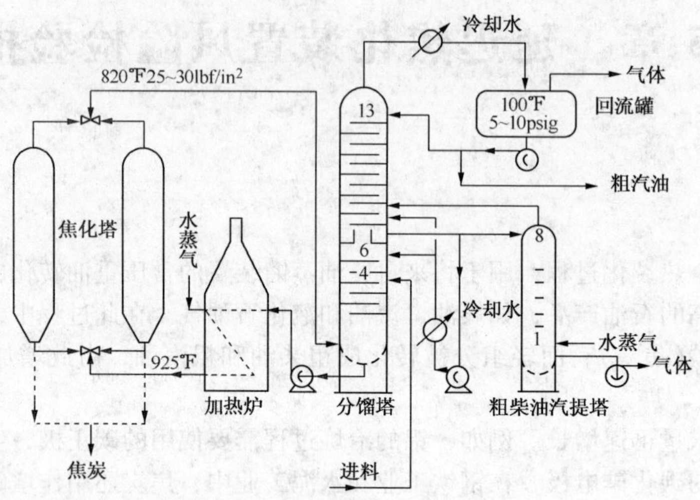

图 5 - 1　延迟焦化装置图

3　延迟焦化装置关键静设备简介

延迟焦化装置关键静设备包括：加热炉、焦炭塔和分馏塔。

3.1　加热炉

加热炉是延迟焦化装置的重要设备，它在整个装置的总投资中占着很大的比例。它的作用是将油品加热，使油品在焦炭塔里进行反应有足够的热量。由于延迟焦化工艺条件的特殊性，对加热炉有苛刻的要求：热传递速度快；高的原料油流速或者油品在炉管内停留时间短；压力降小；炉膛的热分配合理，表面热强度均匀等。

3.2　焦炭塔

焦炭塔是延迟焦化装置的主要设备。焦炭塔是焦化反应和得到产品的地方，是延迟焦化装置的重要标志，它的作用仅次于加热炉。

由于焦化工艺的特殊性，对焦炭塔来讲也应该相适应。所以无论在平面布置、设备尺寸、材质、制作安装、操作维护及辅助设备等都对焦炭塔提出了要求。为了减少加热炉阻力、热损失要求焦炭塔在平面布置上紧靠加热炉。为了保证焦化反应在塔内有充分的反应时间、温度和压力，根据装置的加工能力大小，在一定的允许线速下，要选择一个合理的直径与高度。

焦炭塔周期性生产，在一个循环周期内要经过试压、预热、切换生焦、冷却、除焦等频繁操作步骤，要求选择热强度高不易腐蚀的优质钢材，国内焦炭塔常用的材质是铬 - 钼钢，筒体高度约在 26 ~ 30m，直径约在 5 ~ 7m，壁厚 20 ~ 36mm，工作介质为渣油（含硫）、焦炭、油气、水和水蒸气。我国焦炭塔的一般运行周期为 48 ~ 24h。进油时塔体局部最高壁温超过 475℃，介质的温度为 495℃，由下至上在 393 ~ 475℃。操作压力为 0.15 ~ 0.17MPa。

3.3 焦化分馏塔

延迟焦化装置的分馏塔不但出液体产品，也是原料预热的地方，所以说它掌握着整个装置的物料平衡和液体产品的质量。它的操作哪怕发生微小的波动都会给整个装置的操作带来影响。

（1）分馏作用

分馏塔的分馏作用是把焦炭塔顶来的高温油气中所含的汽油、柴油、蜡油及部分循环油，按其组分的挥发度不同切割成不同沸点范围的石油产品。

（2）换热作用

原料油（减压渣油）在分馏塔底与高温油气换热后，温度可达 385～390℃以上。好处是提高全装置的热利用率和减轻加热炉辐射室的热负荷。

焦化分馏塔是一个筒体，壁厚为 12mm。用 G3 钢板卷压焊接而成，内有合金衬里 3mm。顶部和底部为半球型封头，内装若干层塔盘，为气、液两相接触的地方，塔盘的型式各厂焦化装置不同。在塔顶、塔侧和塔底有抽出或回流口，并有为检修操作方便的平台、走梯和人孔等。分馏塔里关键部件是筒体和塔盘。在每一层塔盘有堰板、溢流管，保证液体有一定的高度和流向。分馏塔盘在我国常见的是：圆型泡帽、槽型塔盘、S 型塔盘、舌型塔盘、浮阀塔盘、筛板塔盘、筛板－浮阀塔盘和浮动喷射塔盘等。目前焦化分馏塔多用浮阀和舌型两种塔盘。

4 延迟焦化装置主要损失机理及分布

焦化装置是个原油蒸馏塔塔底残渣加工装置，原油中多数不良组分往往在重馏分里的浓度增大。比如有硫化合物、氮化合物、烯烃、无机盐和重金属杂质。此外，来自炼厂下游装置的循环流体，也会携带炼制添加剂或其他不良物质，进入焦化装置进料。结果，焦化装置容易发生许多腐蚀问题，包括：高温硫腐蚀、环烷酸腐蚀、高温氧化、渗碳、硫化、磨损腐蚀和水溶性腐蚀（湿硫化物开裂、酸性水腐蚀、奥氏体不锈钢的氯化物应力腐蚀开裂）等。另外，间歇式操作的焦炭塔成为炼厂设备中比较特别的设备。焦炭塔循环操作特性造成一系列只有焦炭塔才有的机械性能减退和金相组织退化问题，包括：热疲劳开裂、鼓胀、回火致脆和急冷致脆等。

4.1 高温硫腐蚀

（1）损伤机理

原油中硫化物的存在形式很多，分为活性硫化物和非活性硫化物，高温硫的腐蚀主要是活性硫化物如硫化氢，硫醇和单质硫的腐蚀，这些成分都能和金属直接发生如下化学反应：

$$H_2S + Fe \longrightarrow FeS + H_2 \tag{5-1}$$

$$RCH_2CH_2SH \longrightarrow FeS + RCH{=}CH_2 + H_2 \tag{5-2}$$

$$S + Fe \longrightarrow FeS \tag{5-3}$$

硫化氢在 340～400℃时按下式分解

$$H_2S \longrightarrow S + H_2 \tag{5-4}$$

分解出来的元素硫比 H_2S 有更强的活性，使得腐蚀更为激烈。

此外，还存在非活性硫化物(硫醚、二硫醚、环硫醚)等。它们虽不能直接和金属发生作用，但在高温下，能够分解生成硫、硫化氢等活性硫化物腐蚀金属。

(2) 损伤形态

通常，高温硫腐蚀本身表现为整个系统材料均匀变薄。它会影响焦炭塔、加热炉管、加热炉进料、物料传输、焦炭塔的切换、焦炭塔塔顶管道。

(3) 高温硫腐蚀范围

高温硫对设备的腐蚀从204℃开始，随着温度升高而迅速加剧，到480℃左右达到最高点，以后又逐渐减弱。因此，高温硫腐蚀发生的温度范围为204～500℃，与含硫元素接触的焦炭塔、加热炉管、加热炉进料、物料传输、焦炭塔的切换、焦炭塔塔顶管道等。

(4) 控制措施

影响高温硫腐蚀的因素很多，主要是温度、硫化氢浓度、介质流速、材质等。碳钢材料如果加入5%或更多铬，会有助于防止高温硫腐蚀。焦炭塔通常采用炭钢或1.25Cr－1Mo合金钢制造，内壁用410S或405不锈钢包覆。在焊接部位采用镍合金600堆焊，防止高温硫腐蚀。工艺管道一般规定采用5% Cr－Mo或者9% Cr－Mo合金钢，取决于焦化装置进料里的硫含量。当硫含量大于3.0%(质)时，工艺管道一般起码需要采用9Cr合金，使它有足够的能力防止高温硫腐蚀。焦化装置加热炉的炉管通常规定采用5 Cr或者9 Cr合金钢，防止高温硫腐蚀、氧化、蠕变及应力撕裂。

4.2 环烷酸腐蚀

(1) 损伤机理

环烷酸为石油中一些有机酸的总称，可用$C_nH_{2n-1}COOH$表示。

首先环烷酸可与铁直接作用，生成可溶于油的环烷酸铁：

$$2RCOOH + Fe \longrightarrow Fe(RCOO)_2 + H_2 \quad \text{（其中R代表环烷基）} \tag{5-5}$$

同时，环烷酸还能与腐蚀产物如硫化亚铁反应，也生成可溶于油的环烷酸铁：

$$2RCOOH + FeS \longrightarrow Fe(RCOO)_2 + H_2S \tag{5-6}$$

从上式可以看出，环烷酸与腐蚀产物反应时，不但破坏了具有一定保护作用的硫化铁膜，同时游离出来的硫化氢又可进一步腐蚀金属：

$$H_2S + Fe \longrightarrow FeS + H_2 \tag{5-7}$$

环烷酸腐蚀的影响因素主要有：原油酸值、温度和流速。

(2) 损伤形态

正常情况下，环烷酸腐蚀是高度集中的局部深度点状腐蚀，没有沉积物生成。

(3) 环烷酸腐蚀范围

在流速很高的部位，以及金属操作温度接近工艺流体里的有机酸沸点/凝点(232～315℃)的部位，环烷酸腐蚀最为严重。因为焦化装置加热炉里发生的热裂化反应能破坏环烷酸，所以，环烷酸腐蚀局限于进料预热换热器的管道和设备、泵、管道以及加热炉入口管道。此外，由于焦化装置加热炉的炉管内壁的焦炭层有保护作用，所以，这个部位很少发生环烷酸腐蚀。

(4) 控制措施

环烷酸腐蚀的影响因素主要有：原油酸值、温度和流速。对容易发生环烷酸腐蚀的部位，要选用各种高合金钢。进料里的酸含量决定了选用什么合金。例如，对中和值小于1.5的原料，用9Cr－1Mo钢才有足够的防腐抗蚀能力。当中和值大于1.5时，能够发生严重的腐蚀，需要选用钼含量最少2.5%的300系列不锈钢，如316和317不锈钢。需要焊接时，通常规定低碳或"L"级基底金属和填焊金属。

4.3 磨损腐蚀

（1）损伤机理

腐蚀介质与金属构件之间的相对运动，所引起的金属构件遭受严重的腐蚀损坏称之为磨损腐蚀。流体中的腐蚀之所以加剧，实质上是由于腐蚀电化学因素与流体力学因素之间的协同效应所致。

（2）损伤形态

通常情况下，表现为集中的局部深度点状腐蚀。

（3）磨损腐蚀范围

管道中流速很高的部位能够发生冲蚀，特别在焦化装置加热炉的炉管弯头，以及注入套管或者测温套管伸进管道引起湍流的部位。在这些部位发生的冲蚀非常迅速，特别是实施水蒸气剥落或水蒸气空气清焦时，因为从加热炉的炉管上清理下来的大量焦屑会产生很强的冲蚀作用。

（4）控制措施

根据工作条件、结构型式、使用要求和经济因素综合考虑，正确选择耐磨损腐蚀的材料，进行合理设计以减轻磨损腐蚀破坏。如适当增大管径可减小流速，保证流体处于层流状态。使用流线型化弯头以消除阻力减小冲击作用；改变设计减小流程中流体动压差；对腐蚀介质进行处理，去除对腐蚀有害的成分或加入缓蚀剂；采用阴极保护，尤其是采用牺牲阳极法的阴极保护与涂料联合保护是最经济有效的一种方法。

4.4 高温氧化/硫化/渗碳

（1）损伤机理

高温下，金属和氧、硫、碳等发生氧化还原反应的过程：

$$M + X \longrightarrow M^{n+}X^{n-} \qquad (5-8)$$

M为金属原子，X可以是氧、硫、碳、卤族元素、氮等。

（2）损伤形态

高温氧化和硫化本身表现为材料均匀减薄，或者局部变薄或点状腐蚀。渗碳表现为硬度增加和韧性降低，最终可能破裂。

（3）高温氧化/硫化/渗碳范围

温度高于510℃时，会发生高温氧化、渗碳、硫化等类型的腐蚀，并且一般局限于焦化装置加热炉的炉管和加热炉部件，如燃烧器和炉管支架。焦化装置加热炉通常在非常高的温度下操作，一般工艺出口温度达到482～510℃，根据选用的管子材料，炉管金属温度可以高达760℃。由于在焦化装置加热炉的炉管里发生热裂化反应，管子内壁逐步积起一层焦炭。管内积焦使加热炉前后出现过大的压力降，炉管表皮温度过高，甚至可以超过732℃。这些高温条件使材料发生氧化、硫化、渗碳、蠕变、应力撕裂而退化变质。

(4) 控制措施

焦化装置加热炉的炉管的损坏通常是因为操作温度或清焦温度过热引起的。典型的损坏包括支架之间的炉管隆起或下垂，严重的氧化和氧化皮，因为蠕变/应力撕裂而局部鼓胀或开裂，或者因为渗碳或急冷致脆而使材料失去韧性，发生脆断。

焦化装置加热炉的炉管一般需要采用9Cr－1Mo合金。有些炼厂在加热炉的炉管内壁和外表面采用铝扩散涂层，改善材料抗渗碳和抗氧化的能力。铝扩散涂层也改善了材料抗高温硫化的能力。但是，这样做容易使有些9Cr管失去韧性。如果在954℃温度下大约热处理30min，再用空气冷却并在732℃温度下回火，就可以恢复材料的韧性。

4.5 湿硫化氢破坏

损伤机理、损伤形态、控制措施见第3章3.5部分内容。

湿硫化氢破坏范围如下：

分馏段温度较低的部分(温度低于204℃)持续暴露在这种环境条件下的设备和管线。在焦炭塔里，只有在执行水急冷、水蒸气清焦和放空作业时，这些腐蚀机理才起作用。但是，由于所有焦炭塔通常都有放空管道和排污罐，它们几乎持续暴露在湿放空蒸汽和液体中。急冷水、放空蒸汽和液体中通常含有大量硫化氢、氨、氯化铵、硫氢化铵和氰化物，这些腐蚀剂是从焦化装置进料的热裂化反应释放出来的。此外，在水急冷循环中，焦炭塔内壁暴露在含有大量硫化氢和铵盐的水里，容易发生湿硫化氢破坏。

4.6 酸性水腐蚀

损伤机理、损伤形态、控制措施见第3章3.7部分内容。

酸性水腐蚀范围如下：

分馏段温度较低的部分(温度低于204℃)持续暴露在这种环境条件下的设备和管线。此外，急冷水和放空蒸汽和液体中通常含有大量硫化氢、氨、氯化铵、硫氢化铵和氰化物，和此接触的设备及管线均易发生酸性水腐蚀。

4.7 奥氏体不锈钢的氯化物应力腐蚀开裂

(1) 损伤机理

氯化物应力腐蚀开裂是在拉应力与氯离子联合作用下形成的一种表面开裂，是应力腐蚀开裂的一种形式。一般来说，氯离子浓度愈高，愈易产生应力腐蚀破裂。但值得注意的是，产生应力腐蚀破裂的最低氯离子浓度是很低的，几乎只要有氯离子的存在，即可发生破裂，这是因为发生了氯离子局部浓集的缘故。

(2) 损伤形态

主要表现为穿晶断裂，对于敏化态的不锈钢则表现为沿晶断裂。

(3) 奥氏体不锈钢的氯化物应力腐蚀开裂范围

分馏段温度较低的部分(温度低于204℃)持续暴露环境条件下，和氯离子接触的奥氏体不锈钢设备或管线。比如排污水里氯盐含量经常超过1000ppm。

(4) 控制措施

对设备适当进行热处理，或将拉伸应力变成压应力(如采用喷丸处理)，均能提高抗应力腐蚀的性能。对腐蚀介质，应严格控制氯离子的浓度。避免氯离子的浓集，并控制介质的温度、pH 值等。在有条件的情况下，应合理选材，选用不易发生应力腐蚀的金属或非金属(或非金属衬里保护)，也可采用电化学保护。

4.8　大气腐蚀和保温层下腐蚀

(1) 损伤机理

大气腐蚀是发生在潮湿的环境条件下，尤其是在海洋环境或潮湿的工业气体污染环境下的腐蚀程度更严重，影响材料包括碳钢、低合金钢和铝铜合金。

层下腐蚀发生在保温层下积水时，影响材料包括碳钢、低合金钢、300 系列不锈钢以及双相不锈钢。

关键影响因素包括环境条件(工业、海洋或乡村)、潮湿度、温度、盐或硫化物的存在，以及保温层的类型(层下腐蚀)等。

(2) 损伤形态

大气腐蚀表现为均匀或局部腐蚀，依赖于是否有水局部积聚，漆层脱落部位为均匀腐蚀。大气腐蚀外观表现为形成红色氧化铁产物。

层下腐蚀对于碳钢和低合金钢表现为松散的、薄片状的氧化皮，具有高度的局部腐蚀特征。对于 300 系统不锈钢，层下腐蚀表现为凹坑或氯化物应力腐蚀开裂。

(3) 大气腐蚀和保温层下腐蚀范围

壁温在 -12 ~ 121℃，无保温层的碳钢或低合金钢设备和管道，均可能发生大气腐蚀，特别是漆层脱落部位、操作温度在常温附近波动、停车或长期停用设备、管道支撑部位。

焦化装置循环操作的特点，延迟焦化装置的许多管道和设备容易发生保温层下腐蚀。因为在馏分切割循环期间，馏分切割水会定期从塔顶冒出，所以，受馏分切割水的影响，焦炭塔的顶盖特别容易发生保温层下腐蚀。放空系统也非常容易发生保温层下腐蚀，因为它在 37.8 ~ 426℃的温度范围里周期性操作。

(4) 控制措施

保持漆层和保温层完好，所有保温材料必须用恰当防腐防水层密封，防止水的侵入。此外，为防止发生保温层下腐蚀，操作温度低于 121℃的设备，或者温度周期性变化的设备，在安装保温层之前，应在钢材表面涂上防腐涂料。

4.9　焦炭塔的腐蚀破坏机理

焦炭塔每隔 24h 或 48h 为一个生产周期，当塔内物料由 480℃左右冷却到环境温度的过程中，水自轴向流入塔内造成塔体轴向的温度梯度，而产生热应力。焦炭塔频繁的温度交替变化操作(温度从 37.8 ~ 482℃)，能够造成各种破坏机理，包括：

(1) 低频热疲劳和蠕变

具体表现形式为：塔体鼓凸、倾斜和焊缝开裂。

重点应检查以下部位：

①壳板鼓胀变形，一般在塔裙附着焊缝上方 6 ~ 12m 范围；

②焊缝和鼓胀附近出现周向裂缝，是从外径和内径同时开始的；

③塔裙和壳体附着焊缝部位发生开裂和鼓胀。

（2）高温硫腐蚀

主要是发生在焦炭塔上部。

（3）湿硫化氢破坏

包括氢鼓包、氢致开裂、应力导向氢致开裂、硫化物应力腐蚀开裂。发生在焦炭塔冷却或停工时。开裂多发生在塔体上部的焊缝及热影响区。

（4）材质劣化

焦炭塔长期处于470℃高温环境下，塔体长期承受高温和应力作用，其内部组织发生明显变化，出现球化和石墨化倾向，降低了材料本身的强度和疲劳寿命。

（5）焦炭塔下塔盖的变形

在每一次循环过程中，下塔盖都要打开除焦，除焦后再将下塔盖安装、坚固，塔经过预热后热渣油通过下塔盖中心的进料管进入焦炭塔。在高温和频繁的操作过程中，下塔盖极易发生变形，导致密封不严。

由于长时间暴露在高温和高应力作用下，铬－钼钢焦炭塔也会失去断裂韧性(回火致脆)，其会加快疲劳开裂的传播速度。焦炭塔的主要寿命限制因素如下：

① 低循环疲劳持久极限(总循环次数)；

② 由于伴随鼓胀产生的屈服使壁厚减薄；

③ 结构性破坏(由于鼓胀瘪泡，塔发生蹲塌或倾斜)。

5 延迟焦化装置设备和管道推荐的检验策略

5.1 检验策略

检验策略的选择原则参考 GB/T 26610.2《承压设备系统基于风险的检验实施导则 第2部分：基于风险的检验策略》进行制定。

5.2 延迟焦化装置关键设备推荐的检验方法和检验比例

延迟焦化装置关键设备推荐的检验方法和检验比例见表5－1～表5－2。

表5－1 加热炉炉管推荐的检验方法和检验比例

序号	损伤机理	失效部位	检验方法		检验比例	备注
			内检	外检		
1	蠕变及应力破裂	炉管	—	宏观检查＋测厚，可选加渗透检测	宏观检查＞20%；测厚抽检＞20%；渗透检测＞5%	—
2	热疲劳	炉管	—	宏观检查＋渗透检测	PT10%～25%	—
3	渗碳	炉管	—	锤击＋硬度检测，渗透检测	抽查＞10%	重点是炉管和加热炉部件，如燃烧器和炉管支架
4	结焦	炉管	—	无有效检测手段	—	
5	高温氧化/硫化	炉管	—	宏观检查＋测厚	抽检5%～50%	重点是炉管和加热炉部件，如燃烧器和炉管支架

表5－2　焦炭塔推荐的检验方法和检验比例

序号	损伤机理	失效条件及部位	检验方法		检验比例	备注
			内检	外检		
1	低频热疲劳开裂	塔裙和壳体附着焊缝部位	—	宏观检查＋MT/PT	宏观检查＞20%；MT/PT10%～25%	重点检测裙座、堵焦阀焊缝及其周围
2	鼓凸与偏斜	—	—	目视＋仪器测量	—	—
3	高温硫腐蚀	焦炭塔	—	宏观检查＋超声测厚	抽检10%～50%	重点是焦炭塔上部
4	湿硫化氢破坏包括氢鼓包、氢致开裂、应力导向氢致开裂、硫化物应力腐蚀开裂	发生在焦炭塔冷却和停工时	湿MT/荧光磁粉检测	超声波横波检测或TOFD或声发射检测，必要时辅以磁记忆抽查	WFMT10%～25% UT/TOFD10%～25%	重点检测内衬不锈钢衬里和焦炭塔上部焊缝及热影响区
5	球化/石墨化	焦炭塔筒体	—	硬度检测＋金相	—	对硬度有异常的部位均进行金相检验
6	保温层下腐蚀	焦炭塔的顶盖	—	宏观检查＋测厚	宏观检查＞20%；测厚抽检＞20%	重点检测焦炭塔的顶盖

附录　延迟焦化装置失效树（图5－2）

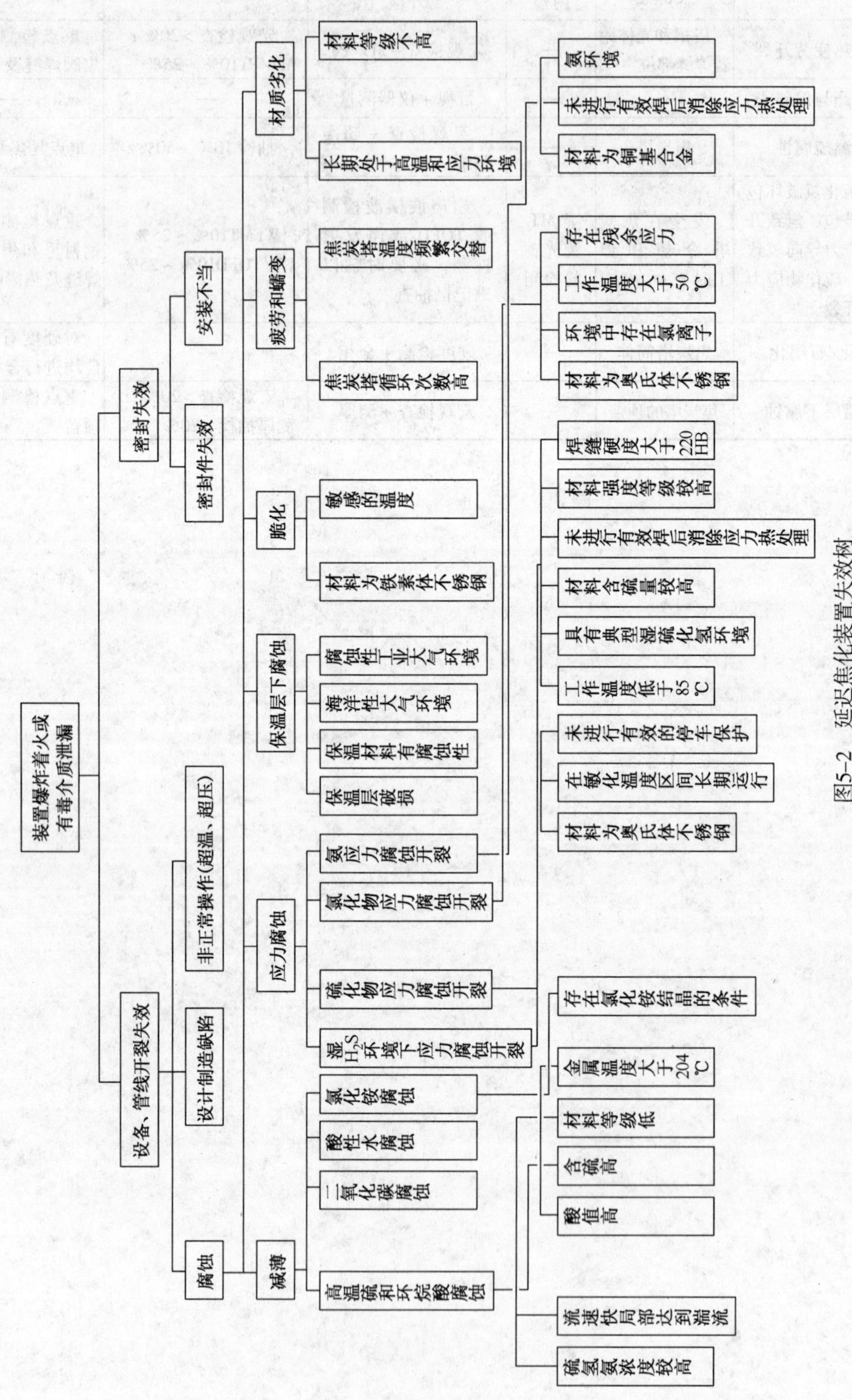

图5-2　延迟焦化装置失效树

第 6 章　乙烯装置风险检验指南

1　乙烯装置工艺简介

乙烯装置是石油化工的龙头，是石油化工生产有机原料的基础。乙烯装置原料来源广泛，如天然气、炼厂气、石脑油、柴油、加氢尾油等。主要裂解产品有“三烯”、副产品“三苯”、氢气、甲烷等。乙烯是最重要的基础原料之一，从乙烯出发可以得到一系列产品如聚乙烯、环氧乙烷、乙苯、氯乙烷、乙醇等。

1.1　基本原理

1.1.1　裂解反应原理

裂解反应分为一次反应和二次反应。一次反应主要是断链和脱氢，裂解的二次反应主要是生焦。

1.1.2　分离原理

分离过程就是根据精馏的气液相平衡原理，使裂解气经过多次部分冷凝、部分气化以获得高纯度的乙烯、丙烯产品的过程。

1.1.3　甲烷化反应原理

液态烃蒸汽裂解分离制取乙烯、丙烯过程中，副产的一氧化碳、二氧化碳会造成加氢催化剂失活和设备腐蚀，以及聚合产品(如聚乙烯)的质量，要予以脱除。在甲烷化催化剂作用下，一氧化碳、二氧化碳加氢生成甲烷和水。

1.1.4　乙炔、丙炔、丙二烯加氢反应原理

乙炔、丙炔、丙二烯来自于裂解二次反应，会影响乙烯、丙烯的聚合，需利用主反应加氢转化成烯烃以提高收率，同时尽量避免副反应烯烃加氢生成烷烃降低收率和烯烃聚合物——绿油的产生。

1.1.5　酸性气体的脱除原理

裂解气中的酸性气体指硫化氢、二氧化碳和其他气态硫化物，酸性气腐蚀设备，并造成工艺上的不利影响。酸性气的脱除采用溶剂吸收法，吸收溶剂包括 NaOH 溶液和乙醇胺溶液等。

1.2　工艺流程简介

乙烯装置的典型流程包括顺序分离流程、前脱乙烷流程和前脱丙烷流程。每一种工艺流程，一般均包括裂解和急冷、压缩、分离 3 个系统。

1.2.1　裂解和急冷系统

典型的裂解和急冷系统工艺流程见图 6－1。裂解原料与稀释蒸汽混合进入裂解炉裂解产生裂解气，裂解气经急冷锅炉(TLE)、汽油分馏塔、急冷水塔顺序急冷后，塔顶裂解气送裂解气压缩机。

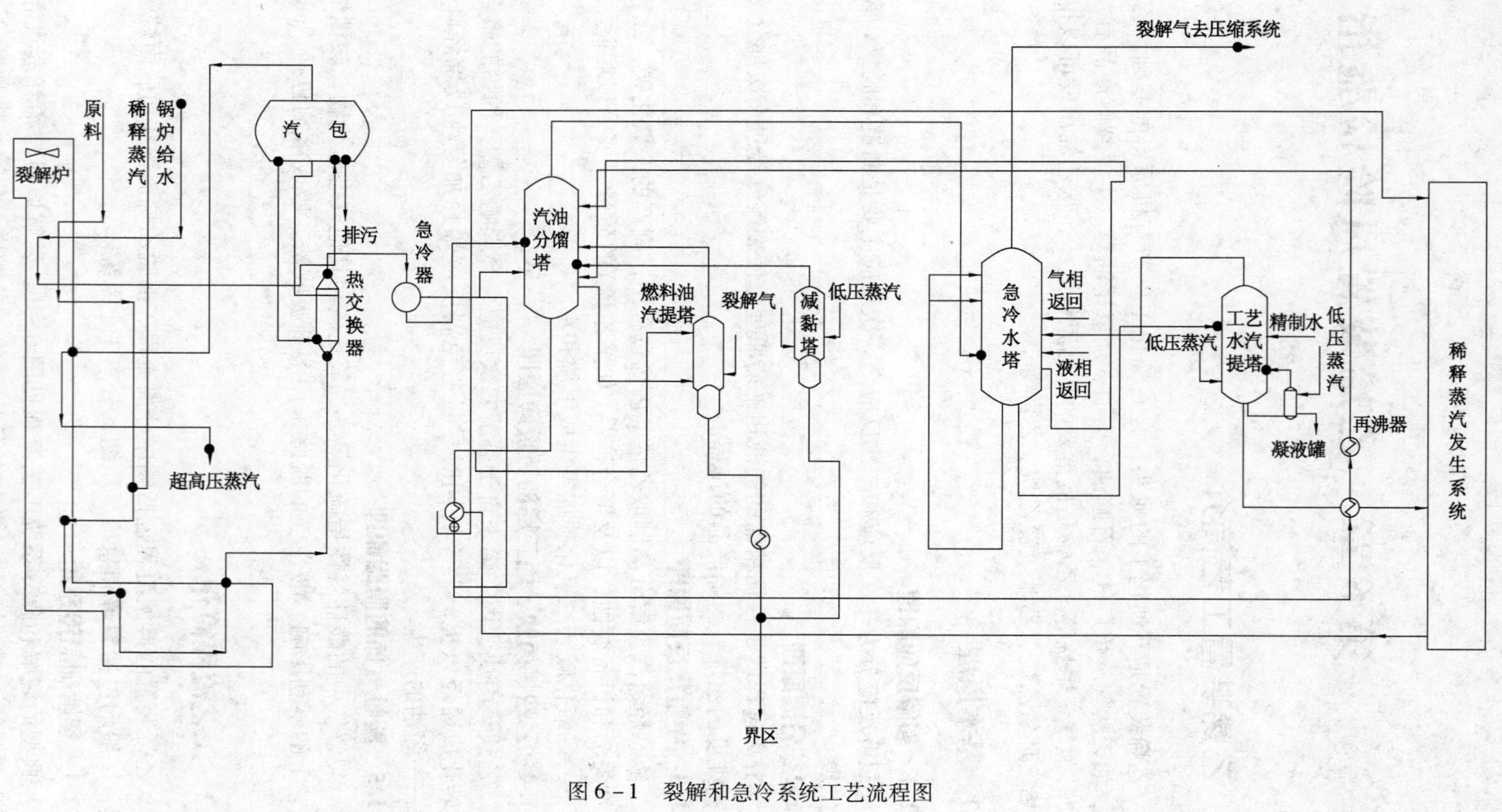

图6-1 裂解和急冷系统工艺流程图

1.2.2　压缩系统

压缩系统包括裂解气压缩、干燥、裂解汽油汽提、冷凝液汽提和废碱处理。典型5段压缩工艺流程见图6-2。裂解气在5段离心式压缩机中加压压缩，段间进行冷却和分离。在3段和4段之间，裂解气碱洗脱除酸性气体，5段出口的裂解气经分子筛干燥器干燥后去低温分离系统。

1.2.3　分离系统

分离系统包括脱甲烷系统、脱乙烷和脱丙烷系统、乙炔、丙炔和丙二烯脱除系统、甲烷化反应系统、乙烯和丙烯精馏系统、脱丁烷系统以及制冷系统。

（1）脱甲烷系统

脱甲烷有高压和低压两种工艺。脱甲烷塔前脱氢流程见图6-3，干燥后的裂解气经逐级冷却和分离，各级凝液去脱甲烷塔脱除甲烷后，其余 C_2 及 C_2 以上馏分去脱乙烷塔。脱甲烷塔是深冷分离中温度最低的精馏塔（塔顶-132℃，塔釜-52℃）。

（2）脱乙烷和脱丙烷系统

脱乙烷塔有高压和低压两种脱乙烷工艺。在顺序分离流程中，脱乙烷塔塔顶切割出 C_2 馏分，进一步精制分离出乙烯产品，脱乙烷塔釜液为 C_3 及 C_3 以上馏分，送至脱丙烷系统；脱丙烷塔顶分割出 C_3 馏分（丙烷和丙烯），塔釜液为 C_4 及 C_4 以上馏分送至脱丁烷塔。

顺序分离流程和前脱丙烷分离流程中的脱乙烷流程见图6-4，双塔脱丙烷流程见图6-5。

（3）乙炔、丙炔和丙二烯脱除系统

顺序分离流程中，C_2 加氢为后加氢工艺，加氢在脱乙烷塔之后。后加氢流程见图6-4。C_3 加氢流程与 C_2 加氢类似，后加氢流程见图6-5。

（4）甲烷化反应系统

甲烷化反应器中，富氢中的一氧化碳、二氧化碳与氢反应生成甲烷和水，精制后的氢气用于 C_2、C_3 加氢脱炔，流程见图6-3。

（5）乙烯和丙烯精馏系统

乙烯精馏的目的是以混合 C_2 为原料，分离出合格的乙烯产品，并由塔釜获得乙烷产品。乙烯精馏塔可以看作是乙烯-乙烷二元精馏系统，流程见图6-4。

丙烯精馏的目的是以混合 C_3 为原料，分离出合格的丙烯产品，并由塔釜获得丙烷产品。丙烯精馏分为低压和高压两种精馏工艺，流程见图6-5。

（6）脱丁烷塔系统

脱丁烷塔采用双塔并联操作，塔顶产品为混合 C_4 产品，塔釜液为粗裂解汽油送裂解汽油加氢精制系统精制。

（7）制冷系统

乙烯装置制冷系统包括乙烯制冷、丙烯制冷和二元冷剂（甲烷、乙烯）制冷。其中乙烯制冷系统是封闭环路，用液态乙烯在不同压力下节流蒸发为工艺用户提供-63℃、-75℃、-101℃等3个级别的冷量；丙烯制冷系统也是封闭环路，用液态丙烯在不同压力下节流蒸发为工艺用户提供13℃、-6℃、-27℃和-40℃等4个级别的冷量。

1.2.4　丙烷精制系统

由丙烯精馏塔塔釜来的 C_3 液化气在丙烷精馏塔中精馏分离，塔顶回收丙烯，塔釜产品为精制丙烷。

1.2.5　裂解汽油加氢精制系统

粗裂解汽油经蒸馏脱除 C_5 及更轻馏分及 C_{10}^+ 重组分后，中间馏分 $C_6 \sim C_9$ 在加氢反应器进行烯烃饱和及脱硫后得到精制裂解汽油产品。

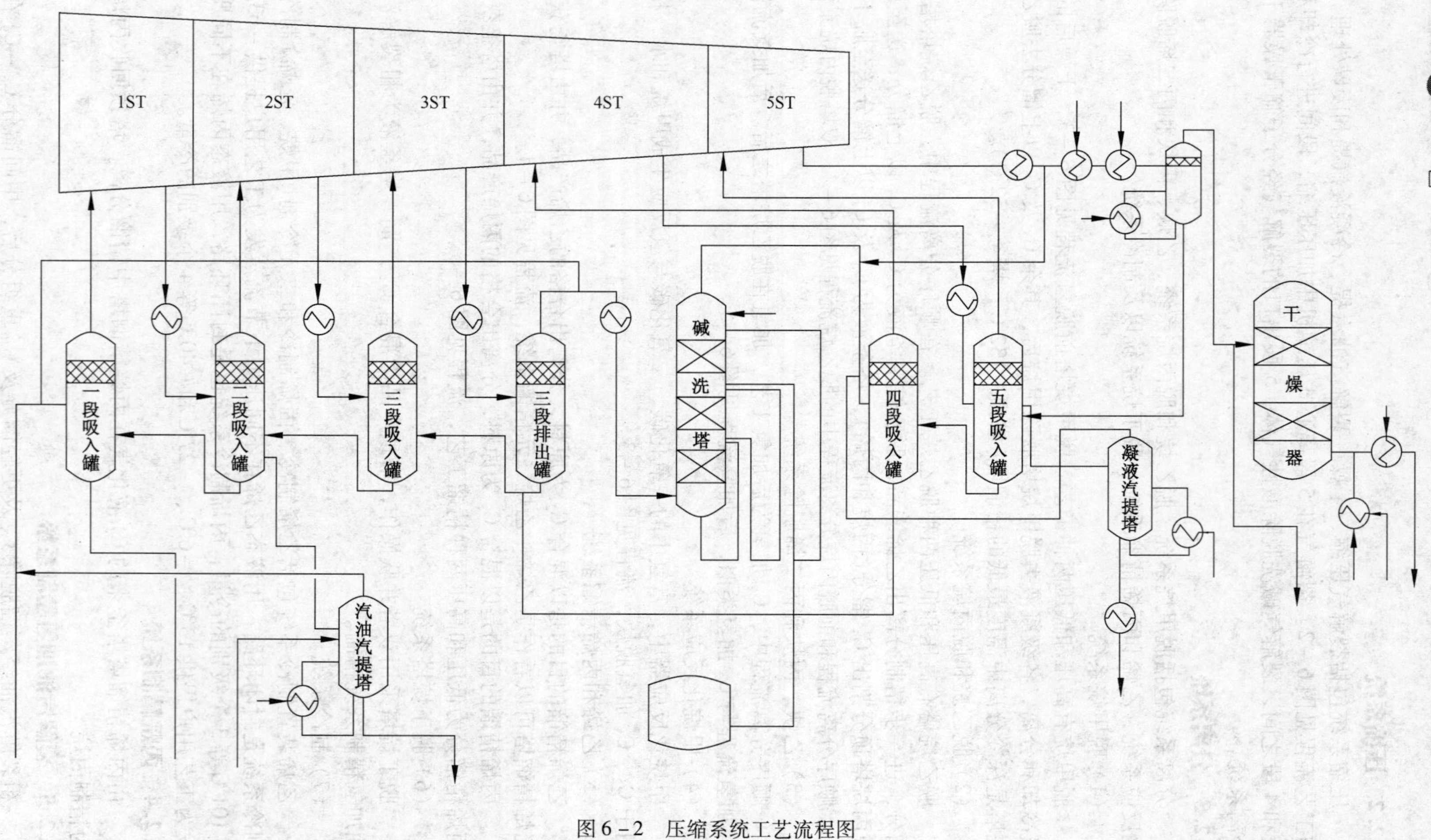

图6-2 压缩系统工艺流程图

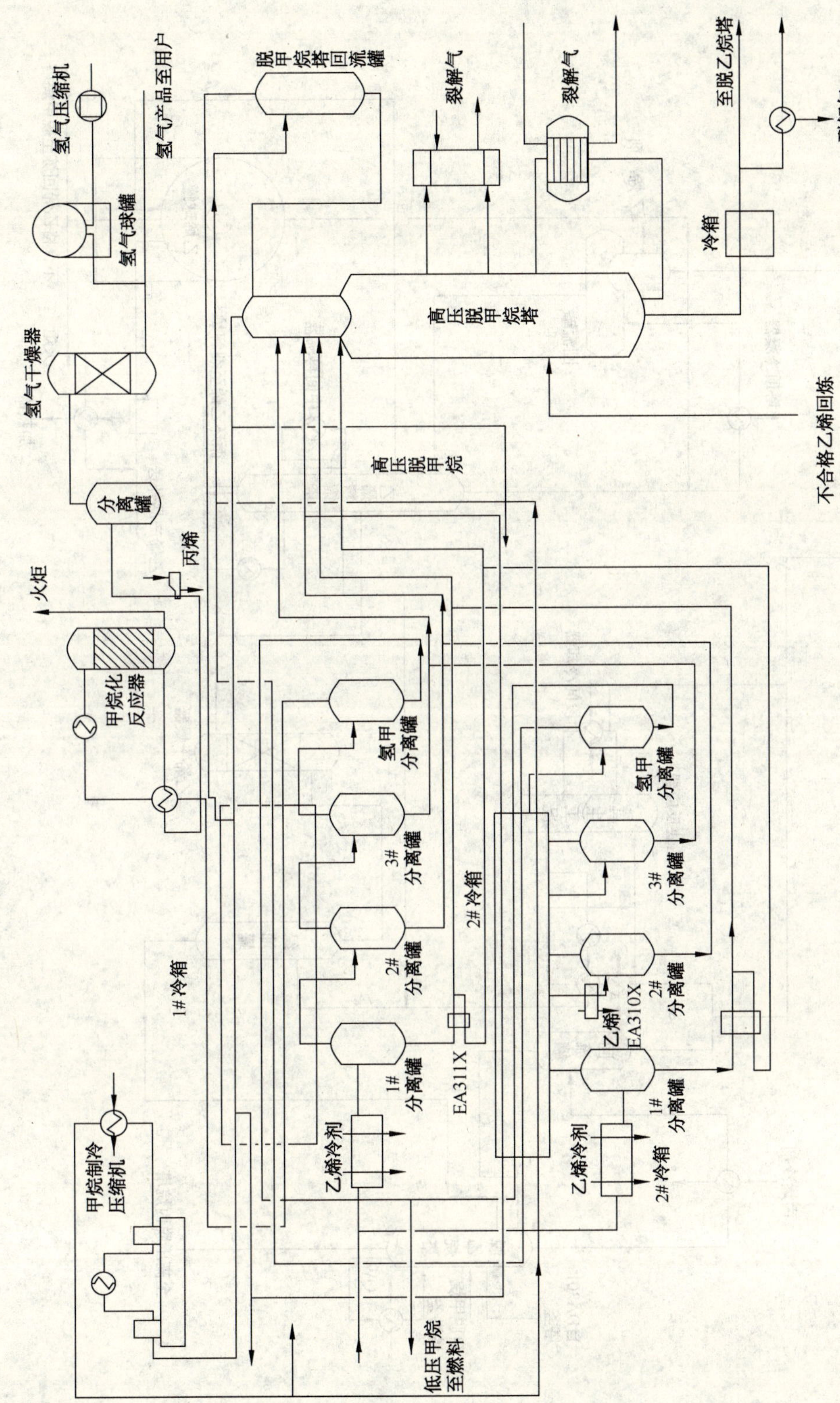

图6－3　深冷和脱甲烷系统工艺流程图

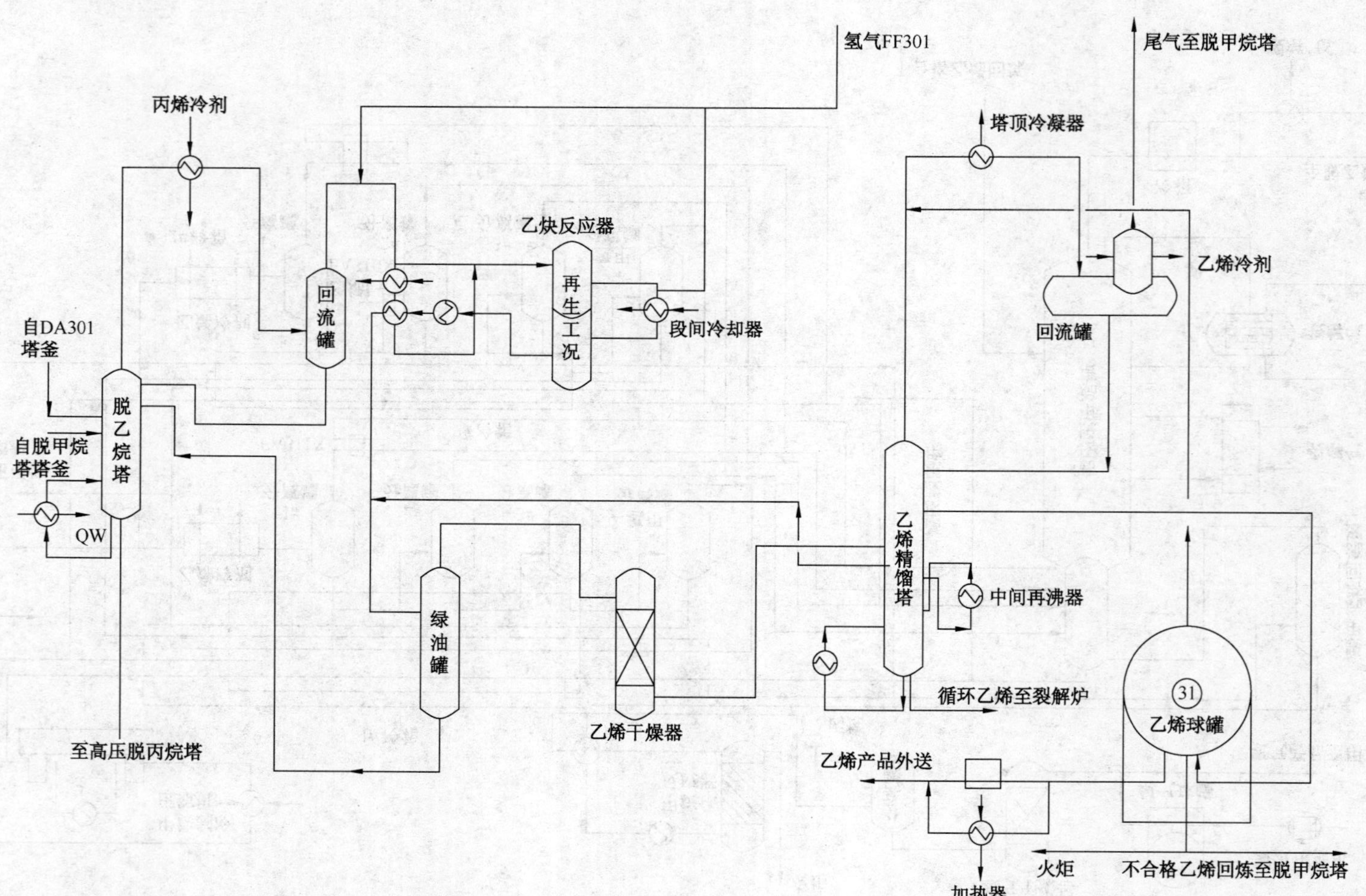

图6－4　脱乙烷及乙烯精馏系统工艺流程图

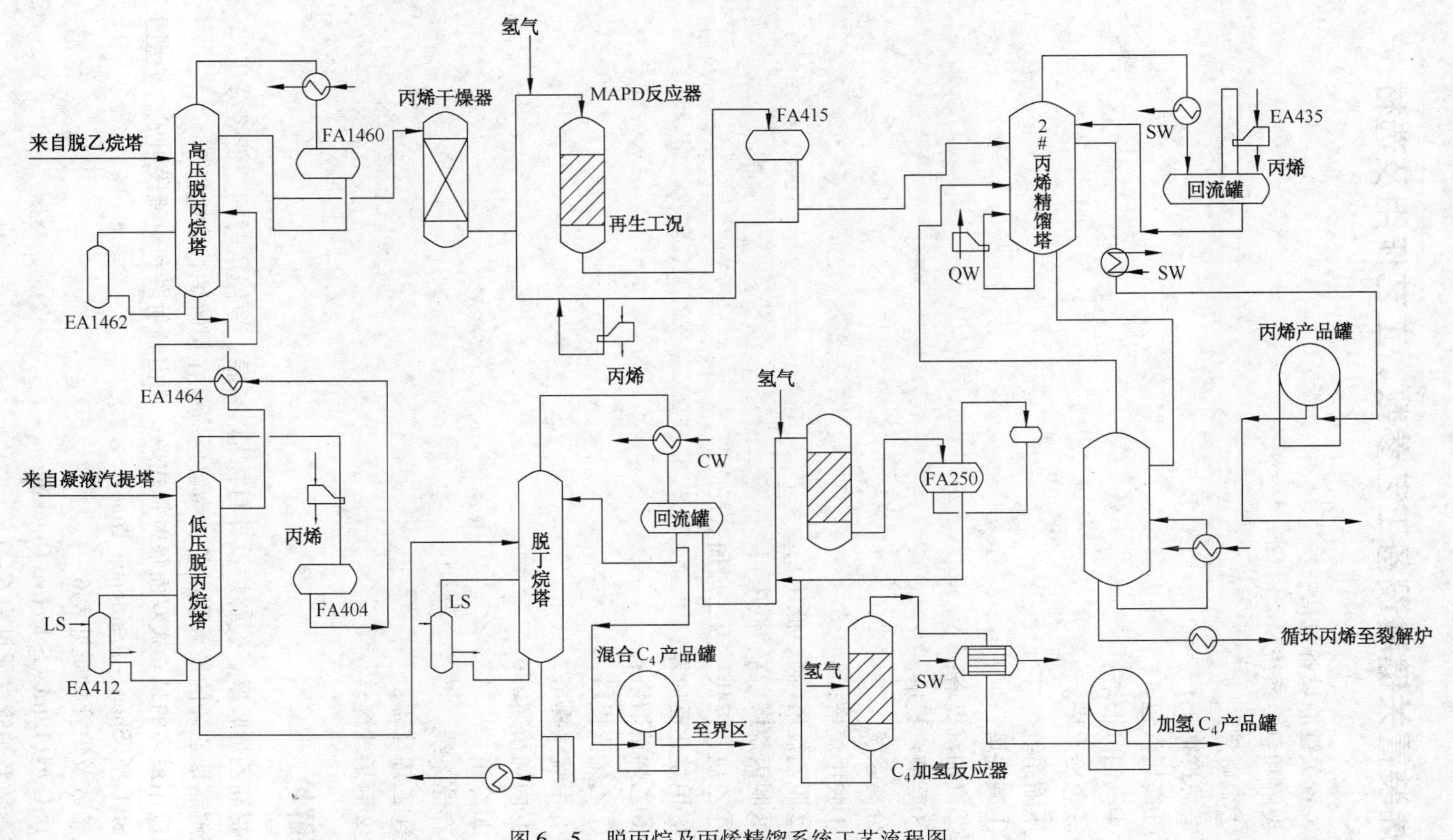

图6-5　脱丙烷及丙烯精馏系统工艺流程图

2 乙烯装置关键静设备工艺参数、工艺作用及选材

乙烯装置关键静设备包括：

（1）裂解和急冷系统

①裂解炉；

②急冷锅炉；

③高压汽包；

④汽油分馏塔；

⑤急冷水塔。

（2）压缩系统

①碱洗塔；

②汽油汽提塔；

③凝液汽提塔。

（3）分离系统

①脱甲烷塔；

②脱乙烷塔（高、低压）；

③脱丙烷塔（高、低压）；

④乙炔、丙炔、丙二烯加氢反应器；

⑤甲烷化反应器；

⑥乙烯精馏塔；

⑦乙烯汽提塔；

⑧甲烷汽提塔；

⑨丙烯精馏塔；

⑩冷箱。

（4）存储系统

①乙烯球罐；

②丙烯球罐。

2.1 裂解炉

为了提高乙烯收率，裂解炉设计目标是“高温、短停留时间、低烃分压”。裂解炉是石油馏分裂解制取乙烯的最重要设备，裂解反应就在裂解炉管中进行。

目前应用最多的是立式双面辐射管式炉，均由辐射段和对流段组成，炉型主要有：

（1）SRT 型（Short – Residence Time）

工艺参数及炉管材质见表 6 – 1。

（2）USC 型（Ultra – Selective Cracking）

工艺参数及炉管材质见表 6 – 2。

（3）GK 型（Gradient Kinetics Furnace）

工艺参数及炉管材质见表 6 – 3。

（4）毫秒炉

工艺参数及炉管材质见表6－4。

表6－1　SRT裂解炉工艺参数（出口）及炉管材质

序号	炉型	操作压力/MPa	操作温度/℃	炉管材质		备注
				辐射段	对流段	
1	SRTⅠ	0.107	847	20Cr－32Ni－1.5Nb/HK－40	M－33SPS；A312TP304；A106B；A106C	离心浇注管
2	SRTⅡ	0.105	798	25Cr－25Ni（HK）	—	离心浇注管
3	SRTⅢ	0.071～0.078	800～820	25Cr－35Ni（HP－40）/HK－40	M－33SPS；A312TP304；A106B；A106C	离心浇注管
4	SRTⅣ	0.072～0.172	806.4～866	25Cr－35Ni－Nb（HP－40Nb）	A312TP304；A106B；A106C	离心浇注管
5	SRTⅤ	0.17	850	HPM/HKM/HP	—	离心浇注管

表6－2　USC裂解炉工艺参数（出口）及炉管材质

序号	炉型	操作压力/MPa	操作温度/℃	炉管材质	备注
1	W	0.173～0.185	781～862	HK－40/HP－40/Incoloy－800H	离心浇注管
2	U	0.173～0.185	831～859	HK－40/HP－4W/HP－Mod	离心浇注管

表6－3　GK裂解炉工艺参数（出口）及炉管材质

序号	炉型	操作压力/MPa	操作温度/℃	炉管材质	备注
1	GKⅠ～GKⅤ	0.15～0.173	800～870	25Cr－35Ni（HP－40）；25Cr－20Ni	离心浇注管

表6－4　毫秒裂解炉工艺参数（出口）及炉管材质

序号	炉型	操作压力/MPa	操作温度/℃	炉管材质	备注
1	毫秒炉	0.083	885～910	HP/HK－4M/800H	

2.2　急冷锅炉（表6－5）

裂解炉出来的裂解气必须在短时间内快速冷却下来，避免发生二次反应，降低乙烯收率及结焦。首先采用高压热水进行急冷，在急冷锅炉内进行，同时回收热量。

表 6-5 急冷锅炉工艺参数及材质

序号	类型	操作压力/MPa		操作温度/℃		介质		材质	
		壳程	管程	壳程 入口/出口	管程 入口/出口	壳程	管程	壳程	管程
1	TLE/TLX	11.8	0.107	324/324	900/620/350	高压水、蒸汽	裂解气	SPV-36V	15CrMo
2	USX	12.4	0.178	326/326	839/580/350	高压水、蒸汽	裂解气	15CrMo，Q245R	Incoloy800，18-8/15CrMo(换热管)
3	斯密特	12.4	0.107	326/326	870/350	高压水、蒸汽	裂解气	15Mo3	15Mo3
4	M-TLX	11.8	0.107	286/324	820/360	高压水、蒸汽	裂解气	SB46，STPT 24，STPT42	STPT24
5	Borsig	11.8	0.107	286/324	820/360	高压水、蒸汽	裂解气	NiMoV	NiMoV/13Cr Mo44(换热管)

注：① 对于套管，壳程为管间，管程为管内；
② 有 3 个数值表示二级急冷的中间出口数值。

2.3 高压汽包(表 6-6)

高压汽包是废热锅炉回收裂解气热量产生的高压蒸汽储罐。

表 6-6 高压汽包工艺参数及材质

设备名称	操作压力/MPa	操作温度/℃	介质	材质	
				壳体	内件
高压汽包	12.42	328	高压蒸汽，锅炉水	碳钢/SA-737GrC/SA-516Gr55/SA-662GrC	—

2.4 汽油分馏塔(表 6-7)

裂解炉出来的裂解气必须在短时间内快速冷却下来，避免发生二次反应，降低乙烯收率及结焦。在首先采用高压热水在急冷锅炉内进行急冷后，还要采用急冷油和急冷水分别在汽油分馏塔和急冷水塔中继续对裂解气进行急冷，同时在汽油分馏塔中将裂解气中的重质油和一部分轻质油冷凝洗涤下来回收。

汽油分馏塔为填料塔或板式塔，或填料/板式复合结构。

表 6-7 汽油分馏塔工艺参数及材质

设备名称	操作压力/MPa	操作温度/℃	介质	材质	
				壳体	塔盘
汽油分馏塔	0.087/0.088	塔顶/塔釜：105~110/190~230	急冷油、裂解气	16MnR	CS/SS

2.5 急冷水塔(表 6-8)

急冷水塔的作用一是将裂解气继续急冷，二是将裂解气中所含的稀释蒸汽和一部分轻质油(裂解汽油)冷凝下来。急冷水塔为填料塔。

表 6－8 急冷水塔工艺参数及材质

设备名称	操作压力/MPa	操作温度/℃	介质	材质	
				壳体	塔盘
急冷水塔	0.029/0.035	塔顶/塔釜：36～40/80	急冷水、裂解气	16MnR	CS/SS

2.6 碱洗塔(表 6－9)

裂解气中的酸性气体 H_2S、CO_2 和其他气态硫化物在碱洗塔中用碱液脱除。碱洗塔为填料塔或板式塔或二者结合。

表 6－9 碱洗塔工艺参数及材质

设备名称	操作压力/MPa	操作温度/℃	介质	材质	
				壳体	塔盘
碱洗塔	0.836/0.851	塔顶/塔釜：45	碱液、裂解气	SA516GR70	SA516GR60，0Cr18Ni9

2.7 汽油汽提塔和凝液汽提塔(表 6－10)

裂解气压缩机段间冷凝分离下来的凝液分两部分处理，重组分经汽油汽提塔在塔釜获得裂解汽油产品，轻组分经凝液汽提塔在塔釜获得 C_3 及以上轻烃。

汽油汽提塔和凝液汽提塔为板式塔或填料塔。

表 6－10 汽油汽提塔和凝液汽提塔工艺参数及材质

设备名称	操作压力/MPa	操作温度/℃	介质	材质	
				壳体	塔盘
汽油汽提塔	0.074	塔顶/塔釜：46/103	裂解汽油	16MnR/SM41B	SUS410
凝液汽提塔	0.953	19/57	轻烃(C_2～C_5以上)	SA516GR60	SA516GR60/SUS410

2.8 脱甲烷塔(表 6－11)

甲烷/氢分离是利用低温，使裂解气中除甲烷/氢外的各组分全部液化，然后将不凝气体甲烷/氢气体分去，此操作在脱甲烷塔内进行。脱甲烷塔为板式塔或填料塔。

表 6－11 脱甲烷塔工艺参数及材质

设备名称	操作压力/MPa		操作温度/℃		介质	材质	
	高压	低压	高压	低压		壳体	塔盘
脱甲烷塔	3.20	0.59	塔顶/塔釜：－93.9/1.11	塔顶/塔釜：－135/－53	氢气，甲烷，烃(C_2～C_5 以上)	SA240GR304/0Cr18Ni9	SA240GR304/0Cr18Ni9

2.9 脱乙烷塔(表 6－12)

脱乙烷塔的作用在于在塔顶切割出 C_2 馏分(乙烯和乙烷)，以进一步精制分离得到聚合级乙烯产品。脱乙烷塔为板式塔。

表6－12 脱乙烷塔工艺参数及材质

设备名称	操作压力/MPa		操作温度/℃		介质	材质	
	高压	低压	高压	低压		壳体	塔盘
脱乙烷塔	3.45	2.45	塔顶/塔釜：－30/	塔顶/塔釜：－14/82	C_2及以上或干燥后裂解气	SA516GR70＋S5/SPV36/16MnR	SA516GR70＋S5

2.10 脱丙烷塔(表6－13)

脱丙烷塔的作用在于将 C_3 馏分(丙烷和丙烯)在塔顶分割出来，以进一步精制分离得到聚合级丙烯产品。脱丙烷塔为板式塔。

表6－13 脱丙烷塔工艺参数及材质

设备名称	操作压力/MPa		操作温度/℃		介质	材质	
	高压	低压	高压	低压		壳体	塔盘
脱丙烷塔	1.38	0.58	塔顶/塔釜：38.6/78	塔顶/塔釜：42.2/76	C_3 及以上馏分或干燥后裂解气	SA516GR60/16MnR/SM41B	SA516GR60/SUS410/1Cr13

2.11 乙炔、丙炔/丙二烯加氢反应器(表6－14)

乙炔、丙炔/丙二烯加氢反应器作用在于通过催化加氢脱除 C_2 和 C_3 馏分中的炔烃(乙炔、丙炔、丙二烯)，以进一步精制分离得到聚合级乙烯和丙烯产品。

表6－14 乙炔加氢反应器和丙炔/丙二烯加氢反应器工艺参数及材质

设备名称	操作压力/MPa	操作温度/℃	介质	材质	
				壳体	内件
乙炔加氢反应器(乙炔转化器)	操作：2.09 再生：0.04	操作：40/125 再生：455	乙烷，乙烯，丙烯，氢气，或还有甲烷 乙烷，乙烯，丙烯，丙烷，氢气、甲烷	SA516GR60	304
丙炔/丙二烯加氢反应器(丙二烯转化器)	操作：2.76 再生：0.04	操作：58.4 再生：455	丙烷，丙烯，氢气 乙烷，乙烯，丙烯，丙烷，氢气、甲烷	SA516GR60	304

2.12 甲烷化反应器(表6－15)

通过加氢催化脱除富氢中所含的CO、CO_2在甲烷化反应器中完成。

表6－15 甲烷化反应器工艺参数及材质

设备名称	操作压力/MPa	操作温度/℃	介质	材质	
				壳体	内件
甲烷化反应器	2.9～3.3	260～400	H_2，CO、CO_2，CH_4	15CrMoR/SA387GR11	SA387GR11

2.13　乙烯精馏塔(表6－16)

乙烯精馏塔的作用是以混合 C_2 为原料，分离出合格的乙烯产品，并由塔釜获得乙烷产品。分为精馏段和提馏段，各自独立操作，实际上相当于双塔串联。乙烯精馏塔为板式塔。

表6－16　乙烯精馏塔工艺参数及材质

设备名称	操作压力/MPa		操作温度/℃		介质	材质	
	高压	低压	高压	低压		壳体	塔盘
乙烯精馏塔	1.9～2.3	0.5～0.8	塔顶/塔釜：－23～－35/－7	塔顶/塔釜：－50～－60/	乙烷，乙烯	09MnNiDR，SLA33A，SLA33B，SA516GR65＋S	1Cr13，SLA33A，SLA33B，SA516GR65＋S

2.14　乙烯汽提塔

乙烯汽提塔实际上是乙烯精馏塔的下半段，即提馏段。进料是乙烯精馏塔的上半段——精馏段塔釜料，也是 C_2 组分，塔釜得到裂解原料乙烷产品。乙烯汽提塔为板式塔，其工艺参数及材质参见乙烯精馏塔。

2.15　丙烯精馏塔(表6－17)

丙烯精馏塔的作用是以混合 C_3 为原料，分离出合格的丙烯产品，并由塔釜获得丙烷产品。丙烯精馏塔为板式塔。

表6－17　丙烯精馏塔工艺参数及材质

设备名称	操作压力/MPa		操作温度/℃		介质	材质	
	高压	低压	高压	低压		壳体	塔盘
丙烯精馏塔	1.83	0.98	塔顶/塔釜：42.7/41～52	塔顶/塔釜：42.7/41～52	丙烷，丙烯	SA516GR70，15MnNbR，16MnR	SA516GR70，1Cr13，18－8

2.16　冷箱

冷箱为乙烯和丙烯制冷系统设备，其中丙烯制冷为裂解气分离装置提供－40℃以上各温度级的冷量，乙烯制冷为裂解气分离装置提供－40℃以下～－120℃各温度级的冷量。冷箱均为板翅式换热器，材料为铝合金。

2.17　乙烯球罐/丙烯球罐(表6－18)

乙烯球罐/丙烯球罐为乙烯、丙烯产品存储设备。

表6－18　乙烯球罐工艺参数及材质

设备名称	操作压力/MPa	操作温度/℃	介质	材质
乙烯球罐	1.77～2.27	－30	乙烯	LT－50，0.09Ni
丙烯球罐	1.4	36	丙烯	16MnR

3 乙烯装置主要损伤机理及分布

乙烯装置在高温、低温两种极端环境中操作，工作条件苛刻。

根据乙烯装置流程特点，在裂解工段，裂解炉管在高温(800～900℃)、临氢环境下操作，存在高温环境下的各种损伤机理；在急冷工段，急冷锅炉在高温(管程入口/出口：800～900℃/350～450℃；壳程：286～324℃)、临氢环境下操作，同样存在高温环境下的各种损伤机理；在急冷工段，汽油分馏塔、急冷水塔操作温度范围分别为：105～230℃和36～80℃，介质含有裂解产生的酸性物质(H_2S、CO_2、甲酸、乙酸、苯酚、丙烯酸、丙酸)，溶解在稀释蒸汽的冷凝液中，引起设备和管道的酸性水腐蚀和应力腐蚀开裂；在压缩工段，裂解气经逐级压缩和冷凝，温度范围在：36～15℃，介质组分同急冷工段，因此1～3段间各级分离罐和裂解汽油汽提塔存在设备和管道的酸性水腐蚀和应力腐蚀开裂；在压缩工段3～4段之间，含酸性物质的裂解气经碱洗基本脱除酸性气，因此3～4段间分离罐和凝液汽提塔腐蚀环境基本消除。特别是在进入低温分离工段之前，为防止低温冻结，裂解气经分子筛干燥器干燥后，含水<1ppm，露点达到－55℃。所以在后续分离工段，介质中不含水，且操作温度在常温和低温，不存在腐蚀环境，只可能存在低温/低韧性脆断损伤机理。

为了防止发生高温环境(裂解和急冷工段的裂解炉管和急冷锅炉)下的损伤，主要通过裂解炉管和急冷锅炉设计、选材、工艺参数来控制；为了防止发生低温环境(低温分离工段的深冷系统和脱甲烷系统、乙烯精馏系统、乙烯球罐)下的低温/低韧性脆断，也主要通过选材来控制；介于高温和低温之间的工段(急冷工段的汽油分馏塔和急冷水塔、压缩工段的分离罐、汽油汽提塔、凝液汽提塔)，为防止发生酸性水腐蚀和应力腐蚀开裂，主要通过注入缓蚀剂(氢氧化钠、氨)中和酸性物质，以及设计、制造、选材来控制。比如：汽油分馏塔塔顶气相线(裂解气)注入氨气，工艺水在工艺水汽提塔进料中注氢氧化钠来中和硫化氢、二氧化碳、甲酸、乙酸等酸性气体，通过控制水循环系统的pH值在8～10之间的碱性环境。

现按照乙烯工艺流程顺序，就乙烯装置主要的潜在损伤机理(包括机理、损伤形态)、控制措施及分布叙述如下：

3.1 裂解炉管蠕变及应力破裂

(1) 损伤机理

高温下，金属材料在低于屈服强度的低载荷下，发生缓慢而持续的变形，最终破裂。蠕变变形与时间相关。温度每升高12℃或应力水平增加15%，蠕变剩余寿命减少一半。蠕变有温度门槛值，温度在门槛值以下，即使在高应力状态下也不会发生蠕变。

(2) 损伤形态

蠕变出现在晶界，后期形成裂纹。温度在门槛值以上，可见明显变形、鼓包，最后开裂。

(3) 控制措施

选择高蠕变抗力合金；避免炉管出现堵塞、局部过热。

（4）损伤分布

裂解炉辐射段炉管。

3.2 裂解炉管、急冷锅炉热疲劳

（1）损伤机理

高温操作时，如果温度波动剧烈，温度交变幅值，幅值超过93℃就有可能产生。形成交变热应力，在变形约束的位置形成疲劳裂纹。所有材料都可能形成热疲劳裂纹。

（2）损伤形态

热疲劳裂纹为单条或多条，通常萌生于表面，开口宽且有氧化物。位置与应力垂直方向，形态为穿晶。

（3）控制措施

开停车阶段控制加热或冷却速率，考虑异种金属相连接部件的热膨胀差，减少刚性约束等。

（4）工段分布

a）裂解工段：裂解炉辐射段炉管；

b）急冷工段：急冷锅炉集箱与换热管连接处。

3.3 裂解炉管、急冷锅炉换热管渗碳

（1）损伤机理

高温下(593℃以上)裂解物料中的碳渗入到金属中，使金属中含碳量增加。渗碳形成铬的碳化物，沉淀析出，使钢材形成一层很硬的表面层，对设备的机械性能如强度和硬度有很大影响。清/烧焦过程也是严重的渗碳过程。清/烧焦的温度在880℃左右，比正常的裂解温度高，时间约15h。清/烧焦时，由于通入蒸气和空气，其中水蒸气和氧气与炭黑(焦状物)起反应生成活性碳原子。活性碳原子被管壁所吸附，造成了炉管或急冷锅炉换热管在清/烧焦时渗碳。

（2）损伤形态

表现为硬度增加和韧性降低，渗碳层剥离造成壁厚减薄，最终可能破裂。

（3）控制措施

在裂解过程中，若能有效地降低甲烷、一氧化碳、二氧化碳的生成量，防止乙烯、丙烯的二次分解，就可以减缓炉管或急冷锅炉换热管的渗碳。另外，还可以采取添加渗碳抑制剂，选择含硅、铝、镍的合金等方法。

（4）工段分布

a）裂解工段：裂解炉辐射段炉管；

b）急冷工段：急冷锅炉换热管内表面。

3.4 裂解炉管和急冷锅炉换热管结焦

（1）损伤机理

烃类裂解时，在裂解温度下发生二次反应，烯烃经芳烃缩聚而生焦。此过程中，不仅在裂解炉管内结焦，也会在急冷锅炉内结焦。急冷锅炉结焦的原因一是急冷锅炉入口的裂解气

流动紊乱，部分气体经较长时间停留发生二次反应促使焦炭生成；二是裂解气经充分冷却，高沸点组分冷凝在换热管壁，缓慢的进行脱氢和缩聚二次反应，逐级重质化，变为焦油或焦炭状物质。低裂解深度时，裂解炉管结焦是装置操作周期的限制因素，而在深度裂解时，急冷锅炉结焦是装置操作周期的限制因素。

（2）损伤形态

生成焦化物沉积在管内壁，严重时造成炉管超温。

（3）控制措施

降低烃分压，如降低炉管出口压力，提高稀释蒸汽比可以缓解裂解炉炉管结焦。或者，对炉管表面处理或添加结焦抑制剂。控制急冷锅炉的出口温度要高于裂解气的露点，同时要低于600℃（600℃以下二次反应明显减少），采用二级急冷技术（USX + TLE）或提高流速避免重质烃和二次反应产物在管壁上沉积均可以缓解急冷锅炉换热管结焦。

（4）工段分布

a）裂解工段：裂解炉辐射段炉管；

b）急冷工段：急冷锅炉换热管内。

3.5 裂解炉管高温氧化

（1）损伤机理

高温下氧与金属反应生成氧化皮。金属损失是由于金属和周围环境中的氧气发生了反应。通常，当温度达到氧化温度时，在其表面会形成具有相对保护作用的氧化物，它可以减少金属的损失速率。

碳钢发生高温氧化腐蚀的温度高于482℃，高于538℃则程度明显，而合金的温度则更高些。对炉管而言，外壁高温氧化腐蚀更严重，氧化速率与炉内温度和氧气的数量相关。

另外，炉管中焦炭沉积物堆积，在炉管和工艺介质中形成一层隔热层，降低了传热效率，提高了炉管壁温，从而加速炉管的蠕变和腐蚀。

（2）损伤形态

高温氧化腐蚀形态表现为均匀减薄。

（3）控制措施

选择高抗力的合金，如铬－钼钢、300 系列不锈钢等。

（4）工段分布

a）裂解工段：裂解炉辐射段和对流段炉管；

b）分离工段：干燥器再生气加热器管程、甲烷化进料加热器管程；

c）高压/超高压蒸汽系统管道。

3.6 高温硫化氢/氢气腐蚀

（1）损伤机理

乙烯装置的进料一般都含有硫化合物（硫醇、二硫化物等），在裂解条件下，它们被转化成硫化氢。高温下（200℃以上）硫化氢对钢材的腐蚀性很强，裂解副产氢气的存在会增加高温硫化物腐蚀的严重性。主要影响因素是温度、氢气含量、硫化氢浓度、以及合金成分。随着温度、氢含量以及硫化氢浓度的增加，腐蚀速率加快。

（2）损伤形态

高温硫化氢/氢气腐蚀形态为均匀减薄，并伴有硫化铁腐蚀产物的形成。

（3）控制措施

含铬5%或9%的合金耐 H_2-H_2S 腐蚀效果有限，含铬12%的合金耐 H_2-H_2S 腐蚀效果较好，但因可能发生475℃时高温致脆应用不多，奥氏体不锈钢（18% Cr）或含铬的镍基合金效果最好。

（4）工段分布

急冷工段：

① 急冷锅炉的管程出口－急冷器－汽油分馏塔进料及流程相连管道；

② 减粘塔顶至汽油分馏塔入口流程。

3.7　锅炉水腐蚀

（1）损伤机理

废热锅炉系统及冷凝液回收管道中发生，锅炉给水中溶解的氧及二氧化碳浓度会加剧腐蚀。

（2）损伤形态

含氧的锅炉水形成凹坑腐蚀（点蚀），而含二氧化碳的锅炉水造成沟槽状腐蚀。

（3）控制措施

在锅炉给水中加入亚硫酸钠或联氨等除氧剂进行脱氧处理。在锅炉冷凝水系统中加入胺缓蚀剂中和二氧化碳。

（4）工段分布

急冷工段：急冷锅炉蒸汽发生系统，包括急冷锅炉壳程锅炉给水、高压汽包锅炉给水、高压汽包下部冷凝水回收管道。

3.8　奥氏体不锈钢的晶间腐蚀

（1）损伤机理

敏化处理时，碳向晶界的扩散速度比铬快，因此晶界及邻近区域的铬由于 $(CrFe)_{23}C_6$ 在晶界的沉淀而出现贫乏现象。如铬含量降到钝化所需的铬含量极限以下，由于构成大阴极—小阳极的微电池，加速了晶界的腐蚀。另外在焊接时，靠近焊缝处都有被加热到400～850℃的温度区域，因此焊接结构都有受晶间腐蚀而发生破坏的可能。晶间腐蚀通常发生在靠近焊缝的熔合线和热影响区。

（2）损伤形态

晶间腐蚀使材料晶粒丧失结合力，强度几乎消失，所以轻击即可造成破裂，但外观几乎没有变化。

（3）控制措施

主要是选材控制，比如：降低碳含量至0.03%以下；加入钛、铌等稳定化元素，其中加入钛时还需要配合进行850～900℃的稳定化处理以保证固碳效果；材料采用固溶热处理。另外，对于不同敏化区间的不锈钢材料规定不同的温度限值。

（4）工段分布

裂解工段中操作温度在400℃以上的部位：

① 裂解炉对流段奥氏体不锈钢制过热蒸汽介质炉管；

② 裂解炉对流段奥氏体不锈钢制液态裂解原料介质炉管。

3.9 高温氢腐蚀(HTHA)

（1）损伤机理

乙烯装置炔烃加氢反应和甲烷化反应都使用热的高压氢气，所以选用能够耐高温氢腐蚀的结构材料是非常重要的。当温度高于232℃、氢的分压大于7kgf/cm^{2}时，氢能够造成碳钢和低合金钢发生氢腐蚀，从而造成钢材脱碳，削弱了金属强度。此外，在间隙中能够生成甲烷，造成裂纹、鼓泡或可能使材料失效。

对某一特定钢材而言，HTHA敏感性依赖于温度、氢分压、时间和应力，且服役时间具有累积效应。在装置正常操作条件下，300系列不锈钢，以及5Cr、9Cr、12Cr合金对HTHA并不敏感。

（2）损伤形态

HTHA表现为钢材表面和内部脱碳，以及沿晶开裂。

（3）控制措施

通过设计选材来控制，在纳尔逊曲线图指定材料曲线下方的面积是该种材料可以接受的操作条件。当碳钢不能被接受时，就要提高材料等级，常用1.25Cr－0.5Mo和2.25Cr－1Mo合金。使用纳尔逊曲线选择材料时采用28℃的安全系数，但选择反应器材料时，一般采用14℃安全系数。

铬合金和钼合金能够减少高温氢腐蚀的潜在损害，因为它们生成弥散状碳化物的能力很强，从而增加碳化物的稳定性，减少甲烷的形成，其他碳化物稳定元素还有钨和钒。

尽管认为适当的奥氏体堆焊层有助于降低堆焊层下基材接触的氢分压，但氢仍会扩散通过表层材料而侵蚀到基底材料。因此，不管有什么表层材料，应当选择能够满足纳尔逊曲线要求的基底材料。

（4）工段分布

分离工段：甲烷化反应器进出料温度高于220℃的流程，包括甲烷化反应器、进出料换热器管壳程及相连管道。

3.10 铬－钼钢的回火脆

（1）损伤机理

如果铬－钼钢，特别是2.25Cr－1Mo钢，长时间在360～566℃的温度下加热时，就会发生回火致脆，使延脆转变温度明显升高。热壁加氢反应器的操作温度又恰好处于该钢种产生回火脆性的温度范围内，所以长期操作会发生回火脆性断裂。回火脆性和敏感性在很大程度上是由于合金中锰和硅的存在，以及杂质元素磷、锡、锑、砷。强度水平及热处理历史也应考虑。尽管操作温度下材料韧性降低并不明显，但在开停车阶段设备有可能因回火脆性而发生脆性断裂。

（2）损伤形态

回火脆是冶金过程改变，并不容易发现，但可以通过冲击试验验证。

(3) 控制措施

回火脆性对于含有一定量脆性敏感杂质元素并处于脆断温度范围内的材料来说是不可避免的。为减少开停车价段发生脆断，一些炼油企业在温度处于最低升降压温度以下时，将系统压力限定在最大压力的25%左右，回火脆性敏感为低度的材料，其最低升降压温度一般为171℃；回火脆性敏感为低度的材料，如同时满足操作工况下抗氢脆的性能要求，最低升降压温度可达38℃，部分材料甚至可更低。焊缝返修时，须注意安排适当的热处理工艺以防止返修产生的回火脆性。限制母材和焊材中锰、硅以及杂技元素磷、锡、锑、砷含量能有效降低低回火脆性，可用母材的J系数和熔敷金属的X系数来表征回火脆性，经验公式各国际准均有表述，下述公式应用广泛而在此推荐：

$$J = (\mathrm{Si} + \mathrm{Mn}) \times (\mathrm{P} + \mathrm{Sn}) \times 10^4 (\text{元素重量比})$$

$$X = (10\mathrm{P} + 5\mathrm{Sb} + 4\mathrm{Sn} + \mathrm{As})/100 (\text{元素 ppm})$$

如何确定上述J系数和X系数值的可接受限主要取决于用户的需要，比如广泛使用的2.25Cr钢的J系数和X系数上限通常分别采用100和15。

(4) 工段分布

分离工段：甲烷化反应器、进出料换热器管壳程及相连管道。一般发生在开停车阶段。

3.11 短期过热——应力破裂

(1) 损伤机理

炔烃加氢主副反应均为强放热反应，急冷氢不足或流体分布不均均会造成反应器床层局部超温。由于局部过热，在相对低应力水平下发生永久变形，造成鼓包和最终破裂。

(2) 损伤形态

局部变形和鼓包，变形程度可达3% ~10%。开裂部位呈张口的鱼嘴形，并有减薄。

(3) 控制措施

控制炉膛超温，防止炉管发生堵塞造成热点和过热，反应器床热电偶监控温度。

(4) 工段分布

a)裂解工段：裂解辐射段炉管；

b)分离工段：乙炔加氢反应器、丙炔/丙二烯加氢反应器(再生工况下)。

3.12 高温硫化物腐蚀

(1) 损伤机理

裂解原料中含有硫，这些硫本身有腐蚀性，热分解转化成的硫化氢也会产生腐蚀。通常，温度高于200℃时发生这样的腐蚀，此时氢的分压小于4kgf/cm^2。高温硫化物腐蚀速率与材料、温度和硫化物的浓度有关，另外流速也是一个重要因素，流速增大加快了硫化物保护层的流失，导致腐蚀速率增大。

(2) 损伤形态

高温硫化物腐蚀形态表现为均匀减薄，个别情况下有局部减薄或高速冲蚀破坏。腐蚀产物形成一层薄膜覆盖在金属表面。

(3) 控制措施

根据这种特殊的腐蚀机理，合金的耐蚀性能与其铬含量成正比，含铬量中等的合金比碳钢有更好的防腐效果。当温度高于260℃时，常用的较高等级的合金是5Cr、9Cr、12Cr或300系列不锈钢。镍基合金因其铬含量与不锈钢相近而具有相似抵抗力，低合金钢也有采用表面渗铝增加抗力，但效果有限。

(4) 工段分布

a) 裂解工段：裂解原料进料预热段及裂解炉对流段炉管。

b) 急冷工段：

① 汽油分馏塔塔釜燃料油部分回流、部分去燃料油汽提塔、部分去裂解气急冷器流程，包括汽油分馏塔釜、燃料油汽提塔进料、换热器管程及流程相连管道；

② 减粘塔釜及塔釜裂解燃料油出口管道。

3.13　酸性酸水($H_2S-CO_2-H_2O$)型腐蚀

(1) 损伤机理

硫化氢在温度不高的干燥状态下，对碳钢的腐蚀性很小，而在潮湿或有冷凝液的情况下，由于硫化氢的溶解，生成呈酸性的电解质溶液而产生严重腐蚀。当CO_2输送过程因温度变化产生冷凝液时，就对碳钢管壁产生强烈腐蚀。

(2) 损伤形态

湿硫化氢与二氧化碳气体联合作用会形成比较严重的均匀腐蚀，有氧的条件下则可能为局部腐蚀。

(3) 控制措施

汽油分馏塔塔顶气相线(裂解气)注入氨气、工艺水在工艺水汽提塔进料中注氢氧化钠来中和硫化氢、二氧化碳、甲酸、乙酸等酸性气体，通过控制水循环系统的pH值在8~10之间的碱性环境。

(4) 工段分布

a) 急冷工段

① 顶裂解气自急冷水塔至压缩部分的裂解气压缩机入口流程，包括急冷水塔顶及相连管道；

② 裂解气自汽油分馏塔塔顶至急冷水塔进料流程，包括汽油分馏塔塔顶、急冷水塔进料(无注氨)。

b) 压缩工段

① 裂解气自急冷水塔顶至裂解气压缩机1~4段流程，包括1~4段间分离罐顶部、换热器壳程、碱洗塔进料及相连管道；

② 裂解气压缩机1~4段分离罐底部冷凝的裂解汽油至汽油汽提塔流程，包括1~4段间分离罐底部、汽油汽提塔进料及相连管道；

③ 裂解气压缩机1~4段分离罐底部冷凝的冷凝水至急冷水塔流程，包括1~4段间分离罐底部、急冷水塔进料及相连管道；

④ 汽油汽提塔顶轻烃返回压缩机入口流程，包括汽油汽提塔顶及相连管道；

⑤ 汽油汽提塔釜裂解汽油部分回流，部分送出界区流程，包括汽油汽提塔釜、换热器管程或壳程及相连管道。

3.14　湿硫化氢破坏

损伤机理、损伤形态、控制措施见第3章3.5部分内容。

工段分布如下：

a）急冷工段

① 裂解汽油自汽油分馏塔顶至急冷水塔流程，包括汽油分馏塔顶部、急冷水塔顶部、急冷水塔进料以及流程相连管道；

② 裂解气自急冷水塔顶至压缩部分的裂解气压缩机入口流程，包括急冷水塔顶及相连管道；

③ 急冷水塔釜工艺水部分回流、部分去工艺水汽提塔流程段，包括急冷水塔釜、中间换热器管程或壳程、工艺水汽提塔进料以及流程相连管道；

④ 工艺水汽提塔顶酸性气及轻烃返回急冷水塔流程段，包括工艺水汽提塔顶及流程相连管道。

b）压缩工段

① 裂解气自急冷水塔顶至裂解气压缩机1～4段流程，包括1～4段间分离罐顶部、换热器壳程、碱洗塔进料及相连管道；

② 裂解气压缩机1～4段分离罐底部冷凝的裂解汽油至汽油汽提塔流程，包括1～4段间分离罐底部、汽油汽提塔进料及相连管道；

③ 裂解气压缩机1～4段分离罐底部冷凝的冷凝水至急冷水塔流程，包括1～4段间分离罐底部、急冷水塔进料及相连管道；

④ 汽油汽提塔顶轻烃返回压缩机入口流程，包括汽油汽提塔顶及相连管道；

⑤ 汽油汽提塔釜裂解汽油部分回流，部分送出界区流程，包括汽油汽提塔釜、换热器管程或壳程及相连管道。

3.15　碱性酸水(硫氢铵)腐蚀

（1）损伤机理

硫氢铵(NH_4HS)是氨和硫化氢气体的反应产物。当反应器流出物冷却到66℃以下时，固体硫氢铵就会从蒸汽相里结晶出来，堵塞换热器管，造成垢下腐蚀。酸性水腐蚀的影响因素为NH_4HS的浓度、流速、pH值、温度等。另外氰根存在会加速腐蚀，这是因为氰根会破坏硫化物保护膜。

（2）损伤形态

酸性水腐蚀通常表现为均匀腐蚀，浓度在2%(质)以上时，在冲刷和湍流部位会造成严重的局部减薄。当洗涤水量不足以溶解硫氢铵而出现沉淀时，在低流速区域会发生严重的局部垢下腐蚀，换热器则会出现换热管堵塞。

（3）控制措施

普遍的做法是在流出物空冷器之前注入水，建议通过注水控制分离器水里的硫氢铵浓度，并限制在2%～10%的范围里，以溶解硫氢铵防止它们沉积。由于冲洗水中的氧和铁会加速腐蚀，所以冲洗水最好脱氧。另外，严格控制局部流速，对碳钢而言，控制流速在6m/s及以下，流速超过6 m/s时采用合金825或双相不锈钢。设计上，入口和出口管的管端都可以采用不锈钢管箍，并带有锥形管端，管束要便于清洗，同时避免使用U形管，因为容易发生冲蚀。

（4）工段分布

急冷工段：汽油分馏塔塔顶裂解气至急冷水塔进料流程，包括汽油分馏塔塔顶、急冷水塔进料(注氨)。

3.16 碱应力腐蚀开裂

（1）损伤机理

碱应力腐蚀开裂是在拉应力和高温氢氧化钠腐蚀的联合作用下产生的开裂。碱浓度和金属温度的增加都使碱应力腐蚀开裂倾向增大。碱浓度低于5%则裂纹敏感性很低，但是在高温(接近沸点)时可能产生局部高浓度，导致裂纹敏感性增加。金属温度小于46℃时不会发生开裂，82℃以上时，对于所有浓度大于5%的情况，裂纹产生的可能性非常高。

（2）损伤形态

碳钢裂纹主要位于晶间，而300系列不锈钢主要为穿晶，典型形态是细微网状裂纹。

（3）控制措施

消除应力的热处理(如焊后热处理)是防止碱腐蚀应力裂纹的有效方法。物流中有碱液时，要在吹扫前用水冲洗，然后再进行蒸汽吹扫。

（4）工段分布

急冷工段：

① 急冷水塔釜急冷水回流流程，包括急冷水塔釜及相连管道；

② 工艺水汽提塔塔釜工艺水部分回流、部分去稀释蒸汽发生系统流程，包括工艺水汽提塔釜、蒸汽发生器底部、凝液分离罐底部、换热器管壳程及流程相连管道。

3.17 碳酸盐应力腐蚀开裂

（1）损伤机理

碳酸盐应力腐蚀开裂是在拉应力与碱性碳酸盐腐蚀联合作用下形成的一种表面开裂，是碱应力腐蚀开裂的一种形式。高的焊接残余应力，焊态及冷弯的碳钢易产生这种开裂，碱性环境下，硫化氢、氰根和二氧化碳增加开裂敏感性。

（2）损伤形态

主要位于焊缝附近的母材，平行于焊缝，个别在焊缝和热影响区。沿晶开裂，典型形态为极细的蛛网状裂纹。

（3）控制措施

消除应力的热处理(如焊后热处理)是防止碳酸盐裂纹的有效方法，其他方法还包括300系列涂层、直接采用300系列不锈钢材料、加缓蚀剂。

（4）工段分布

压缩工段：碱洗塔釜及塔釜碱液循环管道、塔釜废碱排出管道。

3.18 低温/低韧性脆断

（1）损伤机理

低温/低韧性脆断是结构部件的突然失效，断裂时材料没有塑性变形，通常是由裂纹或其他缺陷引发的。材料断裂韧性、残余应力水平以及钢材洁净度和晶粒大小均对低温性能有影响。

(2) 损伤形态

裂纹较直，无分支，无塑性变形。

(3) 控制措施

采用低温材料；控制材料化学成分和供货热处理状态；采用冲击试验；焊后热处理降低残余应力。

(4) 工段分布

分离工段冷区：

① 脱甲烷塔系统，包括进料各级分离罐、脱甲烷塔、塔顶回流罐、中间换热器管壳程以及流程相连管道；

② 乙烯精馏系统，包括乙烯精馏塔顶、塔顶回流罐、中间换热器管壳程、乙烯球罐以及流程相连管道。

3.19　大气腐蚀和层下腐蚀

(1) 损伤机理

大气腐蚀发生在潮湿的环境条件下，尤其是在海洋环境或潮湿的工业气体污染环境中更为严重，层下腐蚀发生在保温层下积水时。发生腐蚀的因素包括环境条件(工业、海洋或乡村)、潮湿度、温度、盐或硫化物的存在，以及保温层的类型(层下腐蚀)等，特别是氯化物、硫化氢、二氧化硫以及烟尘等空气污染物加速大气腐蚀。

(2) 损伤形态

大气腐蚀表现为均匀或局部腐蚀，取决于是否有水的局部积聚，漆层脱落部位为均匀腐蚀。大气腐蚀的外观表现为形成红色氧化铁产物。层下腐蚀对于碳钢和低合金钢表现为松散的、薄片状的氧化皮，具有高度的局部腐蚀特征。对于300系列不锈钢，层下腐蚀表现为凹坑或氯化物应力腐蚀开裂。

(3) 控制措施

保持漆层和保温层完好，选择合适的保温材料。

(4) 工段分布

分离工段的乙烯、丙烯等带保冷层的低温管道要特别予以关注。

3.20　碱腐蚀

压缩工段：注碱管道、碱洗塔3段碱洗段。

3.21　冷却水腐蚀

压缩工段：4、5段间缓冲罐底部。

3.22　Sigma相脆化

裂解工段：裂解炉辐射段炉管。

3.23　燃灰腐蚀

裂解工段：裂解炉对流段和辐射段炉管。

4 乙烯装置关键设备主要失效机理及部位

4.1 裂解炉

裂解炉主要的失效机理及失效部位：

a）对流段

① 高温硫化腐蚀；

② 高温氧化；

③ 敏化；

④ 燃灰腐蚀。

b）辐射段

① 蠕变及应力破裂；

② 热疲劳；

③ 渗碳；

④ 高温氧化；

⑤ 短期过热－应力破裂；

⑥ 结焦；

⑦ Sigma 相脆化；

⑧ 燃灰腐蚀。

4.2 急冷锅炉

急冷锅炉主要的失效机理及失效部位：

① 热疲劳，发生在急冷锅炉集箱与换热管连接处；

② 渗碳，急冷锅炉换热管内表面；

③ 结焦，发生在急冷锅炉换热管内表面。

4.3 高压汽包

高压汽包介质为高压蒸汽和锅炉水，操作温度为300℃左右，除开停工阶段锅炉水冷凝腐蚀外，正常运行工况下无明确腐蚀机理。

4.4 汽油分馏塔

a）汽油分馏塔顶部

① 碱性酸水（硫氢铵）腐蚀（注氨）；

② 酸性酸水（$H_2S + CO_2 + H_2O$）腐蚀（无注氨）；

③ 湿硫化氢破坏。

b）汽油分馏塔塔釜

高温硫化物腐蚀。

4.5 急冷水塔

a）急冷水塔顶

① 酸性酸水（$H_2S + CO_2 + H_2O$ 型）腐蚀；

② 湿硫化氢开裂。

b）急冷水塔釜

① 湿硫化氢开裂；

② 碱应力腐蚀开裂。

4.6 碱洗塔

a）碱洗塔顶（一段水洗）

无明确机理。

b）碱洗塔釜（三段碱洗）

① 碳酸盐应力腐蚀开裂；

② 碱腐蚀。

4.7 汽油汽提塔

汽油汽提塔顶、塔釜：

① $H_2S + CO_2 + H_2O$ 型腐蚀；

② 湿硫化氢开裂。

4.8 凝液汽提塔

凝液汽提塔主要的失效机理及失效部位：外部腐蚀，发生在塔体外表面。

4.9 脱甲烷塔

脱甲烷塔主要的失效机理及失效部位：低温脆断，发生在塔体。

4.10 脱乙烷塔

脱乙烷塔主要的失效机理及失效部位：外部腐蚀，发生在塔体外表面。

4.11 脱丙烷塔

脱丙烷塔主要的失效机理及失效部位：外部腐蚀，发生在塔体外表面。

4.12 乙炔、丙烷/丙二烯加氢反应器

再生工况下超温造成的过热。

4.13 甲烷化反应器

甲烷化反应器主要的失效机理及失效部位：

① 高温氢腐蚀，发生在筒体；

② 回火脆。

4.14 乙烯精馏塔

乙烯精馏塔主要的失效机理及失效部位：低温脆断，发生在塔顶。

4.15 丙烯精馏塔

丙烯精馏塔主要的失效机理及失效部位：外部腐蚀，发生在塔体外表面。

4.16 冷箱

无主要的失效及失效部位。

4.17 乙烯球罐/丙烯球罐

乙烯球罐：低温－低韧性脆断。
丙烯球罐：外部腐蚀，发生在罐体外表面。

5 乙烯装置设备和管道推荐的检验策略

5.1 检验策略

检验策略的选择原则参考 GB/T 26610.2《承压设备系统基于风险的检验实施导则　第2部分：基于风险的检验策略》进行制定。

5.2 乙烯装置关键设备推荐的检验方法和检验比例

乙烯装置关键设备推荐的检验方法和检验比例见表6－19～表6－20。

表6－19　汽油分馏塔推荐的检验方法和检验比例

序号	损伤机理	失效部位	检验方法		检验比例	备注
			内检	外检		
1	酸性水腐蚀	汽油分馏塔顶部	宏观和抽查	纵波 UT 扫查＋壁厚抽查	内检：100%宏观检查＋壁厚抽检；外检：＞20%纵波 UT 扫查和壁厚抽查	重点是塔顶和接管部位
2	湿硫化氢开裂	汽油分馏塔顶部	湿荧光磁粉检测	超声波横波检测或 TOFD 或声发射检测，必要时辅以磁记忆抽查	WFMT10%～25%；UT/TOFD10%～25%	重点是塔顶和接管部位
3	高温硫化氢腐蚀	汽油分馏塔塔釜	宏观和壁厚抽查	壁厚抽查	内检：100%宏观检查＋壁厚抽检；外检：＞2%纵波 UT 扫查和壁厚抽查	重点是塔釜及接管部位

表 6-20　急冷水塔推荐的检验方法和检验比例

序号	损伤机理	失效部位	检验方法		检验比例	备注
			内检	外检		
1	$H_2S+CO_2+H_2O$ 型腐蚀	发生在急冷水塔顶	宏观和壁厚抽查	纵波 UT 扫查 + 壁厚抽查	内检：100% 宏观检查 + 壁厚抽检；外检：> 20% 纵波 UT 扫查和壁厚抽查	重点是塔顶和接管部位
2	湿硫化氢开裂	发生在急冷水塔顶、塔釜	湿荧光磁粉检测	超声波横波检测或 TOFD 或声发射检测，必要时辅以磁记忆抽查	WFMT10% ~25%；UT/TOFD10% ~25%	重点是塔顶、塔釜和接管部位（包括排污管道）
3	碱应力腐蚀开裂	发生在急冷水塔釜	湿荧光磁粉检测	超声波横波检测或 TOFD 或声发射检测，必要时辅以磁记忆抽查	WFMT10% ~25%；UT/TOFD10% ~25%	重点是塔釜和接管部位（包括排污管道）

附录1 乙烯装置失效树(图6-6)

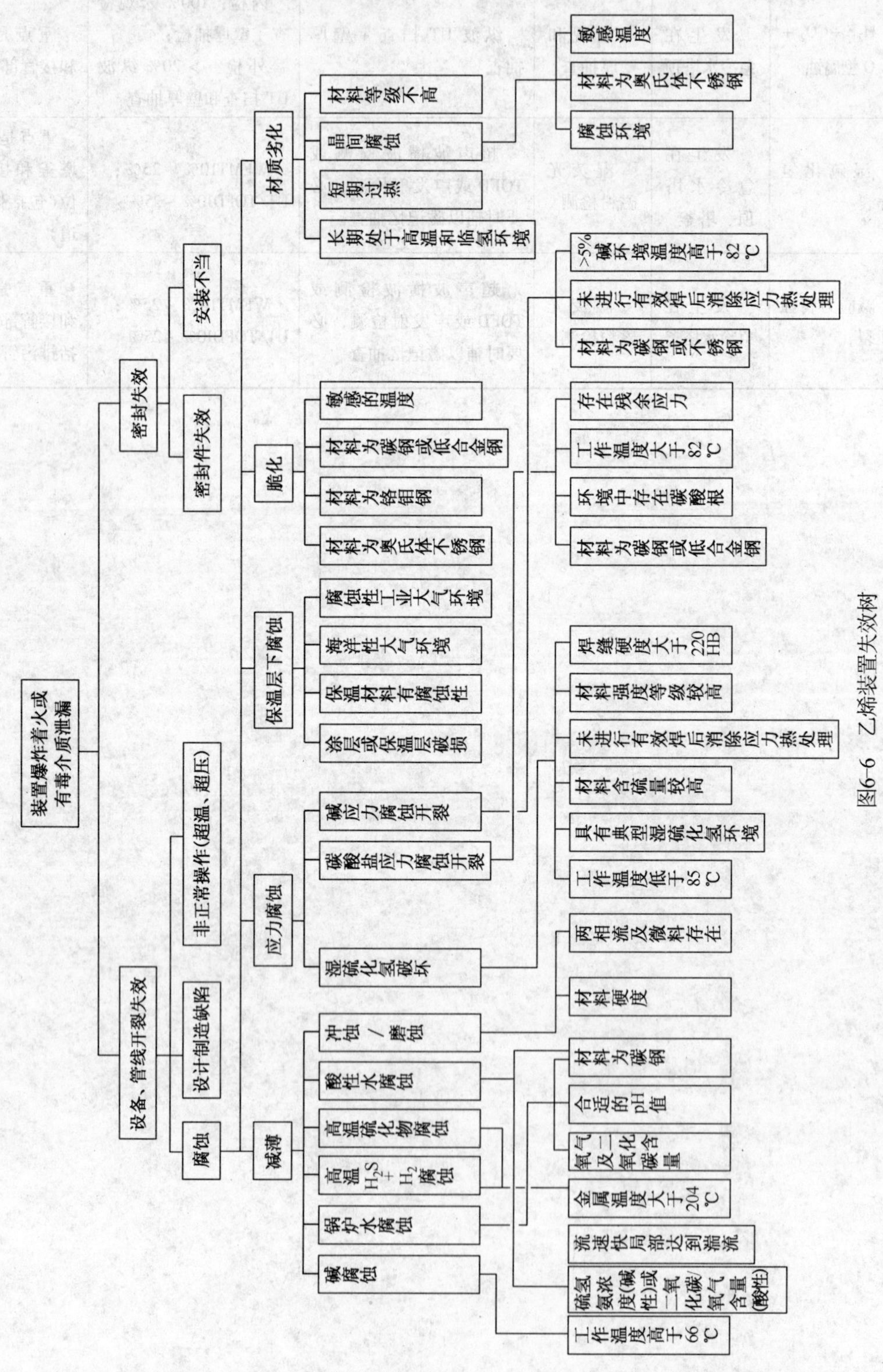

图6-6 乙烯装置失效树

附录2　乙烯装置失效树——裂解炉管(图6－7)

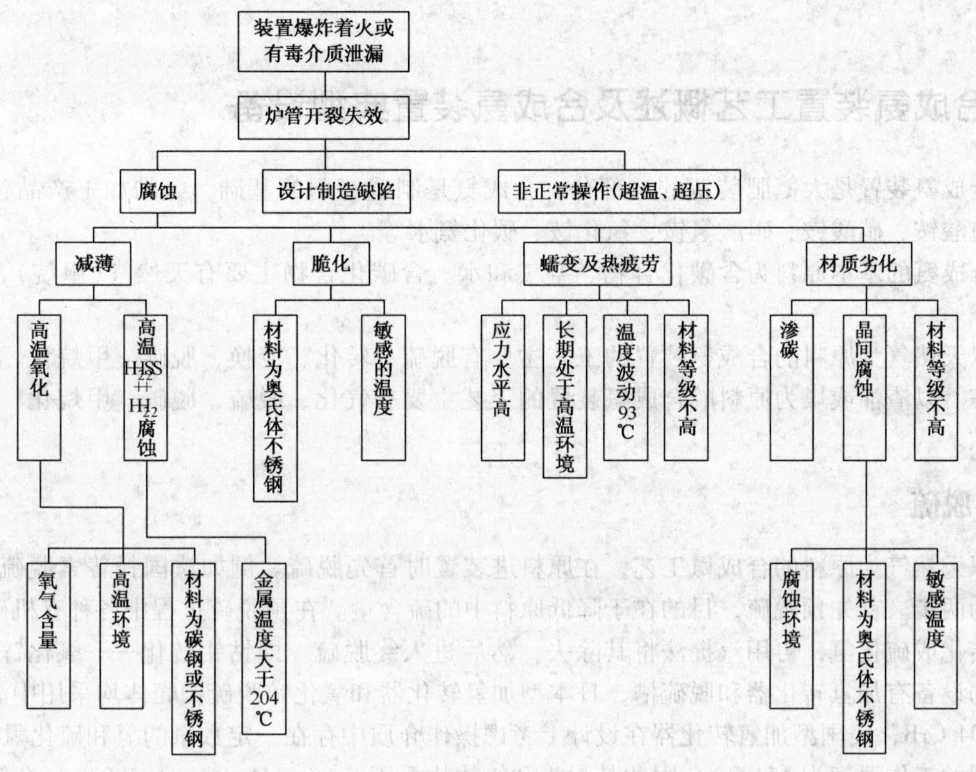

图6－7　乙烯装置失效树——裂解炉管

第 7 章　合成氨装置风险检验指南

1　合成氨装置工艺概述及合成氨装置典型设备

合成氨装置是大氮肥装置的一部分，合成氨是制造氮肥的基础，氨的加工产品包括尿素、硫酸铵、硝酸铵、碳酸氢铵、氯化铵、碳化氨水等。

合成氨的基本原料为含碳化合物、空气和水。含碳化合物主要有天然气(甲烷)、渣油和煤。

以天然气为原料的合成氨装置的工艺主要有脱硫、转化、变换、脱碳、甲烷化、合成、氨冷冻。以渣油或煤为原料的合成氨装置的工艺主要有气化、脱硫、脱碳、甲烷化、合成、氨冷冻。

1.1　脱硫

以天然气为原料的合成氨工艺，在原料进装置时首先脱硫。例如法国托普索脱硫工艺，其分为两步。首先预脱硫，目的在于降低原料中的硫含量。在预脱硫过程中各种有机硫经催化剂转化成硫化氢，再用汽提法将其除去，然后进入终脱硫。即钴钼转化——氧化锌脱硫。典型的设备有加氢转化器和脱硫槽，日本型加氢转化器和氧化锌脱硫槽壳体均采用中温抗氢钢 A204 GrB；美国型加氢转化器在设计上考虑操作介质中存在一定数量的氢和硫化氢(加氢转化器的工作温度为454℃)，因此其封头和筒体均采用 C－0.5Mo＋1Cr18Ni8Ti 复合钢板制造，与反应介质接触的接管、锻造法兰以及盖板基材均为 C－0.5Mo 钢，其内表面堆焊材料为 Cr18Ni8Ti。以渣油或煤为原料的合成氨装置，在进行气化、脱炭黑后再利用甲醇在低温下对原料气各组分的选择性吸收来脱硫(硫化氢)，其典型设备为硫化氢吸收塔、硫化氢闪蒸塔、硫化氢热再生塔。采用鲁奇工艺包的硫化氢吸收塔和硫化氢闪蒸塔采用 A516GR70＋S5 材质，操作温度－23～32℃，硫化氢热再生塔采用 16MnR 材质，操作温度 80～103℃。

1.2　转化和变换

转化工序是将原料中的烃类物质与蒸汽、空气反应，生成一氧化碳、二氧化碳、氢气、水等物质，例如以天然气为原料的凯洛格转化流程，分为 1 段转化和 2 段转化，1 段转化的化学反应过程是：

$$C_nH_m + nH_2O \xlongequal{\quad} nCO + \left(\frac{m}{2}+n\right)H_2 - Q \tag{7-1}$$

$$CH_4 + H_2O \xlongequal{\quad} CO + 3H_2 - Q \tag{7-2}$$

2 段转化的化学反应过程是：

$$2H_2 + O_2 \xlongequal{\quad} 2H_2O + Q \tag{7-3}$$

$$CH_4 + 2O_2 \xlongequal{\quad} CO_2 + 2H_2O + Q \tag{7-4}$$

$$2CO + O_2 \longrightarrow 2CO_2 + Q \quad (7-5)$$

$$CH_4 + H_2O \longrightarrow CO + 3H_2 - Q \quad (7-6)$$

$$CH_4 + CO_2 \longrightarrow 2CO + 2H_2 - Q \quad (7-7)$$

1 段转化采用蒸汽转化法，将天然气转化成一氧化碳、氢气；2 段转化采用添加空气的部分氧化法，进一步转化，同时氢气、甲烷、一氧化碳与氧气燃烧，生成二氧化碳和水，1 段、2 段转化均使用镍触媒。典型设备为 1 段转化炉和 2 段转化炉，1 段转化在 1 段转化炉中进行，反应温度可达 822℃，压力可达 3.09MPa；2 段转化在 2 段转化炉中进行，反应温度可达 957℃，压力可达 2.94MPa。在转化炉中，筒体和封头由耐热材料隔开，不直接受热，直接受热部位为触媒管、猪尾管和集气管，其中触媒管的工作条件最为苛刻，因而损伤亦最为严重。法型触媒管结构与凯洛格型相似，所不同的是法型用下猪尾管把触媒管转化气引到底部的分集气管，然后通过分集气管汇入总集气管。而凯洛格型是将触媒管直接与下集气管焊接，再由下集气管中央的上升管(通过炉膛)连到炉顶上的输气总管。触媒管、猪尾管和集气管的材质为 HK-40。

变换的反应式是：

$$CO + H_2O \longrightarrow CO_2 + H_2 + Q \quad (7-8)$$

烃类蒸汽转化法采用高低变串联法。先将转化气体在高温下通过铁铬系高变催化剂，使一氧化碳变为二氧化碳，剩余一氧化碳 2%～4%。然后降温，在铜锌铬系或铜锌铝系催化剂作用下进行低温反应，最终使一氧化碳含量降至 0.3%～0.5%。典型设备为高变炉和低变炉，美日型高低变炉均为立式，内径约为 4m，总高约为 15m，催化剂床层厚度约为 5m，均是单层。催化剂下边装有粒度 15～20mm 的氧化铝球。催化剂床层之上铺 1 层碳钢环，如有液态水进入可在此蒸发，以免损坏催化剂。最上边还有一层压板，氯化铝球与催化剂之间，催化剂与碳钢环之间都由筛网隔开。高变炉的主体材质为 A387 GrB，工作温度 428℃；低变炉的主体材质为 A516 Gr70，工作温度 244℃。

1.3　气化

以渣油或煤为原料的合成氨装置的工艺，在原料进入装置时首先采用气化法将原料与水蒸汽和氧气反应生成用于合成氨的原料气(主要成分为二氧化碳和氢)，反应式是：

$$C_nH_m + nH_2O + \left(\frac{m}{2}+n\right)O_2 \longrightarrow nCO_2 + \left(\frac{m}{2}+n\right)H_2 \quad (7-9)$$

典型设备为气化炉，鲁奇工艺包 SHELL 专利的气化炉中原料与水蒸气和氧气在炉膛内反应，炉内反应温度约为 1300℃，气化炉的筒体和封头的材质为 12CrMo910(操作温度为 300℃)，利用耐火砖与介质隔开，不直接受热，耐火砖存在烧损问题，寿命约为 2 年。

1.4　脱碳

在大氮肥装置中，美国苯菲尔工艺采用热钾碱液——苯菲尔溶液或 G.V 溶液吸收 CO_2，其吸收和再生过程可用下列方程式表示：

$$K_2CO_3 + CO_2 + H_2O \rightleftharpoons 2KHCO_3 + Q \quad (7-10)$$

典型设备为二氧化碳吸收塔和二氧化碳再生塔，二氧化碳吸收塔，有 3 层填料，吸收塔下部有 2 层，每层高 7010mm，装填有 2in 开口金属环，下塔内径为 3200mm。上部内径为

1830mm，装有1层1.5in的开口金属环，填料层高度为9140mm。除了每层上部装有610mm高度的不锈钢填料外，其余皆为碳钢填料，二氧化碳吸收塔的筒体和封头材质为A516 Gr70，操作温度为70～120℃。二氧化碳再生塔装有3层填料，上塔有2层，每一层高9140mm，内装有2in带开口金属环，上塔内径为4040mm。下塔内径为2670mm，装有1层，1.5in开口金属环填料，高度为9140mm，除每层上部装有610mm高不锈钢填料外，其余皆为碳钢填料，二氧化碳再生塔的筒体和封头材质为A516 Gr60，操作温度为111～128℃。也有利用甲醇在低温下对原料气各组份的选择性吸收的方法脱除二氧化碳，典型设备为二氧化碳吸收塔和二氧化碳再生塔，鲁奇工艺包的二氧化碳吸收塔的筒体和封头采用A203 GR.E，操作温度为－61.6℃；二氧化碳再生塔的筒体和封头采用A203 GR.E，操作温度为－55.2℃。

1.5 甲烷化

甲烷化反应如下：

$$CO + 3H_2 = CH_4 + H_2O + Q \tag{7-11}$$

$$CO_2 + 4H_2 = CH_4 + 2H_2O + Q \tag{7-12}$$

$$\frac{1}{2}O_2 + H_2 = H_2O + Q \tag{7-13}$$

甲烷化的目的是进一步降低原料气中的一氧化碳和二氧化碳含量，生成对后续工序无害的甲烷惰性气体。主要设备为甲烷化反应器，英国ICI－AMV工艺的甲烷化反应器操作温度为345℃、操作压力为3.492MPa，壳体的材质为SA－387 Grade12。

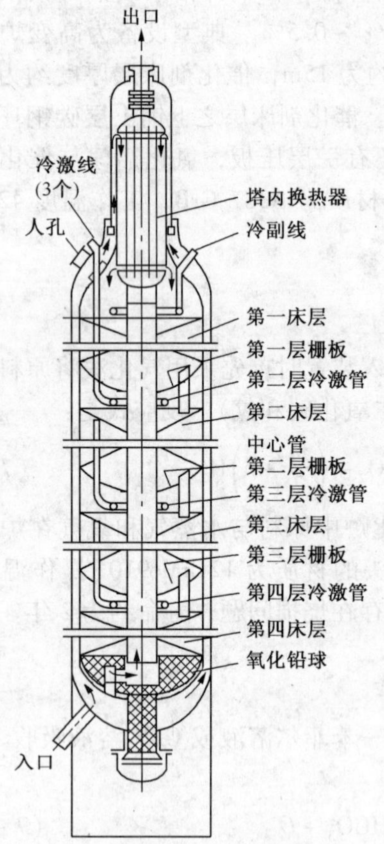

图7－1　凯洛格瓶式合成塔结构图

1.6 合成

在高压(10～100MPa)，高温(300～500℃)及铁催化剂作用下使氢气和氮气合成为氨，反应式为：

$$3H_2 + N_2 = 2NH_3 + Q \tag{7-14}$$

主要设备为氨合成塔，为确保氨合成塔长期运转，力求结构简单，均采用冷激式。凯洛格瓶式合成塔的结构图如图7－1。

反应气由塔底进入，沿内外筒环隙向上流动，以冷却筒壁。气体再穿过触媒筐缩径上的3排槽形孔，入瓶颈部换热器与外筒壁间环隙向上流动，以冷却筒壁，然后气体从换热器顶部入壳程，向下经由折流板与管内反应后气体换热，从底部8条槽形通气孔流出，进入第1层触媒。反应后气体经冷却器冷却，再依次经第2、第3、第4层触媒。第4层触媒的气体入底部六边形气体收集器，经径向流通管入中心回气管，向上层流动，经换热器管内及膨胀节从塔顶出塔。

氢、氮、氨混合气在高压下，当温度超过一定值时，对一般金属材料才有较严重的腐蚀。而流经外筒壁的工艺气温度仅约149℃，所以合成塔外筒为低合金高强度钢，并采用包扎多层卷板焊成，上下封头是锻件。美国氨合成塔典型材料为A516 GR70；日本层板选用NK－HI－TEV62；法国选用ASTM SA302 Gr VC。因高温而产生强腐蚀的合成反应，则是在高压筒体内设置的内件中进行。内件筒体全部采用奥氏体不锈钢，这种钢可抗高温下的氢腐蚀。触媒筐壳体，支撑触媒的格子孔板和部分螺栓螺母等是承受压力的部件，选用抗氢、氮腐蚀性较好的SUS 316不锈钢。触媒筐内的部件因位于反应区，温度最高，用含钛的SUS 321不锈钢。对于丝网和薄板材料(如2mm厚的板)，为防止其整个断面被氮化腐蚀而变质损坏，采用特别耐蚀的SB166高镍合金(INCONEL 600)。热交换器和触媒筐隔热套使用温度低于触媒筐(约315.6～441.5℃)，腐蚀性较轻，材料为SUS 304。

1.7 氨冷冻

氨冷冻的目的是使氨容易保存，也可提供换热的冷量。"凯洛格法"采用3级氨冷，整个冷冻回路包括冰机、氨蒸发器(氨冷器)、氨冷凝器和减压阀4个组成部分。由氨闪蒸槽送出的氨气进入冰机进行压缩，压缩后的氨气经水冷器冷凝，得到液氨，送往液氨槽。

2 合成氨装置典型失效机理

合成氨装置中潜在的失效机理有：内部腐蚀减薄(包括高温硫化物腐蚀、高温硫化氢/氢气腐蚀和湿硫化氢气体/二氧化碳气体的腐蚀)、高温氢侵蚀、湿硫化氢破坏、连多硫酸应力腐蚀开裂、氯离子应力腐蚀开裂、碳酸盐应力腐蚀开裂、氨应力腐蚀开裂、外部破坏和炉砖烧损等。

2.1 高温硫化物腐蚀

(1) 损伤机理

渣油中含有的噻吩硫受热分解后转化成活性硫(二硫化物、硫醇和硫化氢等)会产生腐蚀。高温硫化物腐蚀速率与材料、温度和硫化物的浓度有关，另外流速也是一个重要因素，流速增大，加快了硫化物保护层的流失，导致腐蚀速率增大。

高温硫化物腐蚀可能发生在所有铁基材料中，包括碳钢、低合金钢、300系列不锈钢、400系列不锈钢。而镍基合金受影响程度取决于合金元素，特别是铬含量，铜基合金发生高温硫化物腐蚀的温度限比碳钢低。

高温硫化物腐蚀的关键影响因素包括：

a) 合金成分、温度及硫化物浓度；

b) 金属对高温硫化物腐蚀敏感性高低取决于其形成保护性硫化物薄膜的能力；

c) 温度高于200℃开始出现高温硫化物腐蚀；

d) 通常铁基和镍基合金对高温硫化物腐蚀的抵抗力取决于铬含量，铬含量高则抗力强。300系列不锈钢如304、316、321、347在炼油环境中具有高度抵抗力，镍基合金因其铬含量与不锈钢相近而具有相似抵抗力；

e) 高温硫化物腐蚀主要由高温硫化物分解产生的硫化氢及其他有活性的硫化物种类引

起的。预测腐蚀速率要依据总硫含量。

（2）损伤形态

高温硫化物腐蚀形态表现为均匀减薄，个别情况下有局部减薄或高速冲蚀破坏。腐蚀产物形成一层薄膜覆盖在金属表面，薄膜厚度取决于合金、物流的杂质含量、腐蚀性以及流体流速。

（3）控制措施

采用高铬含量钢材或采用300系统不锈钢、400系列不锈钢钢材或堆焊层衬里可以显著提高耐高温硫化物腐蚀能力。低合金钢也有采用表面渗铝的方法增加抗力，但效果有限。

（4）工段分布

主要发生在以渣油为原料的合成氨装置中，经渣油加热器换热升温后的渣油至气化炉段易发生该种失效模式，发生高温硫化物腐蚀的判据为：如果介质中存在含硫的原油，并且操作温度大于190℃，则可能发生高温硫化物/环烷酸腐蚀。

2.2 高温H_2S/H_2腐蚀

（1）损伤机理

渣油或煤加入氧气和水蒸气在高温高压下气化时会产生大量硫化氢和氢气。高温下（200℃以上）硫化氢对钢材的腐蚀性很强，氢气的存在会增加高温硫化物腐蚀的严重性。按抗高温硫化氢/氢气腐蚀能力由低到高排列，依次是碳钢、低合金钢、400系统不锈钢、300系列不锈钢。主要影响因素是温度、氢气含量、硫化氢浓度以及合金成分。随着温度、氢含量以及硫化氢浓度的增加，腐蚀速率加快。对高温硫化物腐蚀的敏感性取决于钢材的化学成分，增加合金中铬含量可以改善抵抗性能，但铬含量增加到7%～9%时抵抗性能才有明显改善。含铬的镍基合金与不锈钢有相近的抵抗性能。

（2）损伤形态

高温硫化氢/氢气腐蚀形态为均匀减薄，并伴有硫化铁腐蚀产物的形成。硫化铁腐蚀产物大约是金属损失体积的5倍，可能形成多层。一些腐蚀产物与母材结合非常紧密，有灰色光泽，往往被误认为母材没有腐蚀。

（3）控制措施

使用高铬含量的合金可以最大限度的降低高温硫化物的腐蚀。在服役条件下，300系列不锈钢如304L、316L、321、347具有高度的抵抗力。

（4）工段分布

主要发生在以渣油或煤为原料，以甲醇洗为脱硫方式的合成氨装置中，原料经气化炉反应后得到高温的含硫化氢和氢气等物质的原料气，这些原料气从气化炉出来至气化省煤器段易发生高温H_2S/H_2腐蚀，气化省煤器出口的温度已降至200℃以下，发生高温H_2S/H_2腐蚀的判据为：如果介质中含硫化氢和氢气，并且操作温度大于190℃，则可能发生高温H_2S/H_2腐蚀。

2.3 湿硫化氢气体/二氧化碳气体腐蚀

（1）损伤机理

湿硫化氢与二氧化碳联合作用形成比较严重的腐蚀。硫化氢在温度不高的干燥状态下，对碳钢的腐蚀性很小，而在潮湿或有冷凝液的情况下，由于硫化氢的溶解，生成呈酸性的电解质溶液而产生严重腐蚀。钢铁在硫化氢水溶液中的腐蚀一般可用下式表示：

$$Fe + H_2S(l) = FeS + H_2 \qquad (7-15)$$

二氧化碳腐蚀在60℃以上时尤为明显，当二氧化碳输送过程因温度变化产生冷凝液时，就对碳钢管壁产生强烈腐蚀。二氧化碳会与冷凝水结合生成腐蚀性碳酸，对碳钢和低合金钢造成腐蚀，其反应式为：

$$Fe + H_2CO_3 = FeCO_3 + H_2 \qquad (7-16)$$

(2) 损伤形态

湿硫化氢与二氧化碳气体联合作用会形成比较严重的均匀腐蚀，有氧的条件下则可能为局部腐蚀。

(3) 控制措施

使用高铬含量的合金可以最大限度地降低湿硫化氢气体/二氧化碳气体腐蚀。在服役条件下，300 系列不锈钢如 304L、316L、321、347 具有高度的抵抗力。

(4) 工段分布

主要发生在以渣油或煤为原料，以甲醇洗为脱硫方式的合成氨装置中，从激冷管至炭黑洗涤塔回路、从激冷管至炭黑水罐入口段的碳钢和低合金钢材质的设备、管道的液相段均易发生该种失效模式。发生湿硫化氢气体/二氧化碳气体腐蚀的判据：如果设备和管道的材质为碳钢或低合金钢，同时存在硫化氢气体、二氧化碳气体和水，则可能发生湿硫化氢气体/二氧化碳气体腐蚀。

2.4　高温氢侵蚀(HTHA)

(1) 损伤机理

氢与钢中的碳化物反应生产甲烷，造成钢材脱碳，使钢材失去强度，甲烷不断累积压力升高，形成微观鼓泡，连接在一起后形成裂纹。裂纹会造成承压部件承载能力降低而发生失效。按抗 HTHA 由低到高顺序排列，依次是碳钢、低合金钢、C-0.5Mo、Mn-0.5Mo、1Cr-0.5Mo、1.25Cr-0.5Mo、2.25Cr-1Mo、2.25Cr-1Mo-V、3Cr-1Mo、5Cr-0.5Mo 及化学成分稍有变化的相似钢材。

HTHA 关键因素。对某一特定钢材而言，HTHA 依赖于温度、氢分压、时间和应力，服役时间具有累积效应。在装置正常操作条件下，300 系列不锈钢，以及 5Cr 、9Cr、12Cr 合金对 HTHA 并不敏感。

(2) 损伤形态

HTHA 表现为钢材表面和内部脱碳以及开裂。并且开裂为沿晶开裂，发生在碳钢的珠光体区域。

(3) 控制措施

使用含铬和钼的钢材有助于形成弥散状的铬和钼的碳化物，从而增加碳化物的稳定性，减少甲烷的形成。使用其他碳化物稳定元素如钨和钒，从而增加抗 HTHA 能力。

HTHA 通常用纳尔逊曲线表征 API RP 941《炼油与石化高温临氢选材方法》，该曲线表明了对碳钢和低合金钢操作温度以及氢分压的安全应用范围。尽管该曲线获得了很好的应用效果，但在原来认为是安全的服役条件下，在炼油厂出现过 C-0.5Mo 钢失效案例。原因可能是采用 C-0.5Mo 钢的设备在制造过程中采用了不同的热处理工艺，而导致出现了不同的碳化物造成的。因此，C－0.5Mo已从主曲线中去掉，不再推荐在高温临氢环境下应用。对现存应用C－0.5Mo的设备，则需要进行检验成本和更换设备的经济性评估，但由于失效发生在热影响区及远离焊缝的母材，所以很难检出。

在母材没有足够的抗硫化物腐蚀能力时，在临氢环境下通常应用300系列不锈钢堆焊层。尽管认为适当的奥氏体堆焊层有助于降低堆焊层下基材接触的氢分压，但大多数企业还是会选择在服役条件下有足够抵抗HTHA能力的材料作为基材。只是在厚壁设备停产，考虑氢气逸出需要时，部分企业才会将此氢分压降低的问题考虑进去(设备有不锈钢堆焊层)。

(4) 工段分布

合成氨装置的合成氨塔及其附近的进料/出料交换器和管道易发生该种失效模式。发生高温氢侵蚀的判据：碳钢、低合金钢材料在操作温度大于204℃，操作氢分压大于0.55MPa，则可能发生高温氢腐蚀。钢对高温氢侵蚀的敏感性可通过纳尔逊曲线来判定。

2.5 湿硫化氢破坏

损伤机理、损伤形态、控制措施见第3章3.5部分内容。

工段分布如下：

主要发生在以渣油或煤为原料的以甲醇洗为脱硫方式的合成氨装置中，从激冷管至炭黑洗涤塔回路、从激冷管到炭黑水罐入口段、废水汽提塔、硫化氢吸收塔、硫化氢闪蒸塔和硫化氢热再生塔的液相回路中，采用碳钢及低合金钢材质的设备或管道的液相段易发生该种失效模式，在以天然气为原料采用加氢转化器和脱硫槽在转化之前脱硫的合成氨装置、配气站气液分离罐的液相段易发生该种失效模式。发生湿硫化氢破坏的判据：如果材料为碳钢或低合金钢，并且介质中含有水和硫化氢，则可能发生湿硫化氢破坏。

2.6 连多硫酸应力腐蚀开裂

(1) 损伤机理

硫化物与水和空气反应形成酸性环境(H_2SxO_6)对不锈钢造成应力腐蚀，该损伤机理易发生在敏化不锈钢材料上(370～815℃长期操作)，或类似敏化的焊缝附近(300系列)，并易在有残余应力或拉应力的地方产生开裂，对于300系列不锈钢当操作温度小于427℃时，材料的敏化在焊后产生；当操作温度大于427℃时，材料的敏化在运行期间产生。

(2) 损伤形态

在焊缝热影响区或母材上的晶间腐蚀开裂，可以在数分钟或数小时内扩展，通常在开工时才发生泄漏。

(3) 控制措施

在设备停车期间，采用干燥含氨的氮气保护，或采用露点小于－15℃的空气保护，或进行碱洗后封闭，或保持热态。在碱洗时建议碱液为：2%纯碱＋0.2%表面活性剂＋0.4%硝酸钠。

(4) 工段分布

主要发生在以渣油或煤为原料的以甲醇洗为脱硫方式的合成氨装置中，从激冷管至炭黑洗涤塔回路、从激冷管到炭黑水罐入口段、废水汽提塔、硫化氢吸收塔、硫化氢闪蒸塔和硫化氢热再生塔的液相回路，采用奥氏体不锈钢材质的设备或管道的液相段易发生该种失效模式。发生连多硫酸应力腐蚀开裂的判据：如果材料为奥氏体不锈钢或镍基合金，并且在停工期间介质中含有硫化物、氧气和水时，则可能发生连多硫酸应力腐蚀开裂。

2.7 氯离子应力腐蚀开裂

（1）损伤机理

氯化物应力腐蚀开裂是在拉应力与氯离子联合作用下形成的一种表面开裂，是应力腐蚀开裂的一种形式。一般来说，氯离子浓度愈高，愈易产生应力腐蚀破裂。但值得注意的是，产生应力腐蚀破裂的最低氯离子浓度是很低的，只要有氯离子的存在，即可发生破裂，这是因为发生了氯离子局部浓集的缘故。

（2）损伤形态

主要表现为穿晶断裂，对于敏化态的不锈钢表现为沿晶断裂。在有水蒸气或水，并且和含氯离子催化剂接触的奥氏体不锈钢设备或管线处生产。

（3）控制措施

对设备适当进行热处理，或将拉伸应力变成压应力（如采用喷丸处理），均能提高抗应力腐蚀的性能。对腐蚀介质，应严格控制氯离子的浓度。避免氯离子的浓集，并控制介质的温度、pH 值等。在有条件的情况下，应合理选材，选用不发生应力腐蚀的金属或非金属（或非金属衬里保护），也可采用电化学保护。

（4）工段分布

含氯离子水溶液的不锈钢材质设备和管道易发生氯离子应力腐蚀开裂。发生氯离子应力腐蚀开裂的判据为：如果材料为奥氏体不锈钢，并且介质中含有氯和水（包括工艺异常和水压试验后残留在设备中的水），温度为 23.5～134.7℃，则可能发生氯化物应力腐蚀开裂。

2.8 碳酸盐应力腐蚀开裂

（1）损伤机理

碳酸盐应力腐蚀开裂是在拉应力与碱性碳酸盐腐蚀联合作用下形成的一种表面开裂，是碱应力腐蚀开裂的一种形式。发生在碳钢和低合金钢。

碳酸盐应力腐蚀开裂的敏感性与 3 个关键参数有关：pH 值、碳酸盐浓度、拉应力的水平。

a）pH 值、碳酸盐浓度越高，越易产生这种开裂，在以下条件下发生：

① 未经焊后热处理的碳钢；

② $pH>9$，且 $CO_3^{2-}>100ppm$，或 $8<pH<9$，且 $CO_3^{2-}>400ppm$；

b）高的焊接残余应力，焊态及冷弯的碳钢易产生这种开裂：

① 硫化氢含量超过 5ppm 且 $pH>7.6$ 时敏感性增加；

② 氰根增加敏感性增加；

③ 二氧化碳含量超过 2% 且温度超过 93℃时敏感性增加。

（2）损伤形态

主要位于焊缝附近的母材，平行于焊缝，个别在焊缝和热影响区。沿晶开裂，典型形态为极细的蛛网状裂纹。

（3）控制措施

消除应力的热处理（如焊后热处理）是防止碳酸盐裂纹的有效方法。其他如 300 系列涂层，或直接采用 300 系列不锈钢材料，或加缓蚀剂。

（4）工段分布

采用美国苯菲尔工艺的热钾碱液脱二氧化碳工段易发生碳酸盐应力腐蚀开裂。发生碳酸盐应力腐蚀开裂的判据：如果材料为碳钢，并且介质为 pH 值大于 7.5 的碱性水，则可能发生碳酸盐应力腐蚀开裂。如果进行了消除应力的处理或介质中硫化氢浓度小于 50ppm 则不需要考虑该种失效。

2.9 氨应力腐蚀开裂

对于碳钢和低合金钢材质的设备和管道，当介质为纯的液氨时，易发生该种失效，但工业中介质为纯氨的情况极少，当液氨介质中加入 0.2% 以上的水时，则不考虑该种失效模式。

2.10 外部破坏

（1）损伤机理

大气腐蚀发生在潮湿的环境条件下，尤其海洋环境或潮湿的工业气体污染环境下程度更严重，影响材料包括碳钢、低合金钢和铝铜合金。

层下腐蚀发生在保温层下积水时，影响材料包括碳钢、低合金钢、300 系列不锈钢以及双相不锈钢。

关键因素包括环境条件（工业、海洋或乡村）、潮湿度、温度、盐或硫化物的存在，以及保温层的类型（层下腐蚀）等。

① 海洋环境以及工业污染环境如含硫化物形成酸性环境；

② 温度在 121℃以下才会发生大气腐蚀，也就是说必须有水的存在；

③ 温度在 100～121℃之间时，由于保温层长期处于潮湿状态下，层下腐蚀更严重；

④ 周期性或间断开停工操作增加层下腐蚀的严重程度；

⑤ 氯化物，硫化氢，二氧化硫以及烟尘等空气污染物加速大气腐蚀。

（2）损伤形态

大气腐蚀表现为均匀或局部腐蚀，取决于是否有水局部积聚，漆层脱落部位为均匀腐蚀。大气腐蚀的外观表现为形成红色氧化铁产物。

层下腐蚀对于碳钢和低合金钢表现为松散的、薄片状的氧化皮，具有高度的局部腐蚀特征。对于 300 系统不锈钢，层下腐蚀表现为凹坑或氯化物应力腐蚀开裂。

（3）控制措施

保持漆层和保温层完好，选择合适的保温材料。

（4）工段分布

壁温在 -12～121℃、无保温层的碳钢或低合金钢设备和管道，均可能发生大气腐蚀，特别是漆层脱落部位、操作温度在常温附件波动、停车或长期停用设备、管道支撑部位。

层下腐蚀发生在冷却水塔下风向、冷却水喷林系统、酸气、蒸汽放空系统附近，以及法兰、直接焊在器壁上的保温支撑圈、平台、扶梯、支腿、接管、蒸汽伴热泄漏部位、设备底部积液部位。发生外部腐蚀的判据为：如果材料为碳钢或低合金钢，设备没有绝热层，并且操作温度（连续或短时）为 -26.4～106.9℃，则可能发生外部腐蚀。发生层下腐蚀的判据为：如果材料为碳钢或低合金钢，并且设备有绝热层，并且操作温度（连续或短时）为 -26.4～106.9℃，则可能发生层下腐蚀。发生外部应力腐蚀的判据为：如果材料为奥氏体不锈钢，设备没有绝热层，并且操作温度（连续或短时）为23.6～134.7℃，则可能发生外部应力腐蚀。发生层下应力腐蚀的判据为：如果材料为奥氏体不锈钢，并且设备有绝热层，并且操作温度（连续或短时）为23.6～134.7℃，则可能发生层下应力腐蚀。

2.11　炉砖烧损

以渣油或煤为原料的以甲醇洗为脱硫方式的合成氨装置中的气化炉炉砖存在烧损问题，其更换的周期约为2年。

此外还有乙二醇水溶液对碳钢的腐蚀、氨水对碳钢的腐蚀、湿二氧化碳气体对碳钢的腐蚀、碳酸钾溶液对碳钢的腐蚀、碱液的冲刷腐蚀、再沸器换热管的爆沸—活化—腐蚀、转化炉炉管的蠕变开裂、转化炉和废热锅炉炉砖开裂串气引起的炉壳体过烧等合成氨装置的失效机理。

3　合成氨装置基于风险的检验策略

检验策略的选择原则参考GB/T 26610.2《承压设备系统基于风险的检验实施导则　第2部分：基于风险的检验策略》进行制定。

附录　合成氨装置失效树(图7－2)

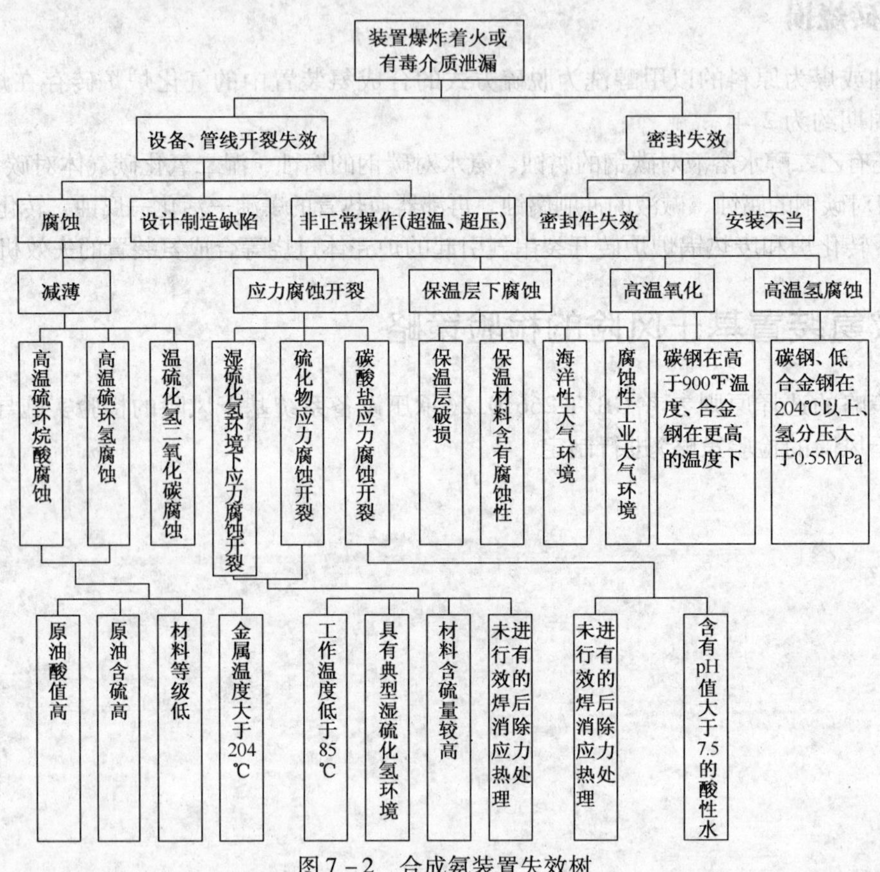

图7－2　合成氨装置失效树

第 8 章　尿素装置风险检验指南

1　尿素装置工艺概述

尿素装置是大氮肥装置的一部分，尿素的化学名称叫碳酰二胺，是一种高氮中性速效肥料，尿素可作为原料用于脲醛树脂、三聚氰胺等塑料、涂料和粘胶剂工业，用于巴比妥、洁齿剂和利尿剂等制药工业，还可作为反刍动物饲料。

利用氨和二氧化碳为原料，在高压、高温下进行合成尿素的反应过程分成两个阶段，即氨基甲酸铵(简称甲铵)的生成和甲铵水解成尿素。按照“未水解的甲铵是否全部回收用以制造尿素”和“回收未转化甲铵的不同方法”可分为以下若干工艺：

a）合成尿素生产初期采用的不循环法，氨和二氧化碳只利用一次；

b）等压双循环流程，为意大利蒙特爱迪生公司开发的汽提法合成尿素流程；

c）领先的节能降耗流程，又称 ACES 流程，为日本三井东压和东泽工程公司开发的二氧化碳汽提工艺流程；

d）美国尿素工艺公司开发的“尿素工艺公司”合成尿素流程；

e）水溶液全循环法，著名生产工艺有斯塔米卡本法、开米科法、三井东压改良 C 法和 D 法；蒙特爱迪生法等；

f）斯那姆法氨提流程，利用原料氨(气态)作汽提剂；

g）斯塔米卡本法二氧化碳汽提流程，利用原料二氧化碳气体作汽提剂。

目前，我国拥有 40 多家已投产的大型尿素生产装置，主要工艺有二氧化碳汽提法工艺、改良 C 法工艺和氨汽提工艺，其中属二氧化碳汽提法工艺的尿素装置，有从美荷引进的年产 48 万吨尿素装置，从法国引进的年产 52 万吨尿素装置和中荷联合设计的年产 52 万吨尿素装置；属改良 C 法工艺的，有从日本引进的年产 48 万吨尿素装置；属氨汽提工艺的，有从意大利引进的年产 52 万吨尿素装置。尿素含成装置流程简图见图 8－1。

目前尿素工业生产均以氨基甲酸铵脱水法为基础，其反应分两步进行。第 1 步，液氨与二氧化碳气体作用生成氨基甲酸铵(简称甲铵)：

$$2NH_3(l) + CO_2(g) \rightleftharpoons NH_4COONH_2(l) + 32560\text{kcal/kmol}(1\text{atm}^{❶}, 25℃) \quad (8-1)$$

第 2 步，甲铵脱水转变成尿素：

$$NH_4COONH_2 \rightleftharpoons CO(NH_3)_2(l) + H_2O - 4200\text{kcal/kmol} \quad (8-2)$$

第 1 步是强放热反应，反应速度很快，瞬间即可达到平衡，而且在平衡条件下二氧化碳转化成甲铵的程度很高。第 2 步是微吸热反应，反应速度较慢，平衡状态下甲铵液也不能全部转化为尿素，一般转化率为 60%～70%，未转化的甲铵全部回收用以制造尿素，其方法

❶　1atm＝101.325kPa。

称为全循环法，现在工业中采用的基本上都是全循环法循环流程。进而按照回收未转化甲铵的方法不同，世界上又发展了许多流程。

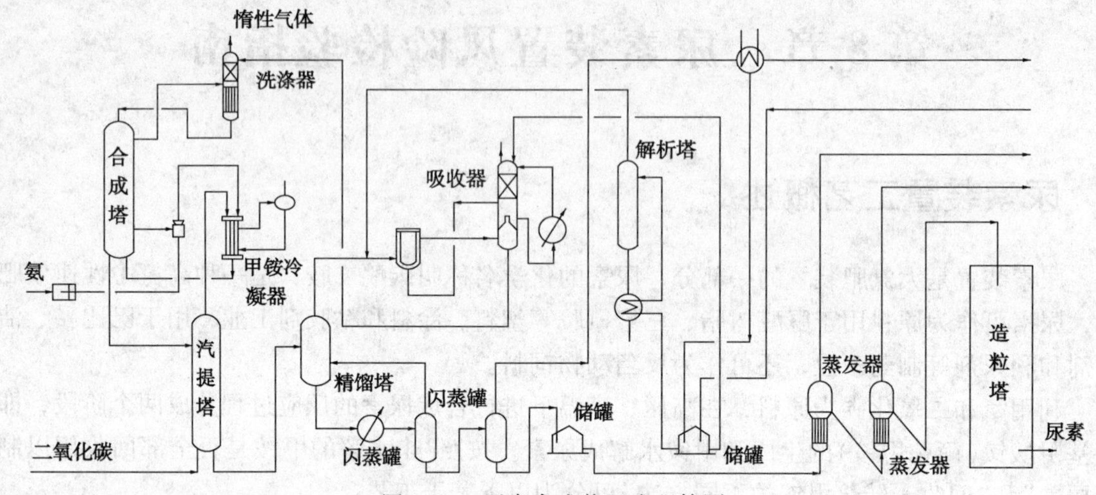

图 8－1　尿素合成装置流程简图

（1）生成甲铵的基本原理

无水的氨和二氧化碳，不管比例如何，只能生成甲铵，然而在有水存在的条件下，还会生成铵的各种碳酸盐。

甲铵的生成速度在常温常压下进行得相当缓慢，但在压力为 10MPa 以上，温度 150℃以上条件下，反应几乎是瞬间完成的。反应达到平衡时，液相中的二氧化碳大部分是甲铵状态。小部分是溶解的游离状态。

由于反应(8－1)是体积缩小的反应，压力对甲铵生成速度有很大影响。如果其他条件相同，生成速度几乎与压力的平方成正比，在一定范围内，提高温度也能提高甲铵的生成速度，纯甲铵在 153℃才熔化，但当液相中有水存在时，其熔点降低。118℃以下时，甲铵几乎不溶于液氨，只有当 118.5℃以上甲铵才能生成并大量溶解于液氨中。这些条件决定了操作中的工艺选择和合成塔升温和封塔时最低温度的要求。

（2）生成尿素的基本原理

从生成尿素的反应式(8－2)可知，液态甲铵在一定温度、压力条件下脱水生成尿素。这是一个吸热可逆反应，是整个反应的控制步骤，甲铵脱水刚开始时，其反应速度缓慢。当有尿素及水生成时，反应速度逐渐加快，其原因是尿素和水出现后降低了甲铵的熔点，起自催化的作用，使反应速度逐步加快。

温度低于 150℃时，甲铵脱水反应达到平衡时所需时间较长，其原因是温度低于甲铵熔点，反应在固相中进行，速度很慢。反应速度随温度的升高而加快，温度每增高 10℃，反应速度约加快 1 倍。

（3）汽提的基本原理

汽提是使尿液中的甲铵按下列反应分解成 NH_3 和 CO_2 的过程之一：

$$NH_4COONH_2 \rightleftharpoons 2NH_3(g) + CO_2(g) - Q \tag{8-3}$$

这是一个吸热、体积增大的可逆反应。我们只要供给热量、降低压力或降低气相中氨和二氧化碳某一组分的分压都可以使反应向正方向进行，以达到分解甲铵之目的。以氨汽提法为例，在保持与合成塔几乎相同的压力下，在供给热量的同时，用未反应物中多余的NH_3进行自身汽提，达到降低气相中二氧化碳分压从而实现分解甲铵的目的。

当温度为t℃时，纯态甲铵的离解总压力与其组分（即氨、二氧化碳）的分压关系，按上述反应方程式可作如下表示：当气相$NH_3/CO_2=2:1$（即纯甲铵分解）时，设纯甲铵分解压力为p_s，则NH_3的分压为$2/3p_s$，CO_2的分压为$1/3p_s$，t℃时的平衡常数为K_t。

则：
$$K_t=(2/3p_s)^2\cdot(1/3p_s)=4/27{p_s}^3 \tag{8-4}$$

当NH_3和CO_2之比不是2∶1状态，温度为t℃时的总压为p，即甲铵溶液的离解压，其各组分的分压为：

$$NH_3\text{分压}=\text{总压}\times\text{氨的分子分为数}=p\cdot X_{NH_3} \tag{8-5}$$

$$CO_2\text{分压}=\text{总压}\times CO_2\text{的分子分数}=p\cdot X_{CO_2} \tag{8-6}$$

则反应温度为t℃时的平衡常数为：

$$K_t=(p\cdot X_{NH_3})^2(pX_{CO_2}) \tag{8-7}$$

反应温度相同，平衡常数应相等。所以当温度为t℃时

$$\frac{4}{27}p_s^3=p^3X_{NH_3}^2\cdot X_{CO_2} \tag{8-8}$$

$$p=\frac{0.53}{\sqrt[3]{X_{NH_3}^2\cdot X_{CO_2}}}\cdot p_s \tag{8-9}$$

但纯甲铵在某一固定温度下的离解压力为不变常数C，所以

$p=\frac{0.53}{\sqrt[3]{X_{NH_3}^2\cdot X_{CO_2}}}\cdot C$ 从此式可看出，当X_{NH_3}趋近于1时，X_{CO_2}趋近于0，那么，$\sqrt[3]{X_{NH_3}^2\cdot X_{CO_2}}$趋近于0，则$\frac{0.53}{\sqrt[3]{X_{NH_3}^2\cdot X_{CO_2}}}$趋于无穷大，即$p$趋于无限大。就是说，当甲铵液中通入或经加热后释放出的氨，使气相中几乎全为氨时（$X_{NH_3}=1$），p趋近无限大，即甲铵的离解压力趋近于无限大。所以，如果甲铵在某一温度下的操作压力小于离解压力，则液相中甲铵就进行分解，这就是NH_3汽提的理论基础。

（4）减压加热分离基本原理

在尿素合成塔反应液中，未反应的NH_3和CO_2可看成由两部分组成。一部分为在高温高压条件下溶解在合成反应液中的气态氨和气态二氧化碳，另一部分是没有转化成尿素的甲铵。

CO_2和NH_3的溶解是放热和体积缩小的过程，所以当温度一定，随着压力的下降，溶解度减小；当压力一定，随着温度上升，溶解度减小。因此对合成反应液采用降压加热的处理方法都有利于把溶液中溶解的游离氨和游离二氧化碳从液体中分离出来，此外减压加热也有利于甲铵的分解。但分解与吸收在压力选择上又相矛盾，压力愈高，则吸收效果愈好，因此，分解压力的选择需考虑以下因素：

① 保证一定的甲铵分解率和总氨或二氧化碳蒸出率，使未反应物在各段压力等级中，分解量分配合理；

② 使分解气中水含量尽可能低；

③ 保证吸收塔吸收压力适当；

④ 满足用冷却水冷却的办法就可以回收过剩的氨或二氧化碳。

(5) 解吸、水解

a) 解吸

解吸是吸收的反过程，根据氨水在不同温度和压力下，具有不同溶解度的原理，利用解吸塔把氨从氨水中解吸出来，返回吸收系统，从而达到氨的全部利用。解吸过程的基本要求：

① 解吸后塔底排出液应不含氨，以减少氨耗。

② 从塔顶排出的气体，含水应尽可能少。

b) 尿素水解

尿素水解按下列反应式进行：

$$CO(NH_2)_2 + H_2O \rightleftharpoons 2NH_3 + CO_2 - Q \tag{8-10}$$

尿素水解率受温度、尿素浓度、停留时间和游离氨四者的影响。

① 温度的影响

尿素水解过程是吸热反应，故提高温度对平衡反应有利，在低浓度下，温度超过145℃以上水解率明显增加。

在氨汽提尿素工艺中，汽提塔出液温度高达202~207℃，在汽提塔内尿素水解率约在7%以上。

② 尿素浓度的影响

尿素溶液中无游离氨存在时，尿素水解率可由下式表示：

$$Y_{尿} = \frac{U_H}{U_{in}} = H_{iH} \cdot K_H \cdot I \tag{8-11}$$

式中 H_{iH}——水的最初浓度，mol/L；

K_H——尿素水解速度常数，$L/(mol \cdot h) \times 10^{-3}$；

I ——水解时间，h；

U_H——尿素水解量，mol/L；

U_{in}——尿素的最初浓度，mol/L。

上式表明，尿素水解率与尿素溶液中水的浓度、停留时间成正比，即水浓度高，停留时间长，水解率就大。

③ 停留时间的影响

停留时间越长，尿素水解率越高；而在高温下，停留时间越长，浓度较低的尿素溶液水解较彻底。

④ 游离氨的影响

尿素溶液中存在的游离氨起着抑制水解的作用。游离氨量增加，则水解率降低。

(6) 尿素溶液的蒸发

尿素溶液经过蒸发，使溶液中的水汽化排出，得到高浓度的溶液。

尿素水溶液在加热过程中有以下特性：

① 尿素的热稳定性较差，在溶液加热到一定温度以上就可能产生下列副反应：

$$\underset{尿素}{2NH_2CONH_2} \rightleftharpoons \underset{缩二脲}{NH_2CONHCONH_2} + \underset{氨}{NH_3} \tag{8-12}$$

$$NH_2CONH_2 + 2H_2O \rightleftharpoons (NH_4)_2CO_3 \rightleftharpoons CO_2 + 2NH_3 + H_2O \tag{8-13}$$

以上两个反应受很多因素影响：第一，温度的影响。温度在100℃以下，缩二脲生成很少，水解很慢，当温度升到130℃以上，这两个副反应的反应速度将迅速增加；第二，受到加热时间的影响。在高温下停留时间越长，副反应生成物也越多；第三，受到溶液面上氨分压的影响。从反应式(8－5)可看出，如生成物一侧氨分压增加，有利于抑制缩二脲的生成。这就说明尿素循环工序，有大量的氨存在，缩二脲生成量很少，而在蒸发系统氨分压很小，生成缩二脲会较多，故生成缩二脲的主要环节是蒸发系统。

② 尿素溶液在加热蒸发过程中，若操作压力不变，其沸点将随溶液浓度增加而升高；在一定温度下，溶液达到饱和后就固定不变，即使加热时间再长，浓度也不可能增加。

③ 真空蒸发有利于溶液的浓缩，随着蒸发压力的降低，蒸发温度也随之相应降低，能减少缩二脲的生成；采用真空蒸发，加热管内的尿液和水蒸汽在真空的作用下，流速加快，缩短了蒸发时间，也有效地减少了副反应的发生。根据尿素水溶液蒸汽压图，要得到96%浓度的尿素溶液，只需将85%尿液由102℃加热到130℃，压力降到0.034MPa(绝)即258mmHg，即可达到要求。在该温度的真空条件下，尿液不会进入饱和区而发生结晶危险。这就是蒸发条件的选择依据。

下面以二氧化碳气提法为例介绍尿素合成的工艺流程

1) NH_3和CO_2压缩

压力最低2.35MPa(表)温度低于40℃的液NH_3来至本界区，经过氨预热器预热到40℃，进高压氨泵加压到15.7MPa。再经氨加热器用0.67×10^5Pa(表)的蒸汽加热至70℃后进入高压喷射泵。在喷射泵内，液氨和抽吸进来的甲铵混合。温度约120℃，含NH_3 63%、CO_2 23%的混合液送至高压甲铵冷凝器顶部。

压力为$(0.99\sim1.01)\times10^5$Pa(绝)、温度5～40℃的CO_2进入本界区。防腐用空气加入量为CO_2总量的4%(体)，使含氧量为0.8%左右。加入空气后的二氧化碳($CO_2\geq94.5\%$)先进入液滴分离器，然后由二氧化碳压缩机加压到13.7MPa(绝)送入CO_2汽提塔底部。进塔CO_2温度不高于125℃，否则会加剧汽提管腐蚀。

2) 合成与汽提

出汽提塔顶部二氧化碳气体中含氧、水、氨，其NH_3/CO_2(分子比)为1.7，温度约184℃。此气体进入高压甲铵冷凝器顶部，与从高压喷射泵来的原料液NH_3和回收的甲铵在顶部分布板上汇合。此气液混合物经分布板后被均匀分配到冷凝器管束中，向下流动。这时，部分气体被冷凝，在冷凝的液相中发生CO_2和NH_3的合成反应，生成甲铵，放出反应热。所放热量用壳侧约2.94×10^5Pa(表，143℃)的沸水吸收，产生2.94×10^5Pa的低压蒸汽。甲铵冷凝的温度比水的沸点高20℃。冷凝的液体和未被冷凝的气体均由下部出，此物料温度168～170℃，氨/二氧化碳为2.8%～2.9%。

从高压甲铵冷凝器底部出来的冷凝的甲铵和未被冷凝的气NH_3和CO_2分别进入尿素合成塔底部。未冷凝的气NH_3和CO_2在合成塔内继续反应生成甲铵；甲铵在塔内转化成尿素。

塔顶部合成液含尿素约33%、氨30%、二氧化碳17%、水20%，压力为13.2～14.2MPa，转化率57%～58%。物料自下而上流动，再从内部温流管向下流出塔外。

合成塔底部温度较顶部低，但底部溶液基本为不含尿素的甲铵，塔顶溶液可看作是尿素生成反应达到平衡的状态。因此，塔下部腐蚀性比塔上部高。

出合成塔的液体含有尿素、水、过量氨和未转化的甲铵，靠位差作用流入汽提塔顶部液体分布器。进料温度180~185℃。二氧化碳经底部气体分布器亦均匀地分配到管束中，沿管壁上升，气液逆流接触，从汽提塔底部离开。出液含尿素57.2%、氨6.7%、二氧化碳8.5%、水27%，经减压到2.94×10^5Pa后进入循环系统。

从尿素合成塔顶部(侧面)出来的气体组成体：氨67%、二氧化碳21%、氢和氮7%、水3.6%、氧1%。此气体进入高压洗涤器上部防爆空间，然后出塔，再从底部进塔。来自高压甲铵泵的甲铵液从洗涤器顶部进塔，与上述气体相汇合，并在洗涤器下部浸没式冷却器内将气体洗涤、吸收、冷凝成甲铵。

洗涤吸收后的甲铵液结晶温度约80~90℃。为防冷却过度生成结晶，浸没式冷却器管外用调温热水冷却。

高压洗涤器出气含有少量H_2和O_2，经减压阀后成6.9×10^5Pa，送往吸收塔。

高压喷射泵的吸入管同时与高压洗涤器的甲铵出口管及尿素合成塔底部相连接。

3）循环

出汽提塔尿液经减压膨胀使残留的部分甲铵分解气化，温度相应下降到约107℃，压力$(1.47\sim2.45)\times10^5$Pa(表)。气液混合物喷洒到精馏塔的鲍尔环填料层上。其中液体出精馏塔后进入循环加热器下部，由来自高压洗涤器的循环水供热，液温由112℃升到126℃左右，再经循环加热器上部，由3.92×10^5Pa蒸汽加热到135℃，然后进入精馏塔底部分离段。分出来的气体经升气管与喷淋液体在填料床逆流接触。气体中所含水蒸气部分被冷凝。出精馏塔气体与从解吸塔来的气体一起进入低压甲铵冷凝器底部。由低压洗涤器内循环管进入一部分溶液，使低压甲铵冷凝器中液相NH_3/CO_2(分子比)调整到2.35，冷凝率90%~95%。

低压甲铵冷凝器顶部出来的气液混合物经液位槽(低压洗涤器下部)气液分离，气体进入低压洗涤器的鲍尔环填料层被吸收塔来的氨水进一步吸收。吸收后液体一部分经循环泵和循环液冷却器循环回顶部，另一部分进入循环管流到低压甲铵冷凝器。此液进入高压甲铵泵升压至13.7MPa后送往高压洗涤器。出低压洗涤器顶部的未被吸收的惰性气送排气管。

精馏塔底部出来的难挥发组分为含水较多的尿液，经减压后流入负压(0.44×10^5Pa，绝)操作的闪蒸槽，减压闪蒸出相当数量的水蒸气及一些残留的氨和二氧化碳，并使尿液温度从135℃下降到90~95℃，浓度约74%。此尿液经大气腿流入尿液贮槽。

4）蒸发与造粒

尿液泵将尿液槽中尿液打入1段蒸发器，1段蒸发压力$(0.29\sim0.39)\times10^5$Pa(绝)。然后经一个U形管(平衡1、2段蒸发压差用)相继进入2段蒸发器和2段蒸发分离器(2段蒸发器上部)。2段蒸发压力$(0.029\sim0.039)\times10^5$Pa(绝)。

熔融尿素经熔融尿素泵达到造粒塔顶部造粒喷头喷出。熔融尿液液滴在向下降落过程中，被从塔底百叶窗进入而由塔顶排出的空气所冷却。落到塔底的颗粒尿素温度约70℃，塔顶排出气温度77℃。排出气体夹带尿素粉尘约$50mg/Nm^3$，其量约30kg/h。

塔底尿素颗粒由刮料机刮入下料槽，由槽下的皮带运输机运往散装仓库贮存。

1、2段蒸发中产生的二次蒸汽都经冷凝器冷凝，冷凝液回氨水槽，不凝气由喷射泵抽走，入排气筒。

5）吸收解吸

从高压洗涤器出来的含氨气、氧气、氮气和氢气的混合气体进入吸收塔。塔内有上下2

个重叠一起的拉西环填料床。氨水槽两个小工作室的两路氨水分别喷洒在上下填料床上。惰性气从吸收塔顶排放于大气。吸收塔底增浓的氨水回塔顶进液管供再吸收用。

各蒸发冷凝器来的溶液含少量尿素和氨，进入氨水槽。这些稀氨水部分用作工艺加水，其余经泵及解析塔换热器进入解析塔顶部。

解析塔共20块浮阀塔板，蒸汽从底部入，解吸出来的氨、二氧化碳和水蒸气从塔顶排出，进入低压甲铵冷凝器。解吸出来的废液经解吸塔换热器排入下水道。

6）包装

散装仓为长形密封仓，可容12天产量。仓内有一门框式扒料机，将料扒入皮带，送包装厂房包装成每袋40kg的产品尿素。

2 尿素装置典型设备工艺参数、工艺作用和选材

2.1 尿素合成塔

合成塔必须满足两个方面的要求：

① 有足够的停留时间的塔盘；

② 气相和液相要充分接触。

通过将合成塔设计成一个带筛盘的气液顺流的反应器，以上两个条件得到满足。在通过合成塔的期间，氨和二氧化碳冷凝导致气体数量减少而温度升高。在合成塔顶部的筛盘比底部的筛盘的孔数要少，这就确保既使在合成塔的顶部，在筛盘下的气流足够防止混合物的倒流。活塞流的情况只能是一个理想状态，因为活塞流意味着根本没有返混，而实际上，一定程度的返混是不可避免的。

采用二氧化碳汽提法和氨汽提法的尿素装置中的尿素合成塔，为带衬板多层包扎塔式结构（封头为单层热压结构），介质为甲铵、尿素、氨、二氧化碳和水，设备内径ϕ2800mm，高31600mm，设计压力为18.82MPa，筒体材料为碳钢或低合金钢，衬里为316L尿素级不锈钢。

2.2 汽提塔

由于尿素的生成反应不能完全进行，没有转化的氨、二氧化碳和甲铵必须从尿素溶液中移走。大部分未反应物在系统压力下在汽提塔中汽提出，并循环到池式冷凝器。在不太高的温度下，移走甲铵是很快的。

在二氧化碳汽提法的Stamicarbon工艺所采取的方法中，尿素溶液被二氧化碳逆流汽提。这就在气相中降低了氨的分压，从而使氨从液相中蒸发出来。

由于在液相中氨的浓度降低，如同甲铵的平衡方程式中所示，甲铵分解成氨和二氧化碳。分解所需要的热量由汽提塔管束外的蒸汽冷凝来提供。这就使液相处于沸腾温度。

在实践中，汽提塔中氨和二氧化碳浓度由汽提塔的长度所限制。而且，特别在管束的底部，过程不再是等温过程。相对较冷的二氧化碳引入底部，要冷却沿着管束壁上落下的液体。这个冷却将会影响底部壳侧的蒸汽的热量分布。因此，离开汽提塔的液体温度要比引入汽提塔的液体温度明显低。

在汽提塔管束的底部，温度很高而氨和甲铵的浓度很低，这对于脱水反应和缩二脲的生成更为有利。为了减少这些反应，进入汽提塔底部的二氧化碳的最高温度为160℃。为了在汽提塔底部维持一个恒定的冷凝水平，传递给液体的热量被部分阻止。对于汽提塔的这一部分，汽提过程大部分是绝热的。最终，将控制汽提塔的液位以使停留时间最少。

采用二氧化碳汽提法的尿素装置中的汽提塔，为立式固定管板式换热器结构，管箱封头采用球形封头，设备内径 ϕ2400mm，高 10725mm，换热管长 6000mm(美荷型)，设备内径 ϕ2434mm，高 12106mm，换热管长 6000mm(法型)，管程介质为甲铵、尿素、二氧化碳、氨，材质为 WSTE47，内衬为 316L，汽提管和升气管的材质为 X2CrNiMo25－22－2，管程介质为水蒸气，材质为碳钢。

采用氨汽提法的尿素装置中的汽提塔为立式固定管板式换热器结构，内径 ϕ2130，换热管有效长度 5000mm，为钛材，管程介质为甲铵、尿素、二氧化碳、氨，管箱内衬钛板，管程介质为水蒸气，材质为碳钢。

2.3 高压甲铵冷凝器

在甲铵冷凝器中氨和二氧化碳冷凝生成氨基甲酸铵。

$$2NH_3 + CO_2 \rightleftharpoons NH_4COONH_2 \ (\Delta H = -117 kJ/mol) \qquad (8-14)$$

在系统压力下，最大露点的氨和二氧化碳的比率为 2.5。然而，在池式冷凝器中，液相的这个摩尔比大约为 2.9，这就表示在工艺过程中的这一点，相对于顶脊线的组分 NH_3稍过量。

在甲铵冷凝器中必须不完全冷凝。在池式冷凝器中部分冷凝有如下结果：

① 在合成塔的出口，混合物温度相对较高；

② 没有冷凝的气体在合成塔中提供足够的热量以促进尿素的生成，另外也是为了提高合成塔的温度；

③ 既没有在池式冷凝器中冷凝也没有在合成塔中冷凝的气体，确保从合成塔顶部出去的气体中的氨和二氧化碳组分的气体分压足够高。这个数量足够以将合成塔的出口温度提到 183℃。

不需要一个体积特别大的池式冷凝器，其中的热量就足够产生低压蒸汽。

采用 CO_2汽提法的尿素装置中的高压甲铵冷凝器为立式固定管板式换热器结构，设备内径约 ϕ2000mm，高 16527mm，管程介质为氨、二氧化碳和甲铵，设计压力为 15.97MPa，材质为碳钢，内衬为 316L，壳程介质为水蒸气，设计压力为 0.88MPa，材质为碳钢。

采用氨汽提法的尿素装置中的高压甲铵冷凝器为卧式 U 形管换热器结构，内径为 ϕ1800mm/ϕ2900mm，不另设汽包，U 形管有效长度 12000mm，材质为 CrNiMo25－22－2。管程介质为氨、二氧化碳和甲铵，壳程介质为水蒸气，封头衬里为 316L 尿素级不锈钢，厚度为 8mm，管板衬里材料为 316L 尿素级不锈钢，厚度为 10mm。

2.4 高压洗涤器

高压洗涤器是一个垂直的壳管热交换器，从底部到顶部的气液在管束中顺流上升。从低压循环段返回的甲铵，在高压洗涤器中吸收从合成塔来的气体中氨和二氧化碳。

为了降低出气中未反应物浓度，需要一个逆流型的洗涤器。然而，为了抵消由于氨和二氧化碳吸收的强烈放热而造成的甲铵温度的升高，Stamicarbon 设计了一个顺流型的洗涤器来使这两个方面达到一致。

在顺流型的洗涤器中绝大部分的气体被吸收成甲铵。吸收热通过高调水带走。

合成塔的出气与从低压循环段中返回的甲铵在填料床中逆流洗涤。根据低压循环的情况，甲铵液是饱和的。低压循环段是低压低温，高压洗涤器是高压高温，这就确保甲铵液有更强的吸收能力。由于甲铵液的强吸收能力，它能吸收合成塔出气中的未反应物。如果物流接近理想平衡，这就意味着离开高压洗涤器的甲铵液是处于共沸点的二氧化碳富余的一侧。

在这种情况下，送到高压洗涤器的氨/二氧化碳稍微升高，对洗涤器的操作很有利。

为了减少可能发生爆炸的危害性，填料床设计有一个爆破板，并被安装成球形。

合成塔的出气在进入高压洗涤器前先经过这个球形爆破板，如果发生爆炸，它就可作为一个缓冲层，保护设备不会被损坏。

采用二氧化碳汽提法的尿素装置中的高压洗涤器，设备内径 ϕ935mm，高 10367mm，换热管有效管长为5000mm，管程介质为甲铵、氨和二氧化碳，设计压力15. 78MPa，设计温度193℃，材质为 WSTE36，内衬为 316L 尿素级不锈钢，壳程介质为冷凝水，设计压力1. 32MPa，设计温度 183℃。

2.5　甲铵分离器

采用斯那姆氨汽提法的尿素装置中的甲铵分离器，是将由高压甲铵冷凝器来的甲铵液进行气液相分离的设备，为多层高压筒体，无任何内件。内径为 ϕ1400mm，设备长度3000mm，内衬为 8mm 厚的 316L 尿素级不锈钢。

3　尿素装置典型失效机理及分布

3.1　甲铵腐蚀

甲铵腐蚀主要发生在尿素装置中高压、中压和低压系统的液相段。

3.2　外部腐蚀

尿素装置外部腐蚀主要为不锈钢材质的设备和管道的外部腐蚀，包括没有保温层的外部应力腐蚀和保温材料下的层下应力腐蚀(CUI－SCC)。保温层下应力腐蚀主要是由于保温层与母材之间积水造成的。积水可能来源于雨水、漏水、蒸汽管道泄漏等。外部应力腐蚀一般发生在－12～121℃之间，特别是在运行温度下引起大气水汽频繁凝结的部位，保温层下应力腐蚀主要发生在保温层穿透部位或可见的保温层破坏部位。一般来说，沿海地区的装置比内陆更容易受到外部腐蚀。

3.3　活化腐蚀(多发生在高压设备、管道)

尿素装置高压设备和管道在运行时通入一定的氧气，从而形成氧化膜，延缓甲铵介质的腐蚀。活化腐蚀为缺氧所致，正常操作情况下不出现。钝化腐蚀为液相甲铵对不锈钢设备的腐蚀。活化腐蚀的形貌较钝化腐蚀(甲铵腐蚀)粗糙。

3.4 冲刷腐蚀

采用钛板内衬的汽提塔的上管箱入口及上部管束的管端及内壁 1～1.5m 高度范围存在冲刷腐蚀。其管程入口设置钛制防冲板，通过检查防冲板的冲刷情况来判断是否更换防冲板。

3.5 冷凝腐蚀

气相甲铵冷凝变为液相甲铵时会产生严重的局部腐蚀，主要发生在高压设备和管道的气相侧。

3.6 钛材氢脆

汽提塔壳程(钛材设备)在含氢原料气中会出现氢脆，但该种情况很少发生。

3.7 冷却水系统的腐蚀减薄、应力腐蚀开裂

高温换热设备的冷却水蒸发较快，产生氯根、氨的浓缩，易出现腐蚀减薄和应力腐蚀开裂。

3.8 缝隙腐蚀、针孔腐蚀(焊接带)、刀口腐蚀(衬里焊缝边缘)

这些腐蚀均为甲铵液的局部腐蚀。尿素装置甲铵液的均匀腐蚀占主导。高压设备中只有尿素合成塔、汽提塔、甲铵冷凝器和高压洗涤器存在严重的甲铵局部腐蚀。

3.9 尿素颗粒冲刷磨损

真空分离器贮槽和真空分离器应考虑冲刷磨损失效缺陷。

3.10 二氧化碳水溶液对碳钢的腐蚀

二氧化碳压缩机的入口段，由于温度在露点以下，同时二氧化碳中总有少量水分，因而二氧化碳溶解于水成为碳酸溶液，会使碳钢受到明显的腐蚀。而其他主工艺流程设备和管线均采用不锈钢材质，可排除二氧化碳和水环境下的腐蚀。

3.11 液氨应力腐蚀

当液氨中加入超过 0.2% 的水时，不需要考虑液氨应力腐蚀问题。

4 尿素装置基于风险的检验策略

检验策略的选择原则参考 GB/T 26610.2《承压设备系统基于风险的检验实施导则　第 2 部分：基于风险的检验策略》进行制定。

附录 尿素装置失效树(图 8－2)

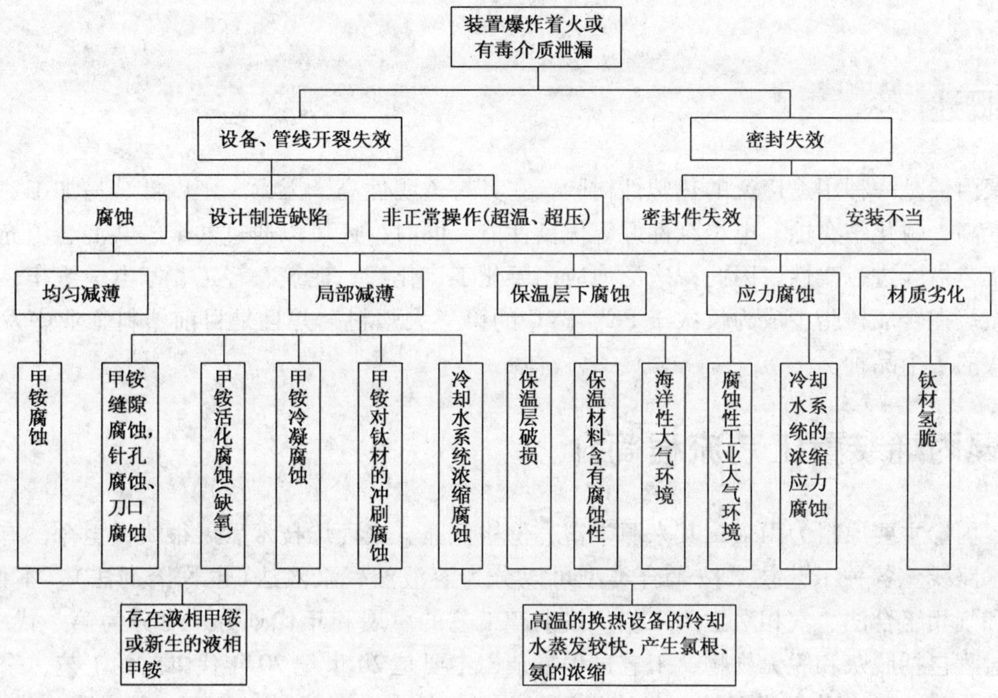

图 8－2 尿素装置失效树

第 9 章　聚丙烯装置风险检验指南

1　概述

聚丙烯是一种用途广泛的热塑性树脂，它具有透明性高、无毒、密度低、易加工、抗冲击强度高、耐化学腐蚀、电绝缘性好等优良性能。同时，还可以通过共聚、共混、填充、增强等工艺措施进行改性。因此，广泛地应用于化工、化纤、建筑、轻工、家电、汽车、包装等领域。在合成树脂中成为仅次于 PE、PVC 的第三大塑料，并且是目前塑料工业中发展速度最快的一个品种。

2　聚丙烯装置工艺流程简介

聚丙烯主要原料为丙烯，其来源丰富，价格低廉。聚丙烯技术发展很快，至今已有几十种技术路线。各种工艺技术按聚合类型可以分为溶液法、浆液法(也称溶剂法)、本体法、本体和气相组合法、气相法生产工艺。按生产工艺的发展和年代划分，可分为第一代工艺，生产过程包括脱灰和脱无规物，工艺过程复杂，主要是 20 世纪 70 年代以前的工艺，采用第一代催化剂；70 年代开发了第二代催化剂，生产工艺中取消了脱灰过程，称为第二代工艺；80 年代以后，随着高活性、高等规度(HY/HS)载体催化剂的开发成功和应用，生产工艺中取消了脱灰和脱无规物，称为第三代工艺。

最早的浆液法工艺采用搅拌釜反应器，加入一种惰性液态烃溶剂(如己烷、庚烷)，在温度低于 90℃和能够在液态溶剂中溶解 10% ~20% 丙烯单体的压力下进行聚合反应。这种浆液聚合法工艺随着高效催化剂的采用，原来的工艺流程已经大大简化。80 年代以前的聚丙烯工厂大多采用这种技术。80 年代以后新建、改建的大型工厂，由于新工艺的出现不再采用这种工艺。但由于浆液法工艺历史长，工艺比较成熟、可靠性好、操作条件温和、产品质量易于控制，随着高活性、高等规度催化剂的采用，对老的浆液法装置加以改造，使装置简化，经济性提高，所以有相当一批装置仍在运转中。

溶液法也是最老的聚丙烯工艺之一。聚合温度高达 140 ~150℃，副产大量的无定形聚合物。该技术早已过时，只有 Eastman 公司由于对无定形聚丙烯的内部需要而采用该技术。

本体法聚合工艺以液态丙烯为聚合介质，液相本体聚合反应速率远高于溶剂聚合反应速率。本体法由于没有使用溶剂而减少了溶剂回收工序，流程短，易于操作。本体法工艺技术在 70 年代发展较快，70 年代后期改造，新建工厂大多基于此法。

80 年代初，随着第三、四代载体高活性/高立体选择性催化剂的研制成功，Montedison 公司开发出采用环管反应器具有划时代意义的本体法新工艺——Spheripol 工艺，日本三井油化公司开发出采用釜式反应器的本体法工艺——Hypol 工艺。这两种工艺都采用气相反应器生产抗冲共聚物。现在，这类本体法和气相法结合的工艺技术已发展成为最广泛采用的聚丙烯工艺技术。

气相法工艺中丙烯在气相聚合，采用搅拌床或流化床反应器，用部分丙烯液体气化和冷却循环气撤出反应热。由于高效催化剂的开发，气相法工艺自70年代后期以来发展很快，被认为是最有希望的工艺。

通过上面对各种工艺技术的介绍，可以将聚丙烯生产的工艺过程（采用高效催化剂的新工艺技术）归纳为以下几个工段：

(1) 催化剂配制工段

聚合催化剂系统一般由一种主催化剂（载体型钛催化剂）和两种助催化剂（三乙基铝、给电子体）组成。催化剂配制一般分为催化剂自身的制备及聚合前催化剂预处理或预聚合。不同工艺技术对催化剂制备的步骤与要求有所不同。

(2) 原料精制工段

原料丙烯、共聚单体乙烯中含有的极性组分，如水、硫（硫化氢、羰基硫、硫醇等）、一氧化碳、二氧化碳、有机胂等有害物质，能使催化剂中毒，活性降低，并使产品中灰分含量增加。因此，需要在进聚合反应器之前除去这些杂质。

精制的方法有精馏、吸附过滤等物理方法和用固体催化剂床层脱除硫、胂等杂质的化学方法。

(3) 聚合工段

聚合工段是聚丙烯工艺技术的核心部分。反应器的形式、数量、系统组成及控制方式是不同工艺之间区别的主要标志。反应系统包括反应器、循环鼓风机和/或循环泵、换热器、储罐等。随工艺和产品方案的不同，每套工艺装置可有1~4个反应器系统。

(4) 分离与干燥脱活工段

聚合成的聚丙烯粉料产品夹带着未反应的液相或气相单体从反应器中排出，未反应的单体必须与聚丙烯粉料分离。将反应器排出的聚合物粉末和未反应单体排到低压分离罐，靠气体闪蒸的作用，未反应单体基本上可以从颗粒中脱除。分离出的单体，再循环回反应系统。为防止惰性组分（如丙烷）的累积，一般要从装置向外排放一部分分离出的单体。

分离后的聚合物产品进一步用蒸汽和热氮气或氮气和蒸汽的混合气处理，不同工艺有所不同，在水等极性分子作用下破坏粉末中残余的催化剂活性组分，使其失去活性，并进一步脱除粉末产品中残存的微量单体。

经分离与干燥后的PP粉末，用闭路氮气输送系统输送到粉料仓和挤压机进料仓，进行造粒。为了减少粉末与空气、易挥发性介质可能形成的爆炸危险，输送介质采用氮气。

(5) 造粒工段

为使聚合物性能稳定、改进产品性能或结构并便于安全储存和运输，在聚丙烯粉料中加入各种添加剂一起进入挤压机，经塑化、熔融，在水下切割成颗粒产品。

尽管不同工艺技术挤压造粒系统的设计有所不同，比如添加剂有采用配成母料添加的，也有添加纯的添加剂的，还有添加复配添加剂的，但其中的主要区别在于各种添加剂的选择与配方略有不同。

(6) 产品掺合、包装码垛及储存

经挤压机切粒后的颗粒产品送入产品掺和料仓，均化后送往包装料仓进而包装码垛，或送入料仓储存。

(7) 公用工程

每一个工艺装置都包括一些装置内公用工程设施或工艺辅助设施，PP(PP为结晶型高聚物)工艺装置内公用工程和辅助设施，不同工艺技术有所不同，一般包括以下系统：排放气系统和火炬系统、冷冻水系统、密封油系统、蒸汽与冷凝液系统、水系统(循环水、工艺水、热水)、氮气系统、废油处理系统等。

日本三井油化的淤浆法工艺流程示意图和BP公司的气相法工艺流程示意图分别见图9-1和图9-2。

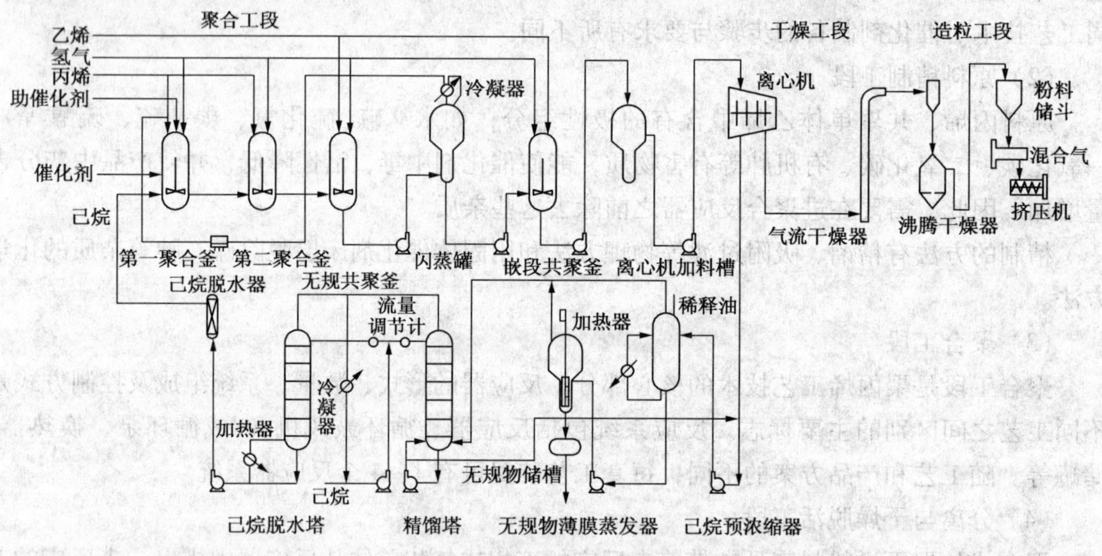

图9-1 日本三井油化公司淤浆法工艺流程示意图

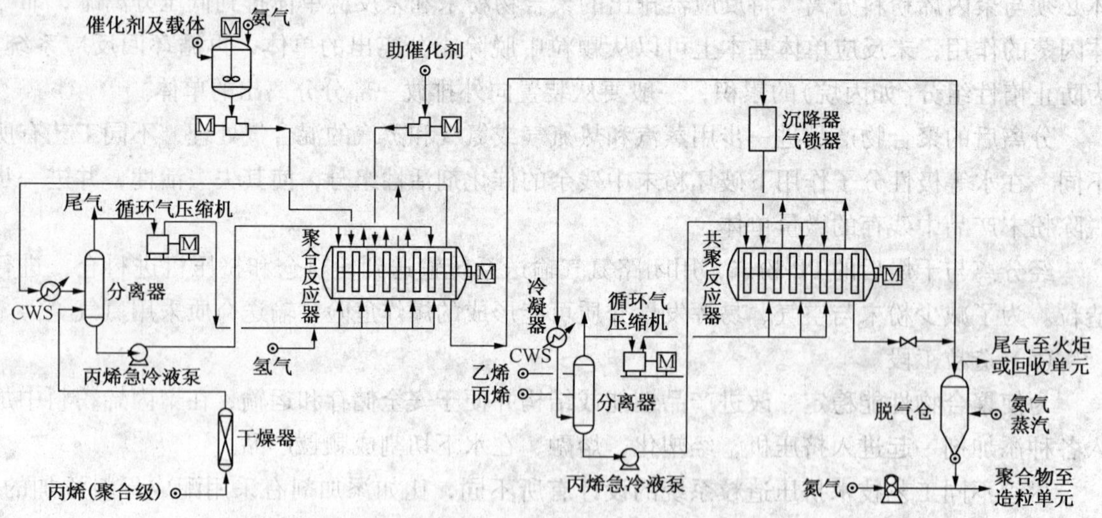

图9-2 BP气相聚丙烯工艺流程示意图

3　聚丙烯装置关键静设备简介

聚合反应器为聚丙烯装置最关键的设备。下面介绍几种典型的聚合反应器。

（1）淤浆搅拌聚合反应器

日本三井油化的淤浆聚合工艺具有较为典型的代表性。在其聚合反应器中，通过搅拌作用，气相反应物首先溶解到液相，再扩散到催化剂表面进行聚合，聚合物的颗粒逐渐长大。随着聚合物的生成，连续流动的溶剂将尺寸大小不同的聚合物粉状产品以及溶解于溶剂中的乙烯单体和低聚物等带出反应器。反应放出的大量聚合热由溶剂的蒸发、夹套水冷却等移除。蒸发的溶剂以及未反应的乙烯等气体在外部换热器中进行冷凝冷却后又循环回反应器。反应器的形式为多层六直叶圆盘涡轮搅拌釜。聚合温度为63～80℃，聚合压力为1.2～2.8MPa。

（2）卧式搅拌聚合反应器

Amoco公司开发的丙烯气相聚合卧式搅拌床反应器，是一个水平的圆柱形压力容器，反应器轴向安装了浆式搅拌器，聚合物颗粒被连续搅拌，避免温度热点形成。反应器下部用堰板分成4部分，堰板略高出搅拌轴。这种卧式反应器的优点在于可以在单台反应器内实现多釜串联操作，催化剂的停留时间可以接近平推流。聚合的操作温度为57～77℃，压力为1.9～2.3MPa。

（3）环管聚合反应器

鉴于在生产高性能聚烯烃树脂方面所具有的经济和技术的优势，环管聚合反应器已经日益成为一种对工业界极有吸引力的选择。实际生产中环管反应器可以用于烯烃的溶剂－淤浆聚合和本体－淤浆聚合。环管聚合反应器基本上是由管道组成。通过轴流泵作用混合的反应物在管道内循环流动。管道的横截面积基本上是均匀的。反应器内不能有任何障碍物以避免干扰反应物的循环流型。环管的构型可以是O型或垂直的双环管，聚合反应也可以在两个串联的环管之间进行，以提高停留时间并改善停留时间分布。反应器为全液体操作，轴流泵提供流体高速运动的动力并保证反应组分的良好混和。反应器可以全部或部分的采用夹套水冷却，移除极高的聚合反应放热。

4　聚丙烯装置主要损伤机理及分布

聚丙烯装置中存在的腐蚀性介质主要有2种，一是由于催化剂采用了三氯化钛，在和水及水蒸气接触时可能生成HCl，另一个是装置中供热系统的锅炉水及冷却系统的循环水。

a）$HCl-H_2O$

由于催化剂采用了氯化物，如三氯化钛，因此在聚丙烯的合成工艺中，与水蒸气或水接触的工段，可能产生不同浓度的氯化氢，对碳钢及不锈钢的设备可能造成腐蚀。在氯化氢形成的酸性环境中，碳钢通常表现为均匀腐蚀，而不锈钢表现为点蚀或应力腐蚀破裂。

b）水

装置中供热系统的锅炉水及冷却系统的循环水对设备也会有一定的腐蚀作用，主要为水中的溶解氧及其他离子引起的局部腐蚀。

溶解氧对金属的腐蚀是氧去极化的电化学腐蚀，腐蚀部位取决于溶解氧的含量。蒸汽锅炉的溶解氧腐蚀发生在给水系统、补给水系统的管道中，省煤器锅筒补给水管周围、给水汇集槽、挡水板、对流管口、集箱内壁等。

循环冷却水由于水质的不稳定及使用到一定的浓缩倍数后容易产生结垢，因此，有可能发生垢下腐蚀(闭塞电池腐蚀)。垢下腐蚀是由于溶解氧在冷却水中的浓度大于垢空隙或垢下溶液中的浓度而形成氧浓差电池所产生的电化学腐蚀。同时，冷凝水中的氯离子含量超标，也有可能引起不锈钢材料的点蚀或氯化物应力腐蚀破裂。

4.1 HCl－H_2O 型腐蚀

(1) 损伤机理

盐酸是典型的非氧化性酸，金属在盐酸中腐蚀的阳极过程是金属的溶解，阴极过程是氢离子的还原，很多金属在盐酸中都受到腐蚀而放出氢气，称为氢去极化腐蚀。

(2) 损伤形态

在 HCl 形成的酸性环境中，碳钢通常表现为均匀腐蚀，而不锈钢表现为点蚀或应力腐蚀破裂。

(3) HCl－H_2O 腐蚀范围

由于催化剂采用了氯化物，如三氯化钛，因此，在聚丙烯的合成工艺中，腐蚀在与水蒸气或水接触的设备和管线中发生。

(4) 控制措施

防止局部浓缩现象发生，从而避免生成较高浓度的盐酸。

4.2 奥氏体不锈钢的氯化物应力腐蚀开裂

(1) 损伤机理

氯化物应力腐蚀开裂是在拉应力与氯离子联合作用下形成的一种表面开裂，是应力腐蚀开裂的一种形式。一般来说，氯离子浓度愈高，愈易产生应力腐蚀破裂。但值得注意的是，产生应力腐蚀破裂的氯离子浓度是很低的，只要有氯离子的存在，即可发生破裂，这是因为发生了氯离子局部浓集的缘故。

(2) 损伤形态

主要表现为穿晶断裂，对于敏化态的不锈钢表现为沿晶断裂。

(3) 奥氏体不锈钢的氯化物应力腐蚀开裂范围

在有水蒸气或水，并且和含氯离子催化剂接触的奥氏体不锈钢设备或管线中发生。

(4) 控制措施

对设备适当进行热处理，或将拉伸应力变成压应力(如采用喷丸处理)，均能提高抗应力腐蚀的性能。对腐蚀介质，应严格控制氯离子的浓度。避免氯离子的浓集，并控制介质的温度、pH 值等。在有条件的情况下，应合理选材，选用不发生应力腐蚀的金属或非金属(或非金属衬里保护)，也可采用电化学保护。

4.3 磨损腐蚀

(1) 损伤机理

腐蚀介质与金属构件之间的相对运动，所引起的金属构件遭受严重的腐蚀损坏称之为磨损腐蚀。流体中的腐蚀之所以加剧，实质上是由于腐蚀电化学因素与流体力学因素之间的协同效应所致。

（2）损伤形态

通常情况下，表现为集中的局部深度点状腐蚀。

（3）磨损腐蚀范围

管道中流速很高的部位能够发生冲蚀，特别是实施水蒸气剥落或水蒸气空气清焦时，因为从加热炉的炉管上清理下来的大量焦屑会产生很强的冲蚀作用。

（4）控制措施

根据工作条件、结构型式、使用要求和经济因素综合考虑，正确选择耐磨损腐蚀的材料，进行合理设计以减轻磨损腐蚀破坏。如适当增大管径可减小流速，保证流体处于层流状态。使用流线型化弯头以消除阻力减小冲击作用；改变设计减小流程中流体动压差；对腐蚀介质进行处理，去除对腐蚀有害的成分或加入缓蚀剂；采用阴极保护尤其是采用牺牲阳极法的阴极保护与涂料联合保护是最经济有效的一种方法。

4.4 大气腐蚀和保温层下腐蚀

（1）损伤机理

大气腐蚀是发生在潮湿的环境条件下，尤其是在海洋环境或潮湿的工业气体污染环境下程度更严重，影响材料包括碳钢、低合金钢和铝铜合金。

层下腐蚀发生在保温层下积水时，影响材料包括碳钢、低合金钢、300 系列不锈钢以及双相不锈钢。

关键影响因素包括环境条件(工业、海洋或乡村)、潮湿度、温度、盐或硫化物的存在，以及保温层的类型(层下腐蚀)等。

（2）损伤形态

大气腐蚀表现为均匀或局部腐蚀，取决于是否有水局部积聚，漆层脱落部位为均匀腐蚀。大气腐蚀的外观表现为形成红色氧化铁产物。

层下腐蚀对于碳钢和低合金钢表现为松散的、薄片状的氧化皮，具有高度的局部腐蚀特征。对于 300 系统不锈钢，层下腐蚀表现为凹坑或氯化物应力腐蚀开裂。

（3）大气腐蚀和保温层下腐蚀范围

壁温在 -12 ~ 121℃，无保温层的碳钢或低合金钢设备和管道，均可能发生大气腐蚀，特别是漆层脱落部位、操作温度在常温附近波动、停车或长期停用设备、管道支撑部位。

（4）控制措施

保持漆层和保温层完好，所有保温材料必须用恰当防腐防水层封包密封，防止水的侵入。此外，为防止发生保温层下腐蚀，操作温度低于 121℃的设备，或者温度周期性变化的设备，在安装保温层之前，应在钢材表面涂上防腐涂料。

5 聚丙烯装置设备和管道推荐的检验策略

检验策略的选择原则参考 GB/T 26610.2《承压设备系统基于风险的检验实施导则 第 2 部分：基于风险的检验策略》进行制定。

附录　聚丙烯装置失效树(图9－3)

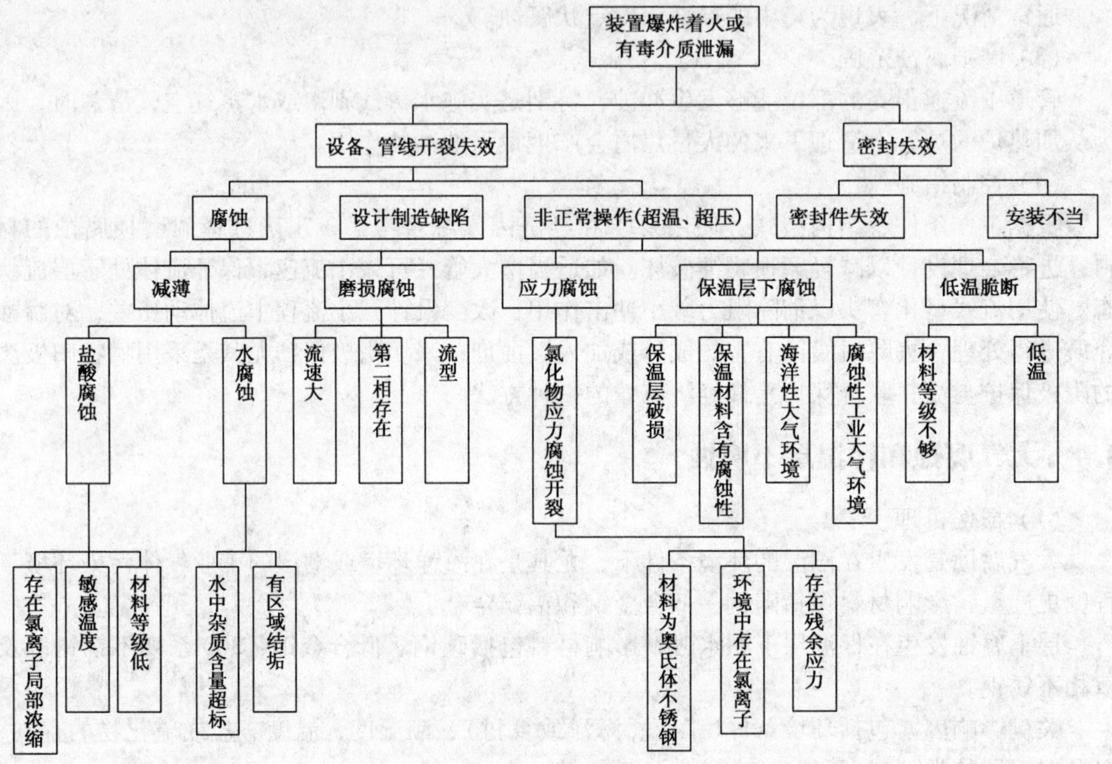

图9－3　聚丙烯装置失效树

第 10 章　芳烃装置风险检验指南

1　芳烃装置工艺简介

芳烃是石油化工工业的重要基础原料，由于科学技术的飞速进步以及人们对生活和文化的需求日益提高，促进了以芳烃为基础原料的化纤、塑料、橡胶等合成材料以及有机溶剂、农药、医药、染料、涂料、有机合成中间体等生产的迅猛发展。芳烃装置主要以重整生成油和裂解汽油作为原料，通过抽提和分离工艺得到对二甲苯(PX)，并副产苯(B)和重芳烃产品。为提高目标产品PX 的收率，装置一般设有歧化与烷基转移(简称歧化，下同)反应和异构化反应单元。

操作压力范围：负压 ~ 4MPa，操作温度范围：室温 ~ 500℃。

1.1　基本工艺

1.1.1　催化重整油生产芳烃工艺

催化重整油生产的芳烃约占全部芳烃产量的一半以上，是目前芳烃的主要生产工艺。原料即催化重整油，其苯含量低，而甲苯和二甲苯含量高，例如以连续再生重整油为原料时，苯收率(质量分数，下同)7% 左右，甲苯收率 22% 左右，二甲苯收率 22% 左右，C_9^+ 芳烃收率 20% 左右，比较适合通过歧化和异构化反应来增产 PX。

1.1.2　高温裂解制乙烯副产汽油生产芳烃工艺

高温裂解制乙烯副产裂解汽油生产的芳烃芳烃约占全部芳烃产量的四分之一，在芳烃行业中仅次于催化重整油生产芳烃的工艺。原料为裂解汽油，其芳烃产率分布差别较大，与催化重整油相比苯含量较高，例如原料为石脑油深度裂解的副产汽油时，苯收率 25% 左右，甲苯收率 20% 左右，二甲苯和乙苯收率 10% 左右，C_9^+ 芳烃收率 15% 左右，没有催化重整油作为原料的工艺产出 PX 比例高。

1.1.3　煤加工副产芳烃工艺

煤加工生成的煤焦油作为原料提取芳烃历史悠久，目前所占比例已很小，约全部芳烃产量的 5%。随着近年煤化工技术的发展，如煤的直接液化和间接液化，为芳烃生产提供了更多的原料选择。

1.1.4　轻质烃芳构化生产 BTX 工艺

低碳烃类或液化石油气可选择性转化成芳烃芳烃，目前比较有影响力有以下 3 种：

① Alpha 工艺：日本公司技术，原料为 C_3 ~ C_8；

② AROMAX 工艺：美国公司技术，原料为环烷基石脑油；

③ Cyclar 工艺：英美联合技术，原料为 C_3 ~ C_4。

1.1.5　芳烃转化工艺

受苯、甲苯以及二甲苯(邻、间、对)市场供需的不平衡及产品价格的影响，芳烃芳烃之间的转化技术也应运而生，如脱烷基、歧化、甲基化、异构化等，目前的芳烃装置中应用最为广泛的主要是歧化反应和异构化反应。

a）歧化：甲苯经歧化反应可生成苯和二甲苯，甲苯和 C_9 芳烃作为原料通过烷基转移可生成苯和二甲苯，这两个反应可在一个过程中实现；

b）异构化：非平衡态的邻、间、对二甲苯混合物为原料经异构化反应将转化为平衡态，分离出对二甲苯目标产品后，剩下的非平衡态物料返回异构化反应作为再次反应的原料。

1.1.6 典型流程

根据原料和方案的区别，芳烃加工流程有诸多方案，按目前行业应用状况，主要分为两大类型：

① 炼油厂型芳烃加工流程：催化重整油为原料，该工艺将催化重整油经溶剂抽提和分馏，得到苯、甲苯、二甲苯等产品，特点是简单可靠，加工深度浅，不设置芳烃之间的转化过程，对二甲苯收率低；

② 化工厂型芳烃加工流程：催化重整油和裂解汽油为原料，该流程通常称为芳烃联合或大芳烃，以催化重整油和裂解汽油作为原料，通过抽提将芳烃和非芳烃进行分离，再通过吸附分离将对二甲苯从芳烃混合物提取出来，目标产品收率高，需要设置歧化、异构化等转化工艺，加工深度大，装置结构复杂，是我国芳烃生产的主流工艺，典型流程见图 10－1。

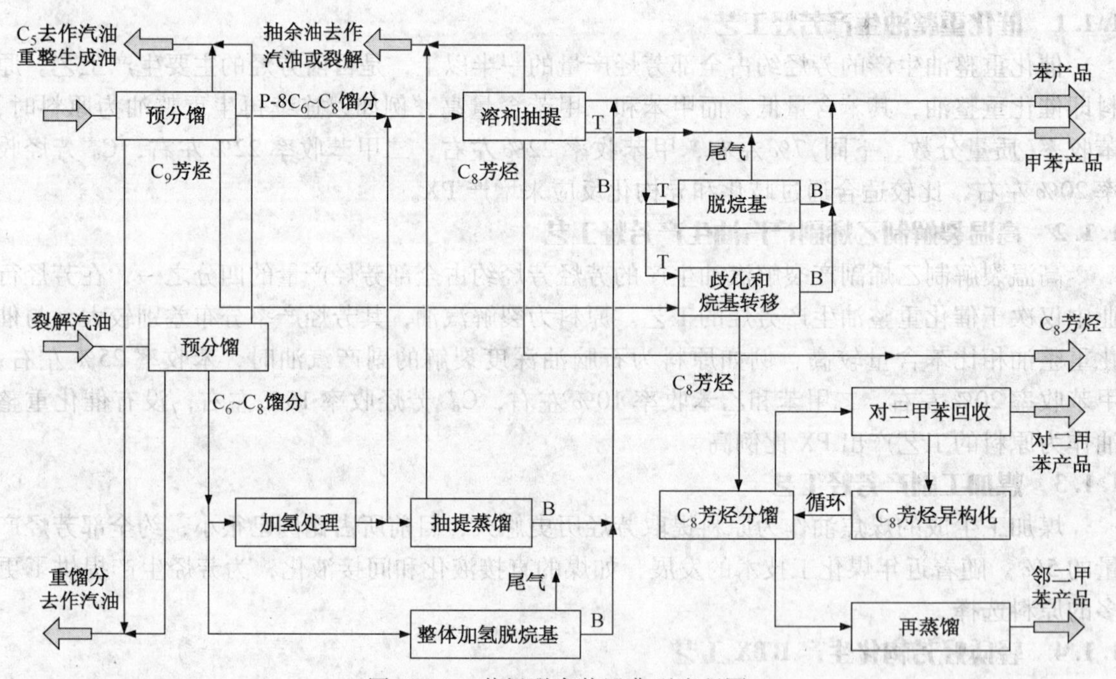

图 10－1 芳烃联合装置典型流程图

1.2 基本原理

1.2.1 反应原理

芳烃联合装置为提高对二甲苯收率，需要设置歧化反应与异构化反应工艺。

a）歧化反应

主要同时发生 2 个反应过程，副反应略。

① 甲苯歧化

$$2\,C_6H_5CH_3 \rightleftharpoons C_6H_6 + C_6H_4(CH_3)_2 \qquad (10-1)$$

2 个分子甲苯经过歧化反应生成 1 分子苯和 1 分子二甲苯，微吸热，可逆。

② 烷基转移

$$C_6H_5CH_3 + C_6H_3(CH_3)(CH_3)_2 \rightleftharpoons 2\,C_6H_4(CH_3)_2 \qquad (10-2)$$

1 分子甲苯与 1 分子 C_9芳烃在催化剂作用下，C_9芳烃分子上的 1 个甲基向甲苯分子上转移，生成 2 分子的二甲苯。

b）异构化反应

二甲苯异构化反应机理目前较为广泛接受的主要分为两类：

① 酸性催化剂上发生的异构化，借助酸性催化剂 $AlBr_3$，$AlCl_3$，及 $HF-BF_3$等，在苯环上快速添加或减少 1 个质子，使分子内的甲基产生位移达到平衡组成，如式 10－3 所示：

$$\text{对二甲苯} \underset{-H^+}{\overset{+H^+}{\rightleftharpoons}} [\text{质子化中间体}]^+ \underset{}{\overset{\sim CH_3}{\rightleftharpoons}} [\text{中间体}]^+ \underset{}{\overset{\sim CH_3}{\rightleftharpoons}} [\text{中间体}]^+ \underset{+H^+}{\overset{-H^+}{\rightleftharpoons}} \text{邻二甲苯};\quad [\text{中间体}]^+ \underset{+H^+}{\overset{-H^+}{\rightleftharpoons}} \text{间二甲苯} \qquad (10-3)$$

② 双功能催化剂上发生的异构化，除按上述①反应机理进行外，受氢压影响，异构化亦可能通过 C_8环烷中间物（五员环烷）完成，反应过程如式 10－4，芳烃与环烷间须进行快速的加氢脱氢反应。

$$\text{对二甲苯} \underset{-H_2}{\overset{+H_2}{\rightleftharpoons}} \text{三甲基环戊烷} \rightleftharpoons \text{间二甲苯} \rightleftharpoons \text{三甲基环戊烷} \rightleftharpoons \text{邻二甲苯} \qquad (10-4)$$

1.2.2　溶剂抽提原理

重整生产油或裂解汽油的原料中组分繁多，有多种烷烃、环烷烃、芳烃和少量烯烃，以及他们的同分异构体，其中有些化合物之间沸点非常接近，易形成共沸，如苯与多种烷烃、环烷烃、烯烃就可形成共沸物，用一般精馏方法要分离出高纯度芳烃是不可能的。溶剂抽提就是利用溶剂对不同烃类溶解能力的不同(即溶剂对芳烃和非芳烃的选择性溶解)，使其分成平衡的两相(溶剂相和烃相)，来达到分离出纯芳烃的目的。溶剂性能是影响芳烃抽提的关键因素，芳烃抽提工业装置上常用的溶剂为甘醇类溶剂(包括二甘醇、三甘醇、四甘醇)、二甲亚砜、环丁砜、N－甲基吡咯烷酮、N－甲酰基吗啉。其中环丁砜和四甘醇热稳定性最好，分别在220℃和237℃才开始分解，再综合各种物性参数和性价比比较，环丁砜和四甘醇作为芳烃抽提溶剂优点较多，目前应用广泛。

1.2.3 吸附分离原理

结晶分离是开发最早的分离芳烃的工业化技术，利用原料中不同组分之间凝固点的差异，或者说利用各组分在液—固两相平衡时的浓度差，使一部分组分凝固成固相结晶实现分离。C_8芳烃在低温下会形成共晶，结晶分离中PX最高收率一般为65%，效费比低。

目前芳烃装置分离C_8芳烃异构体多采用吸附分离技术，即利用多孔固体颗粒选择性地吸附流体中的1个或几个组分，从而使流体混合物得以分离的方法；解吸(或脱附)是与吸附相反的过程，即使组分脱离固体吸附剂表面；吸附——解吸的循环操作构成一个完整的工业吸附过程。从C_8芳烃中分离对二甲苯多采用固体沸石吸附剂及特定的解吸剂，再借用模拟移动床原理连续地进行吸附——解吸操作获得对二甲苯产品，分离效率高，PX单程回收率可达97%以上，且能耗低，效费比显著提升。

1.3 工艺流程简介

芳烃装置的工艺流程虽因各工厂略有不同，但大体可划分为预处理、溶剂抽提、歧化、异构化、芳烃分馏和吸附分离共6大部分，有的根据工艺需要增设副产品加工部分。

1.3.1 预分馏

预分馏的目的是对装置进料进行预处理，如果原料为裂解汽油，则需要切出C_5及以下轻馏分作为副产品，将C_6～C_8馏分切出送至2段加氢除去双烯烃和烯烃，而C_9^+的重馏分去歧化。如果原料为重整油，经缓冲罐切污水后预热，进入脱戊烷塔进行C_5及C_5以下轻组分切割，轻组分从塔顶排出经冷凝并回收，塔底组分送至分馏塔，进行进一步的组分切割，塔顶切出的C_6～C_7送去溶剂抽提进行芳烃和非芳烃的分离，塔底得到的C_8及C_8以上组分送至芳烃分馏，重整油进料工艺的预分馏见图10－2。

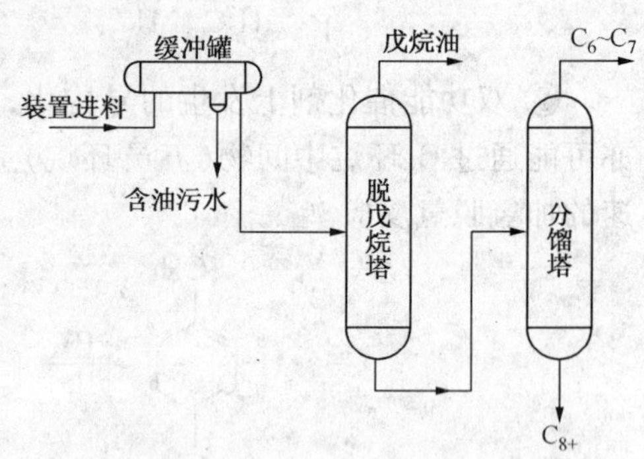

图10－2 重整油进料工艺的预分馏

1.3.2 溶剂抽提

如前所述，环丁砜和四甘醇作为芳烃抽提溶剂优点较多，目前应用最为广泛。环丁砜的热稳定性一般可达220℃，而四甘醇的热稳定性一般可达237℃，目前全球的芳烃装置采用环丁砜作为芳烃抽提溶剂的工艺约占一半，而采用甘醇类溶剂的约占四成，其余的工艺约占一成，我国芳烃装置抽提溶剂目前也主要采用环丁砜和四甘醇。

(1) 环丁砜抽提

环丁砜抽提的工艺流程见图10-3，抽提进料从抽提塔中部入塔，在塔内与自上而下的溶剂逆流接触，塔顶出来的抽余相经冷却后入抽余油水洗塔，用水逆流洗涤，除去微量溶剂，洗后的抽余油送出。抽提塔底溶解了大量芳烃和少量非芳烃的第一富溶剂与贫溶剂换热后进入提馏塔顶，进行抽提蒸馏提馏操作，除去非芳烃，塔顶出来的含非芳烃和芳烃馏出物经冷却后入芳烃回流罐，将油水分离，油作为回流芳烃打回抽提塔底。提馏塔底富含芳烃的第二富溶剂送至回收塔中部入塔，在塔内进行减压和汽提蒸馏将芳烃和溶剂分开，塔顶馏出物经冷却后入芳烃罐，进行油水分离，一部分油作为回流打回塔顶，其余的油就是芳烃产品，送至下游精馏工段，芳烃罐分出水作为水洗水，被送往抽余油水洗塔。

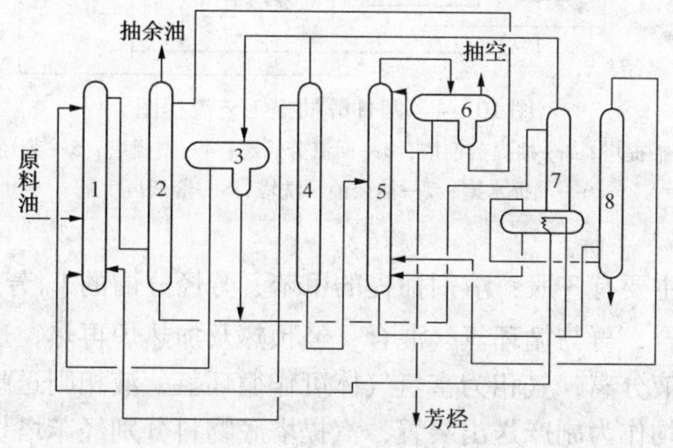

图10-3 环丁砜抽提工艺流程图

1—抽提塔；2—抽余油水洗塔；3—回流芳烃罐；4—提馏塔；5—回收塔；6—芳烃罐；7—水汽提塔；8—溶剂再生塔

回收塔底出来的贫溶剂经换热后返回抽提塔顶，完成溶剂循环。抽余油水洗塔底水与回流芳烃罐分出水合并进入水汽提塔，进行提馏操作除去水中微量非芳烃，水汽提塔顶馏出物则混入提馏塔顶馏出物中，水汽提塔下部水蒸气送至溶剂再生塔底，进行减压、水蒸气蒸馏，与进入溶剂再生塔中部的溶剂一起从塔顶出来，然后进入回收塔底，水汽提塔底含溶剂水也进入回收塔底，一起作汽提水。溶剂再生塔底不定期排渣。

(2) 四甘醇抽提

甘醇类溶剂的抽提工段的原则工艺见图10-4，原料油从抽提塔中部入塔，在塔内与自上而下的溶液进行逆流抽提，抽余相由塔顶经冷却后入抽余油水洗塔，水洗后的抽余油从水洗塔顶排出装置。抽提塔底溶解了大量芳烃的富溶剂进入抽提蒸馏塔顶闪蒸段进行绝热闪蒸，闪蒸出来的气相与抽提蒸馏塔顶馏出物一起经冷凝冷却后入回流芳烃罐，进行油水分离，油作为回流芳烃打回抽提塔底。闪蒸后液体在抽提蒸馏塔内进行抽提蒸馏操作，除去溶剂中的非芳烃，塔底含芳烃的第二富溶剂送至汽提塔中部，在塔内进行水蒸气汽提，把芳烃与溶剂分离开来，塔顶馏出物经冷凝冷却后入芳烃罐，油水分离后的芳烃部分打回塔顶作回流，其余的则为芳烃产品出装置送至精馏部分。芳烃罐分出水作为水洗水送至抽余油水洗塔顶，在塔内与抽余油逆流洗涤除去抽余油中的少量溶剂，塔底出来的洗后水进入回流芳烃罐，与回流芳烃混合进行一次液—液平衡除去水中溶解的微量非芳烃。回流芳烃罐分出水流入汽提水罐，汽提水罐的水与汽提塔顶物换热后送入汽提塔底作汽提水。汽提塔出来的溶剂与汽提水换热后作为贫溶剂循环回抽提塔顶，一小部分送至溶剂再生塔，进行减压蒸馏，再生后的溶剂再送回抽提系统。

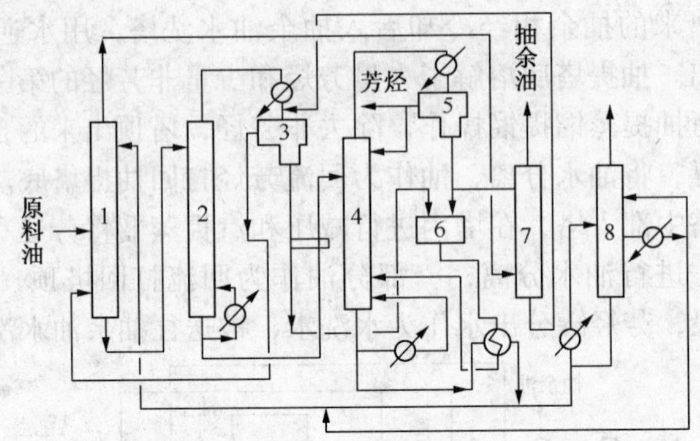

图 10－4　四甘醇抽提工艺流程图

1—抽提塔；2—抽提蒸馏塔；3—回流芳烃罐；4—气提塔；5—芳烃罐；6—气提水罐；7—抽余油水洗塔；8—溶剂再生塔

1.3.3 歧化

歧化的原料来源主要有 3 股：溶剂抽提的甲苯、芳烃分馏的 C_9 芳烃和吸附分离的甲苯。歧化原料经缓冲罐混合，再与循环氢气混合，经预热及加热炉再热，送入歧化反应器，反应产物经冷却后进行气液分离，气相为富氢气体可作循环氢，液相则送歧化汽提塔，汽提塔塔顶不凝气体和轻馏分均作为副产送出装置，汽提塔底物料分别经苯塔切出苯作为副产品，苯塔底物料再经甲苯塔切出 C_7 返回歧化进料，甲苯塔底 C_8 以及 C_8 以上组分送至芳烃分馏部分，歧化工艺流程见图 10－5。

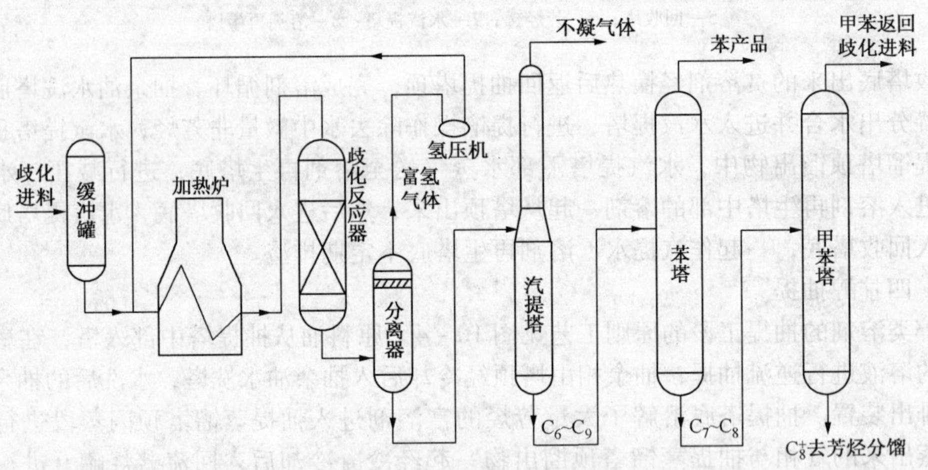

图 10－5　歧化工艺流程图

1.3.4 异构化

异构化工艺流程如图 10－6 所示，原料为对二甲苯(或间二甲苯)分离后的抽余液，与循环氢及补充氢混合后，经换热器加热再进入加热炉，加热至反应温度送入反应器，在催化器作用下进行异构化反应，将非平衡组成的混合二甲苯转化为平衡组成，反应产物经换热器、冷却器冷却后进入分离器，气液分离出的氢气大部分经氢压机送回反应器循环使用，气液分离的液体产物经换热器加热送至脱轻组分精馏塔，脱除反应中生成的轻组分，塔底的混合二甲苯和反应生成的 C_9^+ 重组分，送至二甲苯塔切出 C_9^+ 重组分送歧化，剩余混合二甲苯馏分送吸附分离。

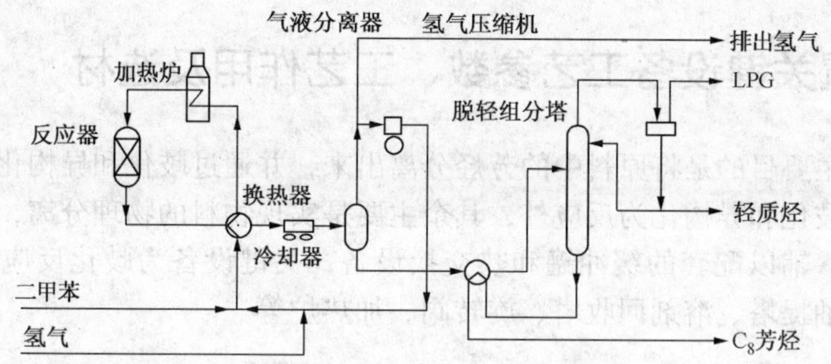

图 10-6　异构化工艺流程图

1.3.5　芳烃分馏

芳烃分馏工艺流程如图 10-7 所示，原料为来自于预分馏的 C_8^+ 芳烃、歧化的 C_8^+ 芳烃、异构化的 C_8^+ 芳烃以及溶剂抽提的 C_8 芳烃四股物料，经混合后送至二甲苯塔，塔顶的二甲苯气体经冷凝后送至吸附分离，二甲苯塔底液送至重芳烃塔进行分离，重芳烃塔顶 C_9 经冷凝送至歧化，重芳烃塔底液为 C_{10}^+ 芳烃，也是副产品之一。

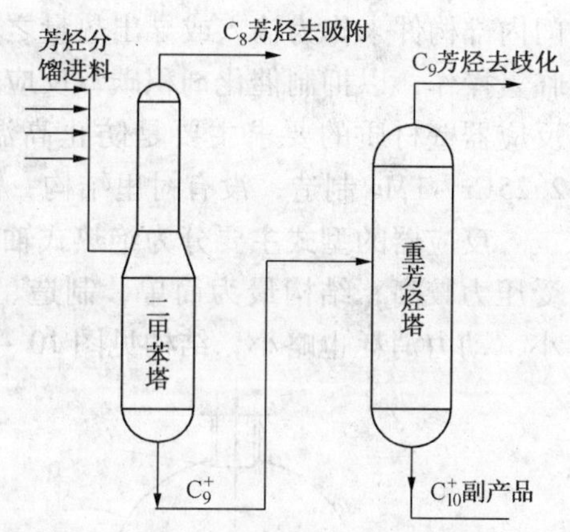

图 10-7　芳烃分馏工艺流程图

1.3.6　吸附分离

C_8 芳烃有 4 种同分异构体，分别是对二甲苯、邻二甲苯、间二甲苯和乙苯，有选择性的吸附剂和解吸剂可将对二甲苯和其他 3 种同分异构体分离开来，提高对二甲苯的纯度。工艺流程如图 10-8 所示，进料 C_8 芳烃经多通道旋转阀进入吸附塔，实现连续逆流接触，利用分子筛选择吸附 PX，在吸附塔内经过吸附分离后分为抽出液和抽余液两股料，再

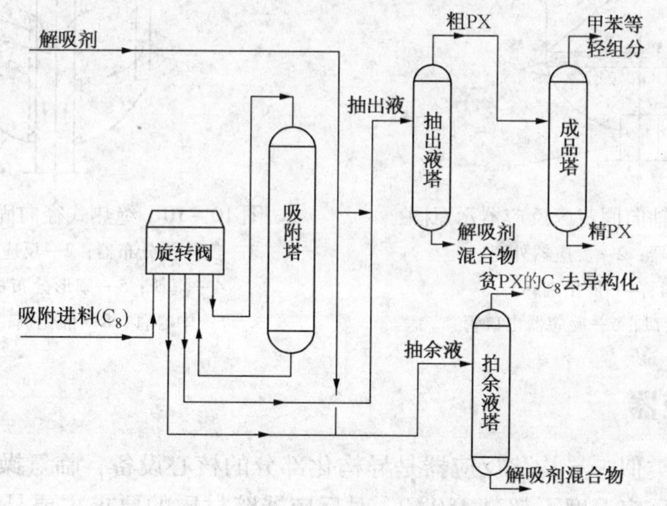

图 10-8　吸附分离工艺流程图

用解吸剂将抽出液中的对二甲苯置换解吸，并经过成品塔的精制，实现 PX 的分离和提纯，纯度可达 99% 以上；抽余液主要为贫 PX 的 C_8 芳烃，送异构化。

2 芳烃装置关键设备工艺参数、工艺作用及选材

芳烃装置的主要目的是将原料中的芳烃分离出来，并通过歧化和异构化反应提高芳烃的产率，装置中除歧化和异构化为反应外，其余主要是实现物料的物理分离，重要设备也以反应器和塔器为主，辅以配套的缓冲罐和热交换设备，关键设备为歧化反应器、异构化反应器、脱戊烷塔、抽提塔、溶剂回收塔、旋转阀、加热炉等。

2.1 歧化反应器

歧化反应器是歧化反应的核心设备，在传热方面要求很低，结构比较简单，不必设置专门内部构件来作为输入或导出热量之用，为避免环境温度的影响，可加外绝热层。反应器多临氢操作，以抑制催化剂积碳，反应压力控制在 2.0～4.0MPa，反应温度不超过 490℃，对反应器壁材质的要求主要是防止高温氢腐蚀（HTHA）和氢脆（HE），通常采用铬－钼钢如 2.25Cr－1Mo 制造，没有衬里结构，需要注意回火脆性的问题。

反应器的型式主要分为绝热式轴向固定床反应器或者绝热式径向固定床反应器，前者承受压力较高，结构最为简单，制造、使用和维护方便，结构见图 10－9；后者床层阻力降小，动力消耗也略小，结构见图 10－10。

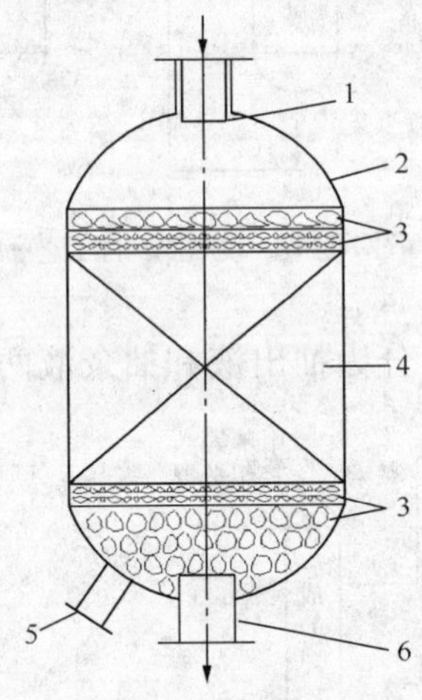

图 10－9 绝热式轴向固定床反应器示意图

1—气体分布器；2—反应器外壳；

3—填料；4—催化剂；

5—催化剂卸料口；6—反应器出口管

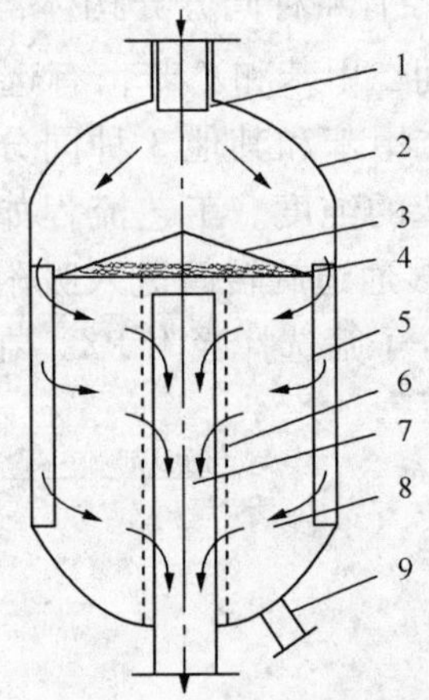

图 10－10 绝热式径向固定床反应器示意图

1—气体预分布器；2—反应器壳体；3—伞形罩；

4—填料；5—扇形分布板；6—金属筛网；

7—中心管；8—催化剂；9—催化剂卸料口

2.2 异构化反应器

与歧化反应器类似，异构化反应器是异构化部分的核心设备，临氢操作，反应压力控制在 1.0～2.0MPa，反应温度不超过 450℃，对反应器壁材质的要求主要是防止高温氢腐蚀和氢脆，通常采用铬－钼钢如 2.25Cr－1Mo 制造，没有衬里结构，需要注意回火脆性的问题。

异构化反应器可以采用轴向式或径向式，基本结构见图 10－11 和图 10－12。

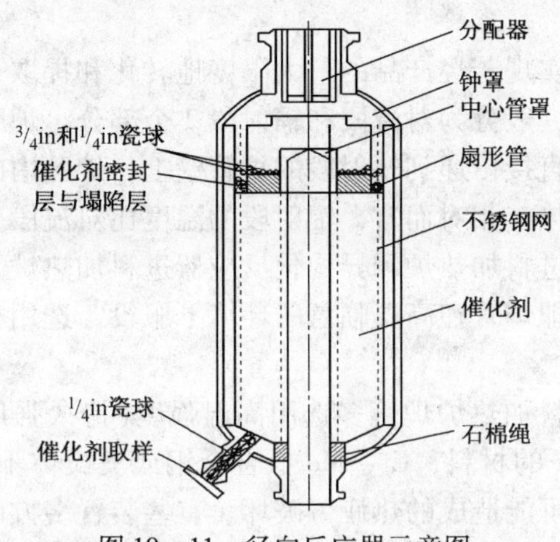

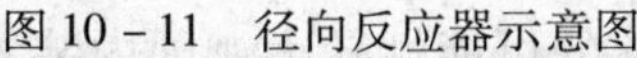

图 10－11　径向反应器示意图

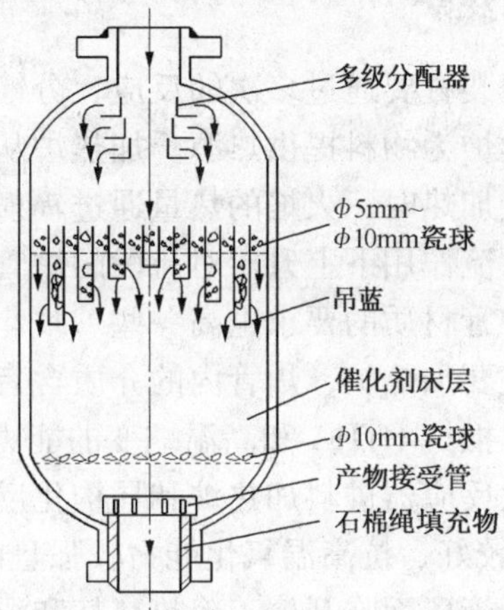

图 10－12　轴向反应器示意图

2.3　脱戊烷塔

脱戊烷塔处理原料油中含有诸如硫化氢、氯化氢等杂质、少量的水分，一些 $C_1 \sim C_5$ 的轻烃组分和其他少量的不凝气体。脱戊烷塔对这些成分的切除效果直接影响后续产品的质量，且易将腐蚀性杂质夹带到后续流程中，导致设备和管道大面积腐蚀破坏，影响装置的正常生产。脱戊烷塔的操作压力和操作温度都不高，一般采用低合金钢(如 16MnR)可满足使用要求。

2.4　抽提塔

抽提塔是溶剂抽提的核心设备，四甘醇或环丁砜溶剂抽提多采用筛板抽提塔，操作压力控制在 0.5～0.7MPa，操作温度不超过 100℃，介质对设备和管线的腐蚀性比较小，一般采用低合金钢(如 16MnR)可满足使用要求。

2.5　溶剂再生塔

溶剂再生塔多采用普通压力容器制造用钢，如我国一般采用 16MnR，使用中对腐蚀严重的塔壁板多采用贴板或换板的方式加以修复，也可采用耐腐蚀性更好的钢材。塔釜再沸器管束目前有采用碳钢的，也有采用奥氏体不锈钢的。考虑到管束壁厚薄，相对操作温度高，碳钢管束耐腐蚀性能较低，腐蚀减薄导致泄漏的可能大，而采用不锈钢管束耐腐蚀性性能显著提高。

2.6　旋转阀

旋转阀是芳烃分离工艺核心，通过液压控制的多路旋转分配阀不断切换各股物料的进、出以实现物料流的相对移动。旋转阀属工艺专利技术，目前主要从国外购买，材质多为奥氏体不锈钢，控制复杂，自动化程度要求高，旋转密封平面表面粗糙度控制要求高，直接关系到 PX 产品的质量和收率。物料介质对旋转阀几乎没有腐蚀性，日常维护集中在其功能性的完善方面，需要注意的是其外部腐蚀，尤其在沿海地区注意大气中 Cl^- 致应力腐蚀开裂。

2.7 加热炉

芳烃装置要通过多次的反应、分馏和分离实现芳烃产品的最大限度地转化和提取，必须采用加热炉为物料提供热源。加热炉从上至下一般分为对流段和辐射段2个部分，炉膛内用火焰直接加热时，火焰的热量通过辐射的方式直接传递到辐射段的炉管壁上，炉膛内的高温烟气在对流作用下上升对对流段的炉管进行加热，相对而言，辐射段的温度比对流段要高出许多，炉管材质的要求也高一些。歧化反应器进料加热炉和异构化反应器进料加热炉是芳烃装置的主要加热炉，炉管内的介质含有氢气，即炉管在高温临氢的环境下服役，选用材料时需要考虑抵抗 HTHA 和高温蠕变的能力。

歧化反应器进料加热炉和异构化反应器进料加热炉炉管多选用高温强度(持久强度和蠕变极限)较好、抗高温氧化能力较强且耐 HTHA 的材料，Cr－Mo 低合金钢或奥氏体不锈钢。此外，炉管还面临开停工冷热交替和温度波动可能造成的热疲劳破坏。有些装置多方面考虑采用碳钢或16MnR 材质，在服役过程中发生材质劣化的可能性较大，国内装置检验中发现过此类问题，因此不推荐采用。

3 芳烃装置主要损伤机理及分布

芳烃装置操作压力和操作温度较高的部分为歧化反应和异构化反应，其他部分的操作参数都不太苛刻，介质为油品(原料自重整油或者裂解汽油)、氢气。芳烃的进料中硫、氮、氧等杂质经过上游工艺的加工脱除含量已很低，介质相对纯净，造成设备腐蚀或破坏的可能性比较小。芳烃工艺过程中需要进行溶剂抽提，所采用溶剂(如环丁砜和四甘醇)在一定的条件下会发生降解，导致设备的腐蚀，甚至有些设备腐蚀比较严重，芳烃装置的腐蚀机理也主要与此有关。按照芳烃工艺流程顺序，分别介绍装置主要的潜在损伤机理、控制措施及分布。

3.1 $H_2S-HCl-H_2O$ 腐蚀

(1) 损伤机理

常温干燥的硫化氢或氯化氢气体对碳钢腐蚀性很小，而在潮湿或有冷凝液的环境中，这两种气体均可溶解于水，生成酸性溶液而对碳钢或低合金钢产生腐蚀，其过程一般可用下式表示：

$$Fe + H_2S(\text{潮湿或溶液}) = FeS + H_2\uparrow \quad (10-5)$$

$$Fe + 2HCl(\text{潮湿或溶液}) = FeCl_2 + H_2\uparrow \quad (10-6)$$

芳烃原料油中含有硫化氢、氯化氢和水分，在预分馏工段被一起分离出来，形成局部高浓度湿硫化氢环境，在氯化氢的加速作用下，导致碳钢或低合金钢的快速腐蚀，易发生于液相水聚集的低点。在一些存在气液两相流状态的位置，如塔顶气相物料冷凝段，两相流体具有冲刷作用，导致腐蚀产物从基材表面快速剥离，使基材腐蚀加剧。

$H_2S-HCl-H_2O$ 腐蚀的关键影响因素包括：

① 材质化学成分；

② 介质流速，主要是考虑介质冲刷作用对具有保护性作用的硫化物薄膜的破坏能力；

③ 介质温度，介质中水分、硫化氢、氯化氢的各自浓度，腐蚀部位的硫化氢和氯化氢

的浓度。

（2）损伤形态

$H_2S-HCl-H_2O$ 腐蚀形态主要表现为局部腐蚀减薄，尤其是在介质流速较高具有冲刷作用的部位，以及低点位置造成液相水集聚的部位和塔顶绝热层破损可能导致内壁水汽凝结的部位。腐蚀产物能形成一层薄膜覆盖在金属表面，对基材有一定的保护作用，但在冲刷作用下会快速剥离，薄膜厚度取决于合金、物流杂质含量和腐蚀性、流体相态及流体流速。

（3）控制措施

避免低点存液的设计和建造施工，控制介质流速或管线结构造成的冲刷，降低介质中硫化氢或氯化氢的含量，添加能适当提高介质 pH 值的缓蚀剂，采用耐蚀性更好的材质等，均可减缓 $H_2S-HCl-H_2O$ 腐蚀。

（4）工段分布

芳烃装置的 $H_2S-HCl-H_2O$ 腐蚀主要发生在预分馏的进料和轻烃脱除系统，尤其是轻烃脱除后的冷却系统是多发部位，需要注意管道易导致存液直管的下侧、管道弯头、三通、异径管、设备接管孔附近、脱轻烃塔塔顶外部保温质量较差部位对应的塔壁内侧等，不仅可能造成局部腐蚀减薄，有时甚至能快速蚀穿。

图 10－13 是某脱 C_5 塔顶空冷器出口部位管道水平直管段的局部腐蚀，直管内低点存液导致硫化氢和氯化氢在液相水中聚集，造成直管腐穿漏液。图 10－14 是与图 10－13 同一管线上的管道弯头，在 $H_2S-HCl-H_2O$ 腐蚀与空冷冷却后气液两相流介质冲刷的共同作用下，导致弯头蚀穿。

图 10－13　脱 C_5 塔顶空冷出口管道水平管存液位置腐蚀穿透

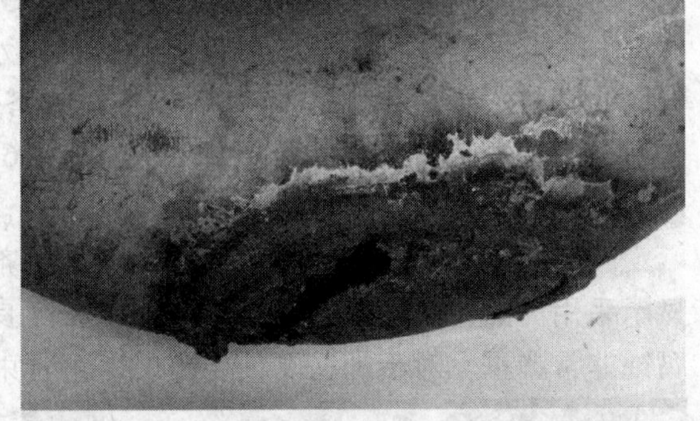

图 10－14　脱 C_5 塔顶空冷出口管道弯头泄漏

3.2　溶剂降解产物腐蚀（酸腐蚀）

（1）损伤机理

作为溶剂的环丁砜本身腐蚀性非常轻微，温度不高时化学稳定性较好，在无氧条件下即使加热到 200℃ 时其热分解也几乎可忽略，不会有酸生成。抽提塔进料中可能会携带少量氧气，溶剂回收塔或再生塔的密封不严也可因负压操作吸入空气，使贫溶剂的 pH 值快速下降，其反应过程一般认为：环丁砜与氧气作用生成氧化物，然后开环生成磺酸基醛，再分解形成二氧化硫和羟基醛，二氧化硫遇水生成亚硫酸，亚硫酸被进一步氧化可生成强酸，而羟基醛在氧气作用下可氧化成有机酸，使介质变成酸性，对碳钢和低合金制造的设备或管线产生严重腐蚀。

四甘醇本身也几乎没有腐蚀性，同样在系统中可能存在微量的氧及杂质或在腐蚀产物的加速作用下可被氧化，生成有机醚，进一步氧化生成有机酸，对碳钢和低合金材料制造的设备或管线产生严重腐蚀。

温度越高，两种溶剂的降解化学过程越迅速，介质的局部酸值越高，对设备的腐蚀也越严重，易发部位为换热器管束、管箱(或壳体)、再热物料返回接管处的塔壁。相对而言，换热器的换热管因壁厚较薄，又是溶剂受热部位，温度最高，是腐蚀多发部位，常可见换热管束被蚀穿。

(2) 损伤形态

溶剂降解产物腐蚀实质是酸性物质造成的腐蚀，但又具有非常明显的局部腐蚀特征，比如大小不一的腐蚀坑，换热管束气液相界面的腐蚀穿孔等。

(3) 控制措施

采用耐酸腐蚀的材料，如奥氏体不锈钢可有效降低腐蚀影响；降低抽提进料的氧含量，保持塔体的良好密封可减少与溶剂接触的氧气，减缓溶剂的降解速度；物料中根据 pH 值变化加入缓蚀剂，使介质保持在中性或略偏碱性程度也可以有效缓解腐蚀的发生，但对局部腐蚀影响有限。

(4) 工段分布

环丁砜降解产物腐蚀主要发生在溶剂系统的高温位置，如抽提塔、汽提塔、溶剂回收塔和溶剂再生塔的塔釜液相塔体内壁，以及塔釜再沸系统的设备和管线。图 10－15 和图 10－16 为某采用环丁砜溶剂的再生塔塔釜内壁发生的腐蚀，其再沸采用水平直插换热管束式结构，发生腐蚀的部位主要在与再沸器管束同水平高度以上 1～3m 的范围内，离管束近的部位腐蚀相对严重一些。图 10－15 显示即使塔体内壁金属尚未全部溶蚀，腐蚀已经穿过这层金属“表皮”继续向壁厚内部发展；图 10－16 中可见非常明显的局部腐蚀坑，据现场测量，局部腐蚀最严重处其腐蚀速率高达 0.5mm/a。

图 10－17 和图 10－18 为采用环丁砜溶剂的再生塔再沸器管束的腐蚀情况，图 10－17 显示采用奥氏体不锈钢材质的管子腐蚀状况良好，图 10－18 表明采用低碳钢的管束支撑板腐蚀非常严重。对于那些腐蚀严重的碳钢管束，材质升级的时候可优选奥氏体不锈钢。

图 10－15　某溶剂再生塔的内壁腐蚀

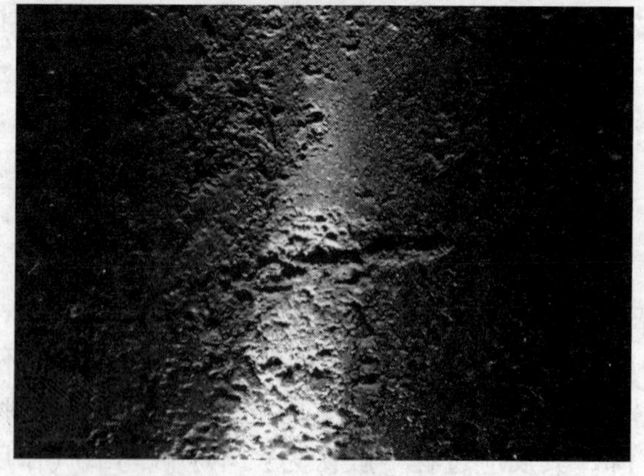

图 10－16　某溶剂再生塔的内壁局部腐蚀

图 10－17 某溶剂再生塔塔釜再沸器管束

图 10－18 某溶剂再生塔塔釜再沸器管束支撑板的腐蚀

四甘醇降解产物腐蚀易发部位主要在换热器管束、管箱（或壳体）中气液相界面附近，抽提塔、抽提蒸馏塔、汽提塔和溶剂再生塔塔釜的气液相界面附近。与环丁砜类似，换热管束是腐蚀高发部位，管子易腐蚀穿透，见图 10－19 和图 10－20。

图 10－19 溶剂/汽提水热交换器的管束蚀穿

图 10－20 溶剂/汽提水热交换器的管束蚀穿

3.3 胺腐蚀

（1）损伤机理

为缓解溶剂降解产物腐蚀，工艺中多加胺类物质来调节介质的 pH 值。胺液本身一般不会产生腐蚀，但当介质中混有硫化氢、二氧化碳等酸性气体或胺发生分解时，会对碳钢或低合金钢造成腐蚀，而对300系列不锈钢腐蚀比较轻微。

胺腐蚀关键因素：

① 胺的类型：按同等情况下对碳钢和低合金钢的腐蚀严重程度由高到低排列顺序为MEA、DGA、DIPA、DEA、MDEA；

② 浓度：HSAS浓度达到2%以上时，贫胺液产生腐蚀；

③ 杂质：NH_3、H_2S、HCN杂质的存在能促进腐蚀；

④ 温度、压力和流速：温度高于104℃时且压力降大时酸性气发生闪蒸，造成局部高浓度产生严重的局部减薄，流速高的区域还因冲刷作用而加剧。

（2）损伤形态

胺腐蚀通常表现为均匀腐蚀，但若流速高或存在湍流时则表现为局部减薄。

（3）控制措施

控制措施有以下几种：

① 选用腐蚀性相对较低的胺；

② 控制胺液浓度；

③ 控制杂质含量；

④ 控制操作温度及局部压力降避免产生酸性气闪蒸；

⑤ 降低介质流速。

（4）工段分布

胺腐蚀多发生在溶剂抽提的注胺流程的碳钢或低合金钢制设备或管道中，以及介质中注有胺且温度较高的部位。

3.4 氢脆

（1）损伤机理

氢脆是由于原子氢渗透到高强度钢材中使其韧性降低，而导致脆性开裂的现象，在服役过程存在液相、气相或腐蚀性的环境中，氢脆均可能发生，通常发生在71～82℃以下，超过71～82℃不会发生。

影响的主要因素如下：

① 材料纯净度：氢气在钢中发生积聚主要集中在钢材的微观组织不连续、不致密或不均匀处，以及夹杂物或裂纹部位，纯净度高的材料发生氢脆的可能性会相应降低；

② 氢来源：钢材能捕获氢原子，介质中氢原子的浓度越高，氢原子的捕获越大，氢脆越容易发生。析氢的腐蚀性环境，高温的临氢氛围都会使钢材捕获更多的氢原子；

③ 应力：包括残余内应力和外加应力，相比薄壁容器，厚壁容器变形约束度大易发生应力集中，在人孔、接管、支撑圈、裙座圈或过渡段也是易造成高应力的部位。

（2）损伤形态

裂纹起源于近表面，但大多数情况下造成表面开裂，高强钢氢脆裂纹表现为沿晶开裂。

（3）控制措施

采用强度等级较低的钢材，焊后进行消除应力热处理，开停工阶段升降压和温度的控制，采用不锈钢衬里或不锈钢堆焊层等都是有效的手段。

（4）工段分布

歧化反应和异构化反应临氢操作，氢脆可能在停工阶段发生，如歧化反应器和异构化反应器、进料/反应产物换热器壳程（如非高强度等级钢则不会发生），易发于硬度值高于235HB的焊接接头热影响区。

3.5　高温氢损伤（HTHA）

（1）损伤机理

高温下氢与钢中碳化物反应生成甲烷气体，造成钢材脱碳，使钢材失去强度。产生的甲烷气体不断累积，压力升高，形成微观鼓泡，连接在一起后形成裂纹。按抗HTHA由低到高顺序排列，依次是碳钢、低合金钢、C-0.5Mo、Mn-0.5Mo、1Cr-0.5Mo、1.25Cr-0.5Mo、2.25Cr-1Mo、2.25Cr-1Mo-V、3Cr-1Mo、5Cr-0.5Mo。

HTHA关键因素：材质、温度、氢分压、服役时间。

（2）损伤形态

HTHA表现为表面脱碳和开裂，开裂多沿晶，易发于碳钢的珠光体区域。

（3）控制措施

选用材料时铬、钼元素与碳作用易形成弥散而稳定的碳化物，减少甲烷的产生，增加抗HTHA能力。材料选用可参考纳尔逊曲线，但已投用C-0.5Mo的设备，须考虑在热影响区及远离焊缝的母材发生可能性，奥氏体不锈钢堆焊层对母材发生HTHA的影响不考虑。

（4）工段分布

HTHA可能发生在歧化反应和异构化反应系统从进料加热炉至反应器产物空冷器入口前的设备和管道中。

3.6　铬-钼钢的回火脆性

（1）损伤机理

回火脆性是长期工作在343~593℃范围内某些低合金钢由于冶金变化而韧性降低的现象，体现为冲击试验时材料韧-脆转变温度升高。2.25Cr-1Mo是回火脆性敏感材料，歧化加氢反应器和异构化加氢反应器的操作温度位于回火脆性温度范围内，长期服役易发生回火脆性。操作温度下材料韧性降低并不明显，反应器停车阶段可能发生脆性开裂。

回火脆性影响因素：

① 合金成分、受热史（操作温度及服役时间）；

② 锰、硅元素含量，其他元素如磷、锡、锑、砷等也有一定的影响。

（2）损伤形态

回火脆是冶金变化过程，常规检验及无损检测难以确定，但可以通过冲击试验验证。

（3）控制措施

相关内容请参见第6章3.10部分。

（4）工段分布

在芳烃装置的歧化反应部分和异构化反应部分，回火脆性可能发生在反应器中，主要表现在可能开停车阶段发生开裂。

3.7 胺应力腐蚀开裂

（1）损伤机理

因工艺需要在抽提部分加入的胺，可能导致碳钢和低合金钢制设备与管道发生开裂，是碱性环境中应力腐蚀开裂的一种形式，多发生在无焊后热处理的焊缝区，产生的裂纹主要位于晶间，典型形态为极细的蛛网状裂纹。

胺致开裂敏感性主要与以下因素相关：胺的类别、胺溶液组分、金属温度和拉应力水平。

① 调查结果表明乙醇胺（MEA）和二异丙醇胺（DIPA）装置中胺应力裂纹最为普遍，二乙醇胺（DEA）装置中比前者稍差，甲基二乙醇胺（MDEA），亚磺酰胺和二甘醇胺（DGA）装置更差些；

② 胺致开裂与胺溶液浓度密切相关。纯胺液只产生腐蚀减薄，不会产生胺致开裂；富胺液开裂多与硫化氢有关，如含有微量酸性气体的碱性胺溶液易导致碳钢和低合金钢产生裂纹，而不含酸性气体或含有大量酸性气体的浓胺溶液则不会产生裂纹；

③ 金属温度与拉应力水平亦为影响胺致开裂敏感性的关键因素。比起胺液浓度影响程度，金属温度与拉应力水平对胺致开裂的影响更明显，如焊态、冷弯的碳钢和低合金钢制设备或管道易产生裂纹。

（2）损伤形态

胺致开裂多发生于焊缝及热影响区。热影响区的开裂方向通常平行于焊缝，焊缝区的开裂方向平行或垂直于焊缝，如安放式接管焊缝上产生的裂纹多呈放射状，插入式接管焊缝上产生的裂纹多平行于焊缝。胺致开裂裂纹形态与湿硫化氢致应力腐蚀开裂类似，多沿晶，分支有氧化物。

（3）控制措施

进行焊后热处理，用奥氏体不锈钢代替碳钢或低合金钢，控制胺的浓度。

（4）工段分布

胺致开裂可能发生在芳烃装置中抽提部分，如注胺流程的碳钢或低合金钢制设备或管道的焊缝及热影响区。

3.8 湿 H_2S 环境下的损伤

湿 H_2S 环境下的损伤包括湿硫化氢环境中碳钢和低合金钢制设备和管道发生的氢鼓包、氢致开裂、应力导向氢致开裂、硫化物应力腐蚀开裂 4 种破坏类型。

（1）损伤机理

a）氢鼓包（HB）

来自硫化物腐蚀反应的氢原子渗透到钢中，在不连续处如夹杂物、夹层位置发生累积，氢原子合成氢分子后直径变大，无法从钢中扩散出来，压力逐渐升高形成鼓包，可在管道或设备的内、外表面或壁厚中形成。

b）氢致开裂（HIC）

氢致开裂指氢在钢中发生聚集后形成的阶梯状开裂，可发生在钢中距表面的不同深度处。不同深度的氢鼓包彼此靠近，连接起来亦形成阶梯状的氢致开裂。

c）应力导向氢致开裂（SOHIC）

应力导向氢致开裂与氢致开裂相似，但其开裂的驱动力为高应力（如残余应力或外加应力），裂纹形态一般呈现为多处裂纹彼此堆积，且垂直于钢材表面。已发生氢致开裂、硫化物应力腐蚀开裂或其他开裂的且靠近焊缝热影响区的母材是应力导向氢致开裂的多发部位。

d）硫化物应力腐蚀开裂（SCC）

硫化物应力腐蚀开裂指湿硫化氢腐蚀和拉应力作用下发生的开裂。硫化物应力腐蚀开裂是一种氢应力开裂，发生在焊缝和热影响区表面的局部高硬度区域，高强度钢对硫化物应力腐蚀开裂亦较敏感。焊后热处理可降低残余应力水平和硬度，从而降低硫化物应力腐蚀开裂敏感性。

湿硫化氢环境下的损伤关键影响因素主要有 pH 值、硫化氢浓度、温度、硬度、夹杂、焊后热处理。

① pH 值：pH 值为 7 的溶液中氢渗透速率最低，pH 增大或减少时渗透速率均加剧，发生湿硫化氢环境下的损伤一般认为存在一些门槛值，如存在游离水，溶液 pH < 4 等；

② 硫化氢浓度：硫化氢浓度高时腐蚀反应产生的氢渗透速率较快，对于普通的碳钢和低合金钢，一般认为其浓度 > 50ppm（质）时才发生湿硫化氢环境下的损伤，然而对于焊缝、热影响区硬度超过 237HB 的局部区域，或者一些强度等级比较高的钢，如抗拉强度 > 620MPa 的低合金钢，在硫化氢浓度较低时也有裂纹发生的案例，最低甚至可达 1ppm；

③ 温度：氢鼓包、氢致开裂、应力导向氢致开裂发生在室温～150℃，硫化物应力腐蚀开裂发生在 82℃以下；

④ 硬度：硬度对硫化物应力腐蚀开裂影响较大，NACE RP 0472《石油化工腐蚀与防护》规定炼油工业典型低强度碳钢硬度应控制在 200HB 以下，故仅硬度值 > 237HB 的局部区域对硫化物应力腐蚀开裂有一定的敏感性；

⑤ 夹杂：氢鼓包、氢致开裂与钢中夹杂密切相关，如夹杂物、夹层缺陷等，这些夹杂为渗入的氢积累提供场所，炼钢过程的杂质控制可提高钢材洁净度，降低氢鼓包和氢致开裂敏感性，但不能消除应力导向氢致开裂；

⑥ 焊后热处理：焊后热处理不能消除氢鼓包和氢致开裂，对应力导向氢致开裂有一定程度的降低，对硫化物应力腐蚀开裂影响较大，即焊后热处理能够显著降低钢材的硫化物应力腐蚀开裂敏感性。

芳烃装置中，溶液中 NH_4HS 浓度 > 2% 时，随浓度的增加，钢材氢鼓包、氢致开裂以及应力导向氢致开裂的敏感性相应增加。氰根的存在显著增加钢对氢鼓包、氢致开裂以及应力导向氢致开裂的敏感性。

（2）损伤形态

湿硫化氢环境下的损伤形态中，鼓包和氢致开裂发生于母材，应力导向氢致开裂发生于靠近焊缝的母材区域，硫化物应力腐蚀开裂发生于焊缝区。

（3）控制措施

湿硫化氢环境下的损伤控制措施包括：

① 采用合金衬里或有效涂层，避免母材金属表面接触湿硫化氢环境；

② 控制溶液 pH 值，推荐控制在中性至略偏碱性之间；

③ 采用抗氢致开裂钢；

④ 采用焊前预热、焊后热处理、调整焊接工艺和控制材料碳当量等措施，尤其对于硫化物应力腐蚀开裂作用较大，对降低应力导向氢致开裂敏感性也有一定的作用；

⑤ 注入缓蚀剂。

（4）工段分布

湿硫化氢环境下的损伤主要发生在硫化氢和液相水同时存在，且采用碳钢或低合金钢制设备和管线的部位，如预分馏部分的脱轻烃系统中脱 C_5 塔的塔顶冷却系统的设备和管线，歧化反应和异构化反应的产物分离系统的设备和管线。

3.9 蠕变破裂

（1）损伤机理

金属材料在高温服役时，即使载荷低于屈服强度，仍发生缓慢而持续的变形，最终破裂，其变形与时间相关。

关键因素：

① 材料、温度及载荷；

② 蠕变温度门槛值，如服役温度在门槛值以下，即使应力水平很高，蠕变亦不会发生。

（2）损伤形态

蠕变一般起始于晶界，发展过程中可见明显变形、鼓包，最后破裂。

（3）控制措施

选择高蠕变抗力合金，避免炉管出现堵塞、局部过热。

（4）工段分布

在考虑到加热炉正常的操作温度下，材质一般发生蠕变失效的可能性比较低。如果加热炉温度控制不稳定，造成焦堵或其他异常升温，会导致蠕变失效可能性增高。

3.10 大气腐蚀和层下腐蚀

（1）损伤机理

大气腐蚀发生在潮湿的环境条件下，尤其是在海洋环境或潮湿的工业气体污染环境下程度更严重，影响材料包括碳钢、低合金钢和铝铜合金。

层下腐蚀发生在保温层下积水时，影响材料包括碳钢、低合金钢、300 系列不锈钢以及双相不锈钢。

关键因素：

包括环境条件(工业、海洋或乡村)、潮湿度、温度、盐或硫化物的存在，以及保温层的类型(层下腐蚀)等。

① 海洋环境以及工业污染环境如含硫化物形成酸性环境；

② 温度在 121℃以下才会发生大气腐蚀，也就是说必须有水的存在；

③ 温度在100～121℃之间时，由于保温层长期处于潮湿状态下，层下腐蚀更严重；

④ 周期性或间断开停工操作增加层下腐蚀的严重程度；

⑤ 氯化物，H_2S，SO_2以及烟尘等空气污染物加速大气腐蚀。

（2）损伤形态

大气腐蚀表现为均匀或局部腐蚀，这取决于是否有水局部积聚，漆层脱落部位为均匀腐蚀。

层下腐蚀对于碳钢和低合金钢表现为松散的、薄片状的氧化皮，具有高度的局部腐蚀特征。对于300系统不锈钢，层下腐蚀表现为坑蚀或氯化物应力腐蚀开裂。

（3）控制措施

保持漆层和保温层完好，选择合适的保温材料。

（4）工段分布

壁温在－12～121℃，无保温层的碳钢或低合金钢设备和管道，均可能发生大气腐蚀，特别是漆层脱落部位、操作温度在常温附近波动、停车期间或长期停用设备与管道支撑部位。

层下腐蚀发生在冷却水塔下风向、冷却水喷林系统、酸气、蒸汽放空附近，以及法兰、直接焊在器壁上的保温支撑圈、平台、扶梯、支腿、接管、蒸汽伴热泄漏部位、设备底部积液部位。

4　芳烃装置关键设备主要失效机理及部位

芳烃装置关键设备为歧化反应器、异构化反应器、脱戊烷塔、抽提塔、溶剂再生塔、旋转阀、歧化加热炉和异构化加热炉。

4.1　歧化反应器

歧化反应器主要的失效机理及失效部位：

a）高温氢损伤

可能发生在反应器内壁临氢高温部位。歧化反应器的壳体和封头多采用高温性能良好的Cr－Mo钢制造，不需要设置防腐衬里，出于工艺的考虑通常需要临氢操作，而反应器的操作温度一般大于400℃，因此有可能发生高温氢损伤。高温下介质中氢与反应器Cr－Mo钢中的碳化物反应生产甲烷，造成钢材脱碳，使其强度降低。

高温氢损伤可能发生在钢材表面，主要表现为表面脱碳，检验时采用金相抽查的方法具有一定的有效性，金相抽查的比例越高，则漏检的可能性越小。高温氢损伤同样也可能发生在钢材内部，主要是钢材可捕获原子状态的氢，并在浓差梯度的作用下向内传递，与材料内部的碳化物反应生成甲烷气体。甲烷气体分子较大，无法溢出材料表面，在材料内部不断累积，压力升高，易形成微观鼓泡，多个微观鼓泡扩展连接在一起，易形成宏观表面鼓泡或者发生开裂，裂纹多为沿晶特征。对于内壁发生的HTHA，如果允许进行内部检验，应进行内壁和外壁宏观检查，观察有无明显的鼓泡或宏观裂纹，辅以内、外壁金相抽查和适当比例的内、外壁表面无损检测，内壁或外壁抽查一定比例的区域做超声波直探头扫查，具体比例应视风险分析的结果而定。

检验过程中如果发现表面脱碳明显，或宏观检查发现鼓泡、裂纹，或表面无损检测发现裂纹，或超声波直探头扫查发现钢材中有夹层反射特征，均应视具体情况扩大抽检的比例。

高温氢腐蚀还可能发生在歧化反应器进、出料管道中，对于这部分管线，应采取外壁宏观抽查＋金相抽查＋表面无损检测抽查＋超声波直探头扫查抽检的方法检验。一旦检验发现脱碳、鼓泡或者裂纹，应视具体情况扩大抽检的比例。

b）回火脆

主要发生在反应器开停工阶段。检验前应详细查阅反应器的运行记录及检验历史，如果反应器长期在敏感温度区间服役，或者检验历史上曾经发现过这类裂纹，检验时应注意抽检这些裂纹易发生位置，一般多发于截面突变处的凸台、接管等位置，可采用宏观抽查＋表面无损检测抽查的方法，具体的抽查比例应根据风险评估的结果和资料查阅的结果综合决定。

一些反应器设有随机挂片，须每隔一定的周期取出一部分挂片进行力学性能试验，推荐进行V型缺口冲击试验，用以评判材料回火脆性程度，确定反应器是否满足继续服役的要求。

c）氢脆

发生在停工阶段。检验时以内表面无损检测抽查为主，辅以硬度抽查和超声波横波扫查抽查，抽查的主要部位为局部高残余应力区，如凸台、下过渡段支撑圈部位内壁处、焊缝热影响区，具体比例应视风险分析的结果而定。对于硬度抽查中硬度较高的区域，需要局部增加表面无损检测和超声波横波扫查。

4.2 异构化反应器

同4.1歧化反应器。

4.3 脱戊烷塔

脱戊烷塔主要的失效机理及失效部位：

a）$H_2S-HCl-H_2O$ 腐蚀

塔顶绝热层破损区域对应的塔体内壁部位。脱戊烷塔底的操作温度一般在170～200℃，塔釜中一般不存在液相水，物料中水分蒸发上升。在塔顶局部绝热层发生破损部位，塔壁得不到有效的绝热保护温度降低，若低于水的标准沸点，则水汽可能在内壁凝结成液相水，物料中的硫化氢、氯化氢杂质被液相水吸收，形成 $H_2S-HCl-H_2O$ 腐蚀，腐蚀形态为局部腐蚀。检验时应首先观察塔外壁绝热层状况，发现绝热层质量较差或发生破损的部位应对相应的内侧塔壁进行宏观检查，发现有明显腐蚀的部位应进行超声波测厚。

$H_2S-HCl-H_2O$ 腐蚀也可能发生在脱戊烷塔顶气相出料的碳钢和低合金钢制设备或管线上，尤其是有液相水聚集的部位，如空冷器出口端盖、出口管道低点、回流罐等。空冷器出口端盖如果打开，应对内壁进行宏观检查，辅以超声波测厚；如不能打开，则应以超声波测厚抽查为主，并适当提高测厚位置的分布密度。空冷器出口管道以超声波测厚抽查为主，抽查的重点部位为管道水平段的下管壁、弯头、三通、异径管等，这些抽查位置应进行大量的测厚或采用超声波直探头扫查。回流罐一般以内壁宏观检查为主，辅以超声波测厚抽查即可。

b）湿 H_2S 环境下的损伤

塔顶绝热层破损区域对应的塔体内壁部位。如上文所述，塔顶绝热层破损区域对应的塔体内壁部位因形成湿 H_2S 环境，可能对碳钢或低合金钢造成相应的损伤，如氢鼓包、氢致开裂、应力导向氢致开裂、硫化物应力腐蚀开裂等。检验时应首先观察塔外壁绝热层状况，发现绝热层质量较差或发生破损的部位应对相应的内侧塔壁进行宏观检查，辅以超声波测厚或超声波直探头扫查。若宏观检查发现有明显的鼓包，该部位应重点进行检测，用超声波直探头确定鼓包区域并详细记录，查阅历次检验资料判断鼓包的扩展情况。

空冷器出口管道也应在管道的水平段进行抽查，尤其是下管壁位置，抽查比例与管道壁厚值成正比，发现鼓包时的处理方法同上。

4.4　抽提塔

抽提塔主要的失效机理及失效部位：

a）溶剂分解产物（酸）腐蚀

发生在塔釜内壁液相及气液相界面和塔釜再沸物料返回接管口内壁。检验时主要应注意塔釜内壁液相及气液相界面及塔釜再沸物料返回接管口内壁，因腐蚀形态以局部腐蚀为主，进行相应位置的内壁宏观检查，并辅以超声波测厚抽查可达到比较好的效果。检验发现的缺陷形态和位置应详细记录，并查阅历次检验记录进行对比分析。

b）胺腐蚀

发生在抽提塔釜内壁及塔釜再沸系统。胺对抽提塔釜内壁易形成均匀腐蚀，对塔釜再沸系统易形成局部腐蚀。检验时塔釜进行超声波测厚抽查即可，而塔釜再沸系统的换热器和管道，尤其是再沸物料返回管道、再沸器和塔釜的返回接管，需要注意加强对局部腐蚀的检验，通常换热器和塔釜接管要对内壁进行宏观检查，辅以超声波测厚抽查，再沸系统的管道则以超声波测厚抽查为主，考虑到流体冲刷的加剧作用，管道的弯头、三通、异径管、泵出口处管道都是测厚抽查的重点部位。

c）胺应力腐蚀开裂

发生在抽提塔釜内壁及塔釜再沸物料返回接管。胺的存在不仅可能造成腐蚀，还可能导致碳钢和低合金钢制设备或管道的应力腐蚀开裂。考虑到应力是主导因素之一，检验时应对塔釜内壁、换热器筒体内壁对接焊缝和接管角焊缝进行表面无损检测抽查，对再沸系统的管道焊缝进行超声波横波检测或射线检测。

4.5　溶剂再生塔

溶剂再生塔主要的失效机理及失效部位：

a）溶剂分解产物（酸）腐蚀：发生在塔釜内壁液相及气液相界面，塔釜再沸物料返回接管口内壁；

参见4.4抽提塔部分。

b）胺腐蚀：发生在塔釜内壁液相。

参见4.4抽提塔部分。

c）胺应力腐蚀开裂：釜内壁及塔釜再沸物料返回接管。

参见4.4抽提塔部分。

4.6　旋转阀

旋转阀主要的失效机理及失效部位：

旋转阀虽然是芳烃装置的核心，但考虑到物料较为纯净，操作压力和操作温度都不高，除大气腐蚀外，没有其他明细的腐蚀机理。旋转阀的失效后果比较大，尤其对于装置的正常运行，须进行必要的检验，一般以宏观检查为主，如外部腐蚀情况，以及旋转密封面有无磨损划伤、螺栓等紧固件有无损伤等。

4.7 歧化加热炉和异构化加热炉

歧化加热炉和异构化加热炉主要的失效机理及失效部位：

a）高温氢损伤

发生在加热炉辐射段高温部位。炉管发生高温氢损伤时，由于无法实施对炉管内壁的检验，检验主要以外壁宏观抽查＋金相抽查＋表面无损检测抽查＋超声波直探头扫查的方式，尤其金相检验是需要抽检一定的比例。外壁金相抽查或表面无损检测抽查发现裂纹时，建议对发现开裂的炉管截取一段进行检验分析，确定炉管整体的高温氢损伤程度。

b）蠕变及应力破裂

发生在加热炉辐射段高温部位。蠕变损伤与时间相关，检验时主要以宏观检查＋金相抽查为主，选择一些炉管壁易形成局部高温的位置，如辐射段的受火面、物料出口的炉管、局部可能发生结焦的位置等。检验时建议对炉管外形尺寸进行测量，计算蠕变应变及其速率。检验中发现蠕变孔洞或裂纹时，需增加抽查的比例并取样分析确定材质的损伤劣化程度是否满足继续服役的要求。

5 芳烃装置设备和管道推荐的检验策略

5.1 检验策略

检验策略的选择原则参考 GB/T 26610.2《承压设备系统基于风险的检验实施导则 第2部分：基于风险的检验策略》进行制定。

5.2 芳烃装置关键设备推荐的检验方法和检验比例

芳烃装置关键设备推荐的检验方法和检验比例见表10－1～表10－2。

表10－1 歧化反应器推荐的检验方法和检验比例

序号	损伤机理	失效部位	检验方法		检验比例	备注
			内检	外检		
1	高温氢损伤（HTHA）	壳体内壁母材	金相分析	金相分析	抽查	
2	铬钼钢的回火脆	发生在开停工阶段母材	无有效检测手段	无有效检测手段		腐蚀挂片，定期取样进行冲击试验
3	氢脆	发生在停工阶段，需要注意反应器内部支撑圈角焊缝部位	磁粉检测	超声波横波检测或TOFD或声发射检测，必要时辅以磁记忆抽查	MT＞10%	

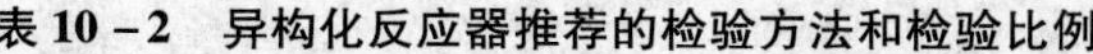

表10－2　异构化反应器推荐的检验方法和检验比例

序号	损伤机理	失效部位	检验方法		检验比例	备注
			内检	外检		
1	高温氢损伤（HTHA）	壳体内壁母材	金相分析	金相分析	抽查	
2	铬钼钢的回火脆	发生在开停工阶段母材	无有效检测手段	无有效检测手段		腐蚀挂片，定期取样进行冲击试验
3	氢脆	发生在停工阶段，需要注意反应器内部支撑圈角焊缝部位	磁粉检测	超声波横波检测或TOFD或声发射检测，必要时辅以磁记忆抽查	MT＞10%	

附录　芳烃装置失效树(图 10－21)

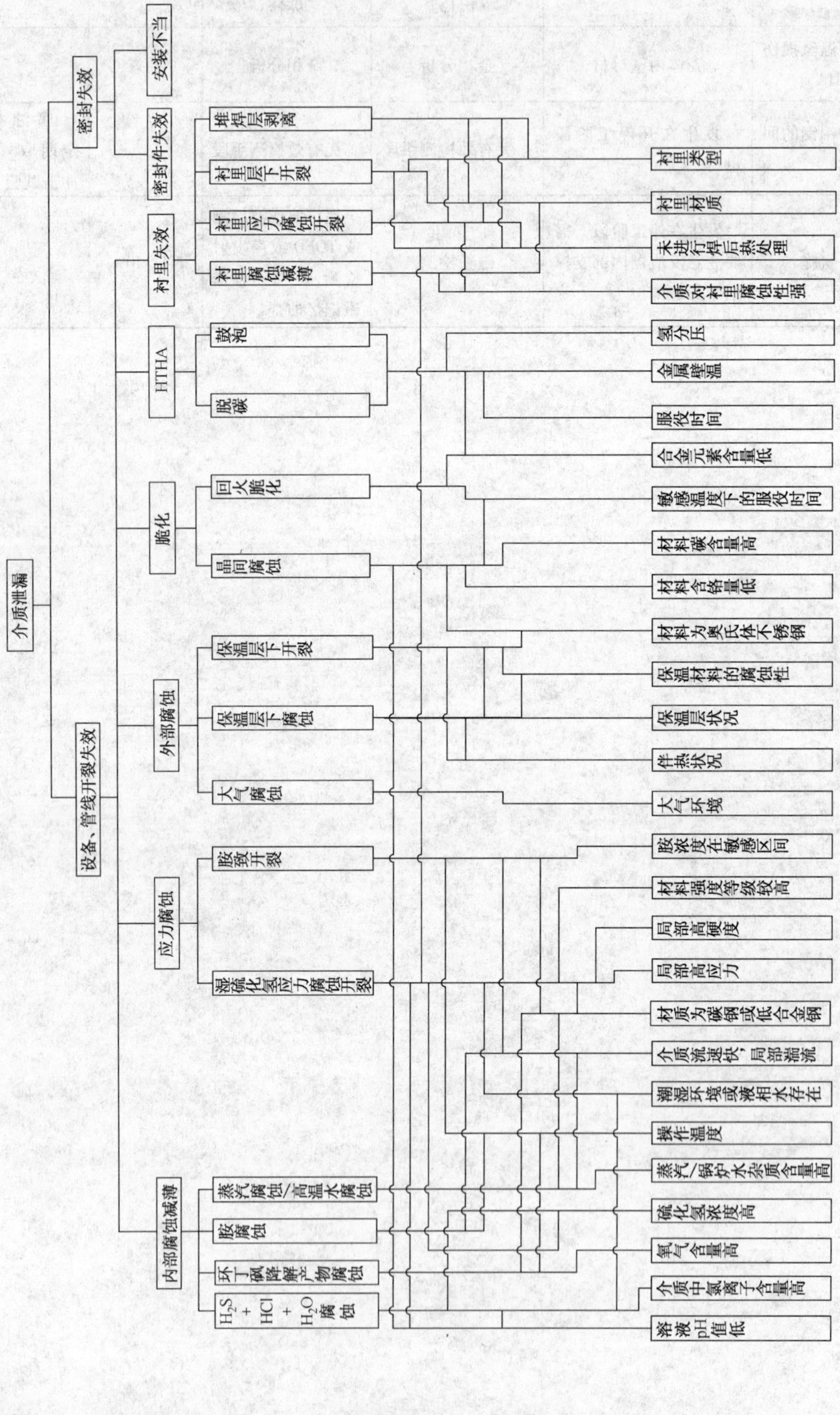

图10-21　芳烃装置失效树

第 11 章 水煤浆气化装置风险检验指南

1 概述

水煤浆气化装置是煤化工产业链的龙头装置，主要作用是将煤炭或煤焦气化反应得到粗煤气，工艺技术路线采用美国 GE 公司水煤浆加压技术，主要包括磨焦制浆、水煤浆气化、水煤气洗涤和黑水闪蒸、汽化炉排渣、黑水过滤系统等几个主要工艺单元。水煤浆气化工艺采用石油焦和煤作为气化原料，在压力 6.5MPa、温度 1350～1450℃的气化条件下，生产粗煤气，并进行初步的除渣、脱水处理，然后送到下游装置。装置的加工原料主要以煤和石油焦为原料。

2 水煤浆气化装置工艺流程简介

气化装置包括磨焦制浆、水煤浆气化、合成气冷却及炭黑洗涤、气化炉排渣、灰水处理等几个主要工艺单元。

磨焦制浆单元。作为气化原料的石油焦或原料煤，在原煤储运系统中被破碎处理成为小于 10mm 的碎煤焦，分别经皮带输送机送入煤焦储斗，外购石灰石粉储存在石灰石粉储斗，这些物料分别经传送带进入煤磨机，与一定量的来自灰水处理系统的灰水、滤液及来自灰水闪蒸部分的真空冷凝液混合，在磨煤机中磨成一定粒度的水煤浆。水煤浆经磨煤机出料槽，磨煤机出料槽泵送至煤浆槽，再经煤浆泵送至气化单元。

水煤浆气化单元。来自水煤浆槽的煤浆，由高压煤浆泵加压后经煤浆切断阀进入德士古烧嘴内环隙。来自空分装置的纯氧气经氧流量调节阀，氧气切断阀后分两路进入德士古烧嘴。水煤浆和氧气经德士古烧嘴充分混合雾化后进入气化炉的燃烧室，在 6.5MPa，约 1400℃条件下进行气化反应，生成以 CO 和 H_2 为有效成分的粗合成气。粗合成气和熔融状态的灰渣一起经过均布激冷水的激冷环向下，经过下降管进入激冷室的水浴中。大部分的熔渣经冷却固化后，落入激冷室底部，经破渣机破碎除去大块渣后排入锁斗，定时排入渣池，再由捞渣机将渣捞出后装车外运。粗合成气沿下降管和上升管的环隙上升，并经过激冷室上部挡板折流后，由合成气出口管线导出去文丘里洗涤器，在文丘里洗涤器内合成气经收缩管增速，在喉管内与激冷水泵来的水充分混合达到增湿的目的，使细小熔渣与合成气分离后进入洗涤塔。激冷室底部的黑水进入闪蒸系统。

合成气洗涤单元。水与合成气混合进入洗涤塔。合成气向上穿过水层，大部分固体颗粒与合成气分离，沉降到塔底部。合成气在洗涤塔顶部经过除沫器，除去合成气中的雾沫，然后出洗涤塔，干净的合成气至变换装置。洗涤塔底部黑水送入闪蒸系统，脱氧槽中的灰水由高压灰水泵送入洗涤塔控制洗涤塔液位。高压冷凝液泵将变换冷凝液送入洗涤塔中部，用以调节高压凝液罐的液位，同时部分冷凝液作为洗涤塔塔盘的洗涤水。

锁斗单元。锁斗是一个定期收集和排放固体渣的水封体系，集渣和排渣均遵照锁斗循环逻辑，并按一定时序完成。在收渣阶段，激冷室底部的渣水经破渣机、锁斗安全阀、锁斗进口阀进入锁斗。锁斗安全阀处于常开状态，仅当由激冷室液位低引起的气化炉停车时，锁斗安全阀才关闭。锁斗循环泵从锁斗顶部抽取相对清洁的水送回激冷室底部帮助排渣。从渣水处理系统来的灰水，由低压灰水泵加压后送入锁斗冲洗水罐，作为锁斗的冲洗水。锁斗排放的渣水进入渣池前仓，较澄清的渣水溢流至渣池后仓，并由渣池泵将渣水送往真空闪蒸罐。排入渣池的粗渣在前仓由捞渣机送入灰车送出界区。

渣水处理单元。出气化炉激冷水室的黑水与出合成气洗涤塔底部的黑水经减压后分别进入高压闪蒸罐，闪蒸出水中溶解的气体。然后经低压闪蒸罐进一步闪蒸，闪蒸后的黑水与渣池泵来的黑水一起依次经真空闪蒸罐、闪蒸罐再次闪蒸。经四级闪蒸后的黑水经过沉降槽给料泵送至沉降槽沉降分离细渣。沉降后沉降槽底部的沉降物含固量约20%，由沉降槽底流泵打出后分为两部分，70%的黑水送入煤磨机返回部分细渣，其余送至压滤机给料槽，再靠重力作用送至真空抽滤机，脱水后的滤饼装车外运。滤液自流到滤液受槽，再经磨机给水泵送至磨机作为水煤浆制备的补充水。沉降槽上部溢流清液自流到灰水槽，灰水槽中的灰水经低压灰水泵加压后送至锁斗冲洗水罐作为锁斗排渣的冲洗水，一部分经废水冷却器冷却后排至污水处理系统进行处理，达到排放标准后排放；另一部分灰水进入除氧器，再经洗涤塔给料泵在灰水加热器中与高压闪蒸气换热后，送至合成气洗涤塔作为系统补充水循环使用。合成气洗涤塔不足的洗涤水由来自工艺水槽的冷凝液补充。

高压闪蒸罐顶的闪蒸气经灰水加热器换热降温后，进入高压闪蒸分离罐，分离后的气体去变换装置的冷凝液气提塔，分离后的冷凝液返回除氧器使用。低压闪蒸罐顶的闪蒸气直接返回脱氧槽使用。真空闪蒸罐顶的闪蒸气经真空闪蒸罐顶冷凝器循环水冷却后进入真空闪蒸分离罐。真空闪蒸罐顶的闪蒸气经真空闪蒸罐顶冷凝器循环水冷却后，与真空闪蒸分离罐分离后的凝液一起进入真空闪蒸分离罐，分离后的气体与真空闪蒸分离罐分离出的气体一起经真空泵进入真空泵分离罐，分离出的液体去滤液受液槽，气体放空。真空闪蒸分离罐分离后的冷凝液经送至沉降槽。

3　水煤浆气化装置关键静设备简介

水煤浆气化装置关键静设备包括：气化炉和洗涤塔。

3.1　气化炉

气化炉是水煤浆气化装置的重要设备，它在整个装置的总投资中占着很大的比例。水煤浆和氧气在其内发生燃烧和气化反应，生成一氧化碳和氢气为主要成分的粗合成气。由于煤气化反应的特殊性，对气化炉有苛刻的要求：耐高温高压环境下的冲刷腐蚀等。

气化炉内的反应：水煤浆和纯氧经德士古烧嘴进入气化炉，在压力6.5MPa、温度1400℃左右的条件下进行反应，生成$CO + H_2$为主要成份的粗合成气。在气化炉内进行的反应相当复杂，一般认为分3步进行：

（1）煤的裂解和挥发分的燃烧

水煤浆和纯氧进入高温气化炉后，水分迅速蒸发为水蒸气。煤粉发生热裂解并释放出挥发分。裂解产物及易挥发分在高温、高氧浓度的条件下迅速完全燃烧，同时煤粉变成煤焦，放出大量的反应热，因此在合成气中不含焦油、酚类和高分子烃类，该过程进行的相当短促。

(2) 燃烧和气化反应

煤裂解后生成的煤焦一方面和剩余的氧气发生燃烧反应，生成一氧化碳、二氧化碳等气体，放出反应热；另一方面，煤焦又和水蒸气、二氧化碳等发生气化反应，生成一氧化碳、氢气。

(3) 其他反应

经过前两步反应后，气化炉中的氧气已基本完全消耗。这时主要进行的是煤焦、甲烷等与水蒸气、二氧化碳发生的气化反应，生成一氧化碳和氢气。

一般认为，在气化炉中主要进行以下化学反应：

副反应生成的酸性产物可能会使渣水的pH值降低，呈酸性，造成渣水系统设备和管道的腐蚀。气化反应中生成的硫化物主要以硫化氢的形式存在，有机硫COS的含量很少。

3.2 洗涤塔

洗涤塔是水煤浆气化装置的主要设备。洗涤塔的主要作用是将气化反应生成的粗合成气中的固体颗粒与合成气分离。

洗涤塔的使用温度一般为280℃左右，使用压力为6.55MPa，介质为气液固三相流，壳体结构采用锻焊+复合板内衬的形式，材质一般为碳钢+不锈钢。为了保证粗合成气在塔内有充分的洗涤时间，根据装置的加工能力大小，在一定的允许线速下，要选择一个合理的直径与高度。

4 水煤浆气化装置主要损伤机理及分布

气化装置的主要原料是煤和石油焦。煤是复杂的高分子有机化合物，主要由碳、氢、氧、氮、硫和磷等元素组成，其中占95%以上的组分是碳、氢、氧，煤中还含有少量的灰分和水分。石油焦是原油经过蒸馏将轻重质油分离后，重质油再经过热裂的过程，转化成的产品，主要的组成元素为碳，占80%(质)，其余的为氢、氧、氮、硫和金属元素。

在水煤浆气化的操作条件下，煤中所含的硫、氯、氮等元素发生反应，生成硫化氢、氯离子、氨、氰根离子，这些有害介质会混入合成气、黑水、渣水、灰水系统中造成设备和管道的腐蚀。煤气化装置的主要腐蚀部位包括：洗涤塔顶的管道腐蚀，气化系统高温部位(温度大于220℃)的硫化氢/氢腐蚀，黑水和灰水系统的奥氏体不锈钢的氯化物应力腐蚀开裂以及碳钢和低合金钢的湿硫化氢破坏等。

考虑到煤气化装置原料煤中介质成分的变化，因此只能定性地分析齐鲁石化煤气化装置的腐蚀流分布。

在水煤浆发生气化反应后生成了 H_2S、HCN 和 NH_3，同时水煤浆中还会含有部分氯元素，在气化反应后，也会以氯离子的状态出现。气化反应完成后，生成合成气和凝固的煤渣。

合成气中存在 H_2S、HCN 和 NH_3 等有害介质，从气化炉进入洗涤塔，然后经过循环黑水或循环灰水的洗涤，脱除气体中携带的固体颗粒后从洗涤塔顶出去下游装置，在这个过程，合成气都处于潮湿的环境中，在 H_2S、HCN 和 NH_3 等有害介质作用下，会发生酸性水腐蚀、碳钢和低合金钢的湿硫化氢破坏、奥氏体不锈钢的氯离子应力腐蚀开裂(ClSCC)。

气化反应生成的煤渣从气化炉下部进入渣水处理系统，固体颗粒装车运出，液体黑水汇合洗涤塔下部的黑水后进入黑水闪蒸系统。黑水中存在大量的 H_2S、CN^-、NH_4^+ 和氯离子，这些都是反应生成的 H_2S、HCN、NH_3 和氯离子溶解在水里形成的。在这些介质的作用下，黑水闪蒸系统和渣水处理系统有可能发生酸性水腐蚀、碳钢和低合金钢的湿硫化氢破坏、奥氏体不锈钢的氯离子应力腐蚀开裂。

气化装置中最主要的对设备和管道的损伤是固液相介质的冲蚀。从水煤浆磨浆开始，固体颗粒就对设备产生冲刷腐蚀，以料浆槽搅拌器为例，料浆槽搅拌器为单台公用设备，负责气化炉合格煤浆的供给。浆叶耐磨层因磨蚀经常会发生脱落，减速箱齿轮会发生疲劳断裂失效事故，高压煤浆泵和渣水泵叶轮都会出现严重的磨损，水煤浆管线多条存在冲蚀减薄的现象。

气化装置的腐蚀减薄，或是开裂，基本上都是冲蚀和其他腐蚀机理共同作用的结果。

4.1 固液相冲刷腐蚀

（1）损伤机理

冲刷腐蚀又称为磨损腐蚀，是金属表面与腐蚀流体之间由于高速相对运动而引起的金属损坏现象，是材料受冲刷和腐蚀交互作用的结果，是一种危害性较大的局部腐蚀。冲刷腐蚀在石油、化工、水电等工业过程中广泛存在，暴露在运动流体中的所有类型的设备如料浆泵的过流部件、弯头、三通和换热器管，都会遭受到冲刷腐蚀的破坏，尤其是在含固相颗粒的双相流中，破坏更为严重，它将大大缩短设备的寿命。

固液相的冲刷腐蚀是煤气化装置中最普遍存在的一种腐蚀机理，不论是进料系统的水煤浆，还是气化反应后生成的煤渣，都会形成固液混合相，在流动的过程中对装置的设备和管道产生冲刷腐蚀。主要影响因素可分为流体力学因素、材料因素、两相流体中的固相颗粒因素和液相方面的因素等四个方面，这些因素交织在一起，影响材料冲刷腐蚀性能。

流体流速、介质的流动对冲刷腐蚀有两种作用：质量传递效应和表面切应力效应，因此，流体流速在冲刷腐蚀过程中起着重要作用，并直接影响冲刷腐蚀的机制。对于不具有钝化特性的金属，特别是在中性条件下，氧的存在将会加速阳极金属的溶解。因此随流速的提高，氧，二氧化碳等腐蚀剂的传质变得容易，从而与金属表面充分地接触，促进腐蚀；另外，液流冲击金属表面，随流速的提高，在悬浮固相颗粒作用下，切力矩作用增强，将腐蚀产物不断从金属表面剥离，并且在金属基体上产生划痕，使腐蚀加剧。所以，不具钝化特性的金属其冲刷腐蚀失重率随冲刷速度的增加而增大。对于有钝性的金属只有当介质中加入了足够的氧化剂，才能产生钝态。

流速对有钝性的金属材料抗冲刷腐蚀性能的影响分为两种情况：低速条件下，流速的提高增加了氧的传质过程，使钝化和再钝化能力提高，金属钝化占主导地位，而冲刷作用相对较弱；在高流速下，流体对金属表面产生的附加剪切力增大，同时，固相颗粒碰撞金属表面的速度和频率也增大，冲刷作用占主导地位，随流速的提高，液固双相流冲刷对表面膜的破坏作用加剧，导致钝化膜剥落，金属重新暴露，从而加剧腐蚀。除此之外，流体的流动状态是层流还是湍流也对冲刷腐蚀其重要作用。

材料因素：材料抵抗冲刷腐蚀的能力主要与材料的耐蚀性和材料的机械性能(尤其是硬度)有关，同时也与材料表面膜的形成难易有关。因此，金属的组织与性能都会影响冲刷腐蚀行为。

两相流体中的固相颗粒悬浮颗粒物的硬度，形状大小及其数量是影响冲蚀行为的主要参数。一般条件下，颗粒硬度越高，冲刷越严重。多角粒子的切削作用要比球形离子的切削作用大很多。

(2) 损伤形态

冲刷腐蚀常为局部减薄，一般存在于弯头、三通、大小头等流速和流向突变的地点，表现出来的是介质冲刷对设备金属的层层剥落。

(3) 损伤分布

水煤浆进料部位，渣水系统，黑水、灰水系统中存在固液两相的管道和设备。

4.2　高温硫引起的腐蚀

(1) 损伤机理

高温硫的腐蚀，实际上是以硫化氢为主的活性硫的腐蚀。煤中所含的无机硫在气化反应过程中生成硫化氢。在一定温度下，硫化氢可以分解，分解出来的硫，其活性很高，腐蚀性很强，称为活性硫。

温度升高到375～425℃时，未分解的硫化氢也能与铁直接反应生成 FeS 和 H_2。由于硫化铁的附着力很强，也较致密，对进一步的腐蚀反应有一定的阻滞作用，所以在腐蚀开始时速度很高，而在一定时间后，腐蚀有所减轻。但是，如果这种保护膜遭到破坏则腐蚀将继续下去。影响高温硫腐蚀的主要因素是合金组分、温度及腐蚀硫化物的质量分数。一般说来，铁和镍合金的防蚀性由金属里的铬含量所决定。提高铬的含量能明显增强防硫化腐蚀的能力。镍合金类似于不锈钢，能提供与铬相似水平的耐硫化性。

(2) 损伤形态

由工作条件决定的，腐蚀最常以均匀变薄的形式出现，但也会发生例如局部腐蚀或高腐蚀速率破坏。硫氧化物通常覆盖部件的表面，沉积物厚度可能厚或薄，这取决于这个合金流液的侵蚀性、流速和污染物的质量分数。

(3) 损伤分布

气化反应单元高温部分都会发生高温硫腐蚀。

4.3　高温 H_2S/H_2 腐蚀

(1) 损伤机理

水煤浆在气化反应器内，煤浆气化反应会生成硫化氢和氢气。高温下(200℃以上)硫化氢对钢材的腐蚀性很强，氢气的存在会增加高温硫化物腐蚀的严重性。主要影响因素是温度、氢气含量、硫化氢浓度以及合金成分。随着温度、氢含量以及硫化氢浓度的增加，腐蚀速率加快。

(2) 损伤形态

高温硫化氢/氢气腐蚀形态为均匀减薄，并伴有硫化铁腐蚀产物的形成。

(3) 损伤分布

主要发生的部位：气化反应单元高温气相部分。

4.4 酸性水(硫氢化铵)腐蚀

(1) 损伤机理

硫氢化铵(NH_4HS)是氨和硫化氢气体的反应产物。当反应器馏出物冷却到66℃以下时，硫氢化铵就会从蒸汽相里结晶出来形成固相，堵塞换热器管束，造成垢下腐蚀。酸性水腐蚀的影响因素为NH_4HS的浓度、流速、pH值、温度等。另外氰根存在会加速腐蚀，这是因为氰根会破坏硫化物保护膜。

(2) 损伤形态

酸性水腐蚀通常表现为均匀腐蚀，浓度在2%(质)以上时，在冲刷和湍流部位会造成严重的局部减薄。若洗涤水量不足以溶解硫氢化铵而出现沉淀时，在低流速区域会发生严重的局部垢下腐蚀，换热器则会出现换热管堵塞。

(3) 损伤分布

a) 渣水处理单元

渣水中含有一定量的氨和硫化氢，会对这部分管道和设备造成酸性水腐蚀，主要在弯头、三通以及其他发生局部湍流的部位。

b) 黑水闪蒸单元

正常情况下，分离容器的腐蚀速率是很低的，但是硫氢化铵含量超过10%时，会造成闪蒸单元的闪蒸罐产生严重的腐蚀。

c) 黑水过滤单元

假如从反应器、闪蒸器出来的水中有氨和氯化物，就会在黑水过滤单元产生酸性水，包括泵进出口管道、常压罐罐体和罐底及相连管道。

4.5 高温氢腐蚀(HTHA)

(1) 损伤机理

因为气化装置的气化炉内存在热的高压氢气，所以选用能够耐高温氢腐蚀的结构材料非常重要。当温度高于232℃、氢的分压大于$7kgf/cm^2$时，碳钢和低合金钢可能发生氢腐蚀，从而造成钢材脱碳，削弱了金属强度。此外，在间隙中能够生成甲烷，造成裂纹、鼓泡，从而使材料失效。

对某一特定钢材而言，HTHA敏感性依赖于温度、氢分压、时间和应力，且服役时间具有累积效应。在装置正常操作条件下，300系列不锈钢，以及5Cr、9Cr、12Cr合金对HTHA并不敏感。

(2) 损伤形态

HTHA表现为钢材表面和内部脱碳，以及沿晶开裂。

(3) 损伤分布

气化反应单元存在氢气的高温高压部分。

4.6 铬-钼钢的回火脆

(1) 损伤机理

如果铬-钼钢，特别是2.25Cr-1Mo钢，长时间在360~566℃的温度下加热时，就会发生回火致脆，使延脆转变温度明显升高。气化反应器的操作温度又恰好处于该钢种产生回火脆性的温度范围内，所以长期操作会发生回火脆性断裂。回火脆性的敏感性在很大程度上是由于合金中锰和硅的存在，以及杂质元素磷、锡、锑、砷。强度水平及热处理历史也应考虑。尽管操作温度下材料韧性降低并不明显，但在开停车阶段设备有可能因回火脆性而发生脆性断裂。

（2）损伤形态

回火脆是冶金改变，并不容易通过检验检测发现，但可以通过冲击试验验证。

（3）损伤分布

回火脆性发生在材质为铬－钼钢制高压蒸汽和超高压蒸汽管道，一般发生在开停车阶段。

4.7 湿硫化氢破坏

（1）损伤机理

钢在湿硫化氢环境中发生腐蚀时，生成的氢能够渗透进入钢材，在一定的条件下对材料造成破坏。造成破坏的氢来自腐蚀反应，而不是物流中的氢气。游离氰化物能够剥去可能形成的 FeS 保护膜，增加氢渗透的严重性。

湿硫化氢破坏包括氢鼓包（HB）、氢致开裂（HIC）、应力导向氢致开裂（SOHIC）、硫化物应力腐蚀开裂（SSCC）。HB、HIC、SOHIC 多发生在室温～150℃间，SSCC 则多发生在82℃以下。

SSCC 主要发生在高强度的铁素体或马氏体钢上，与硬度和残余应力水平有关，与杂质硫含量无关。而 HB、HIC、SOHIC 与硬度没关系，因此，与硫化物应力开裂不同，在各种软质材料里也会发生氢致开裂和应力导向氢致开裂。另外，HB、HIC 与应力也没关系，只与钢中夹杂物（含硫高）及夹层缺陷密切相关，因为这些缺陷为渗氢的积累提供场所，所以 PWHT 并不能消除 HB 和 HIC。

a）HB

氢原子渗透到钢中，在不连续处如夹杂物、夹层累积，氢原子合成氢分子后直径变大，无法从钢种扩散出来，压力逐渐升高形成鼓包。

b）HIC

在一些情况下，不同深度的氢鼓包非常靠近，彼此连接起来形成裂纹，裂纹形态通常为阶梯状。

c）SOHIC

SOHIC 与 HIC 相近，但裂纹形态表现为多处裂纹彼此堆积，垂直于钢材表面，其驱动力是高的应力水平（如残余应力或外加应力）。位置通常位于靠近焊缝热影响区的母材，初始裂纹为 HIC、SSCC 或其他裂纹。

d）SSCC

SSCC 定义为湿硫化氢腐蚀和拉应力作用下发生的开裂。SSCC 是一种氢应力开裂，原理也是渗氢。

湿硫化氢破坏（氢鼓包、氢致开裂、应力导向氢致开裂、硫化物应力腐蚀开裂）主要影响材料为碳钢和低合金钢。

（2）损伤形态

湿硫化氢腐蚀破坏腐蚀形态为鼓包和开裂。其中鼓包和 HIC、SOHIC 均发生在母材，SOHIC 发生区域靠近焊缝，而 SSCC 发生在具有较高硬度的焊缝和热影响区表面的局部区域。

（3）损伤分布

这种损伤机理主要存在于渣水处理单元，黑水、灰水单元，发生损伤的设备为碳钢或低合金钢，内部满足湿硫化氢环境。

4.8 连多硫酸应力腐蚀开裂（PTASCC）

损伤机理、损伤形态、控制措施见第 4 章 3.4 部分内容。

损伤分布

PTASCC 发生在开停车阶段，材质为不锈钢或不锈钢衬里且介质含硫的设备，如气化反应单元高温部分符合这些条件的设备和管道。

4.9 Cl 离子应力腐蚀开裂

（1）损伤机理

在用奥氏体不锈钢制造的压力管道中，如果有氯化物溶液存在，会产生应力腐蚀。这是由于溶液中的氯离子使不锈钢表面的钝化膜受到破坏，在拉伸应力的作用下，钝化膜被破坏的区域就会产生裂纹，成为腐蚀电池的阳极区，连续不断的电化学腐蚀最终可能导致金属的断裂。这种腐蚀与氯离子的浓度关系不大，即使是微量的氯离子，也可能产生应力腐蚀。

（2）损伤形态

在压力设备中，Cl－SCC 通常发生在焊接接头处。

（3）损伤分布

主要发生在装置的不锈钢管道部分。

4.10 奥氏体不锈钢堆焊层的氢致剥离

（1）损伤机理

堆焊层剥离也是氢致延迟开裂的一种形式。高温、高压、临氢环境下操作的反应器，氢会渗透到器壁中。由于反应器本体材料（Cr－Mo）与堆焊层材料（316L）结晶结构不同，因而氢的溶解度和扩散速度都不一样，湿堆焊层界面上氢浓度形成不连续状态。当反应器从正常运行状态下停工冷却到常温时，氢在基材中溶解度的过饱和度要比堆焊层大得多，使氢由基材向堆焊层的过渡层扩散，而氢在奥氏体不锈钢中的扩散系数比 Cr－Mo 小，所以氢在过渡层扩散缓慢，导致大量聚集而引起脆化。

（2）损伤形态

从宏观看，剥离沿着堆焊层和基材的界面扩展，从微观看，剥离裂纹沿着熔合线碳化铬析出区或沿着长大的奥氏体晶界扩展。

（3）损伤分布

气化炉反应器，一般出现在停工阶段。

4.11 高温氧化

高温下氧与金属反应生成氧化皮。金属损失是由于金属和周围环境中的氧气发生了反应。通常，当温度达到氧化温度时，在其表面会形成具有相对保护作用的氧化物，它可以减少金属的损失速率。

碳钢发生高温氧化腐蚀的温度高于482℃，高于538℃则程度明显。而合金的温度则更高些（如300系列不锈钢在816℃以下具有抗力）。金属中的含铬量越高，氧化层的保护作用越强。对炉管而言，外壁高温氧化腐蚀更严重，氧化速率与炉内温度和氧气的含量相关。其损伤分布在气化炉的内部件。

4.12 外部腐蚀

（1）损伤机理

外部腐蚀包含没有保温层的大气腐蚀和保温材料的层下腐蚀（CUI）。CUI产生机理是由于保温层与金属表面间空隙内水的集聚产生的。CUI形成局部腐蚀，常发生在-12~120℃温度范围内，在50~93℃区间时尤为严重。如果材料为碳钢或低合金钢，设备没有绝热层，并且操作温度为-12~120℃，则可能发生外部腐蚀。外部腐蚀情况和装置所处的地理位置相关。

（2）损伤形态

大气腐蚀表现为均匀或局部腐蚀，局部腐蚀取决于是否有水局部积聚，漆层脱落部位为均匀腐蚀。大气腐蚀外观表现为形成红色氧化铁产物。

层下腐蚀对于碳钢和低合金钢表现为松散的、薄片状的氧化皮，具有高度的局部腐蚀特征。对于300系统不锈钢，层下腐蚀表现为坑蚀或氯化物应力腐蚀开裂。

（3）损伤分布

壁温在-12~121℃、无保温层的碳钢或低合金钢设备和管道，均可能发生大气腐蚀，特别是漆层脱落部位，操作温度在常温附近波动、停车或长期停用设备，管道支撑部位。层下腐蚀发生在蒸汽放空装置附近、处在管沟内的管道，温支撑圈、平台、扶梯、支腿、接管、蒸汽伴热泄漏部位、设备底部积液部位。

5 水煤浆气化装置设备和管道推荐的检验策略

5.1 检验策略

检验策略的选择原则参考GB/T 26610.2《承压设备系统基于风险的检验实施导则　第2部分：基于风险的检验策略》进行制定。

5.2 水煤浆气化装置关键设备推荐的检验方法和检验比例

水煤浆气化装置关键设备推荐的检验方法和检验比例见表11-1。

表 11－1　气化炉推荐的检验方法和检验比例

序号	损伤机理	失效部位	检验方法		检验比例	备注
			内检	外检		
1	蠕变及应力破裂	内件	—	宏观检查＋测厚，可选加渗透检测	宏观检查＞20%；测厚抽检＞20%；渗透检测＞5%	
2	热疲劳	内件	—	宏观检查＋渗透检测	PT10%～25%	
3	渗碳	内件	—	锤击＋硬度检测，渗透检测	抽查＞10%	
4	结焦	内件	—	无有效检测手段	—	
5	高温氧化/硫化	内件	—	宏观检查＋测厚	抽检 5%～50%	
6	高温 H_2S/H_2 腐蚀	内件及壳体	宏观检查＋测厚		抽检 5%～50%	重点检查壳体衬里是否完好
7	高温硫腐蚀	内件及壳体	宏观检查＋测厚		抽检 5%～50%	重点检查壳体衬里是否完好
8	气固相冲刷腐蚀	内件及壳体	宏观检查＋测厚		抽检 5%～50%	重点检查壳体衬里是否完好

第12章 煤净化装置风险检验指南

1 概述

煤净化装置包括一氧化碳变换系统、酸性气体脱除及供配气系统、甲烷化系统和冰机系统等几个主要工艺单元。主要作用是将煤气化装置产粗煤气变换、净化处理后，分为氢气、甲醇合成气、羰基合成气、二氧化碳气和酸性气外送下游用户。其中一氧化碳变换单元是将石油焦和煤在气化装置中反应生成的粗煤气，通过变换单元的耐硫变换流程，生成变换气和非变换气；酸性气体脱除单元采用低温甲醇洗工艺，分别用化学和物理的方法净化来自变换单元的变换气和非变换气，同时回收系统热量，产出粗氢气、富二氧化碳气体和净化气；供配气系统是将净化气配比得到甲醇合成气和羰基合成气外供下游装置，粗氢气经甲烷化净化后送炼油厂氢气管网。酸性气脱除及供配气系统产生的富硫化氢酸性气送炼油厂硫磺回收装置。为了满足酸性气体脱除及供配气系统的冷量需要，净化装置中还应设置氨冰机制冷系统。

2 煤净化装置工艺流程简介

变换单元：由气化装置送来的粗合成气进入气液分离器，分离器顶部的工艺气分为两部分，一部分经变换炉进气加热器加热到280℃后进入预变换炉；另一部分经中压废锅副产中压蒸汽后进入非变换气第一分离器。预变换气炉炉内装填有活性组分较低的耐硫变化催化剂保护剂，一方面用于阻挡煤粉尘、炭黑等固体杂质，吸附砷、氯离子等对催化剂有毒害作用的组分，以保护后续耐硫变换催化剂；另一方面进行适度变换，反应温升应控制在30℃以内。

离开预变换炉的预变换气进入变换炉进行深度的一氧化炭变换反应。离开变换炉的415℃高温变换气先经调整换热器加热来自甲烷化的粗氢气，再经中压蒸汽过热器过热1.27MPa的蒸汽，然后再依次经变换炉进气加热器加热粗合成气、中压废锅副产中压蒸汽后，将至248℃进入变换炉继续进行变换反应，使一氧化碳含量进一步降至0.85%。变换炉出口267℃的变换气经锅炉水预热器被高压锅炉水冷却至240℃，然后进入变换炉继续进行反应，反应完成后气体中的一氧化碳含量将为0.399%。此变换气经锅炉水预热器被高压锅炉水冷却至176.3℃后进入变换气第一分离器，分离冷凝液后的变换气再经脱盐水预热器预热脱盐水后进入变换气第二分离器，再次分离冷凝液后经变换气水冷器冷却至40℃。进入变换气第三分离器，用锅炉水洗涤变换气中微量氨组分后送往酸性气体脱除工序。

非变换气经降温至220℃后，过非变换气第一分离器分离冷凝液后的粗合成气再经脱盐水预热器预热脱盐水降温至90℃后进入非变换气第二分离器，再次分离冷凝液后经非变换气水冷器冷却至40℃。进入非变换气第三分离器，用锅炉水洗涤变换气中微量氨组分后送往酸性气脱除工序。

非变换气第一分离器与变换气第一分离器分离出来的高压冷凝液汇合后直接送往气化单元的缓冲罐。

非变换气第二分离器、非变换气第三分离器分离出来的冷凝液汇合后经过，再与变换气第二分离器、变换气第三分离器分离出来的冷凝液汇合，然后进入汽提塔进料加热器与冷凝液汽提塔顶气体换热到125℃后进入冷凝液汽提塔顶部。来自气化的高压闪蒸气与来自锅炉排污分离器顶部的低压饱和蒸汽及系统管网来的过热蒸汽汇合后进入冷凝液汽提塔下部进行汽提。但在80%石油焦+20%煤工况下，气化单元若不进行调节，产生的高压闪蒸气比正常工况要多一倍多，若这些闪蒸气全部进汽提塔，则造成汽提塔及后续的冷换设备、酸性气分离器严重超负荷而无法操作。此时气化单元可通过调节的循环水量来控制高压闪蒸气的温度，从而达到稳定高压闪蒸气进入汽提塔流量的作用。考虑到80%石油焦+20%煤工况，操作时间较少，气化单元控制高压闪蒸气流量的效果不好，可将一部分多余的高压闪蒸气排放到热火炬系统，使高压闪蒸气进汽提塔的量够用即可，这样冷凝液汽提塔系统可满足两种工况操作。

为了除去冷凝液中的氨、二氧化碳、氰化氢等微量杂质，避免有害杂质累积，在冷凝液汽提塔底部通入低压蒸汽进行汽提。汽提后的富硫化氢饱和蒸汽从塔顶出来后，经汽提塔进料加热器和汽提塔水冷器冷却至90℃，然后进入汽提塔分离器分离液相，其顶部的酸性气送至炼油厂硫磺回收装置处理。罐底分离的液相污水用凝液回流泵送至冷凝液汽提塔顶部作为回流与进料污水同时进塔循环处理。冷凝液汽提塔塔底的汽提凝液中，氨含量小于100ppm，该凝液经冷凝液泵送往煤净化工序除氧槽，重复利用。在开工阶段及非正常情况下，温度较高的汽提塔底液因不合格而不能进入气化单元，可经冷却后进入污水处理厂。

由锅炉系统来的158℃、2.2MPa的低压除氧水分为两股进入中压废锅、中压废锅产出的1.27MPa中压蒸汽混合后经中压蒸汽过热器过热至310℃后送往中压蒸汽管网。

两台废锅的排污进入锅炉排污分离器，自锅炉排污分离器顶部出来的低压蒸汽送至冷凝液汽提塔作为汽提蒸汽，底部出来的污水经锅炉排污冷却器冷却至40℃排入污水系统。

气液分离器分离出来的少量污水累积到一定量后定期排入非变换气第二分离器。

自锅炉系统来的高压锅炉水，依次进入锅炉水预热器和锅炉水预热器换热至188~196℃后返回锅炉系统。

自脱盐水站来的脱盐水与自冰机和空分压缩机的混合透平凝液混合后，分两股分别进入脱盐水预热器和脱盐水预热器换热，再混合后返回脱盐水站。

为了满足一氧化碳变换催化剂升温和硫化的要求，设置一台开工加热器用来在开车和硫化时加热变换气。

甲烷化单元：来自酸性气体脱除的粗氢气首先在甲烷化换热器中与来自甲烷化炉出口的甲烷化气进行换热，加热到272℃。然后通过温度调节作用，引出部分粗氢气去变换工段加热，使甲烷化炉入口温度达到316℃。粗氢气进入甲烷化炉之前，在ZnO脱硫槽中脱除残余硫化氢，以保护甲烷化触媒。粗氢气在甲烷化触媒床层进行甲烷化反应，进一步除去粗氢气中的碳氧化物，使甲烷化炉出口甲烷气中的一氧化碳和二氧化碳含量低于10ppm。出甲烷化炉的高温甲烷化气经甲烷化换热器加热来自酸性气脱除的粗氢气，自身被冷却，冷却后的甲烷化气经甲烷化水冷器进一步降温至40℃，在水分器分离出反应生成的水，分水后气相减压至2.85MPa作为产品氢气送出界区，分离出的水经水封排至下水系统。

酸性气体脱除及供配气单元：来自一氧化碳变换单元的非变换气在非变换气预洗塔中去除NH_3，吸收NH_3的锅炉给水作为冷凝液从非变换气预洗塔底部派出汽提系统。从变换气预洗塔顶部出来的非变换气与循环气混合后，注入一小股甲醇，防止水在低温下结冰。非变换气再经过一系列换热器进行冷却，在非变换气进料冷却器中与冷的净化气及尾气换热冷却，在非变换气深冷器中通过氨冷剂的蒸发冷却。然后非变换气经非变换气分离罐分离液相后进入非变换气吸收塔。分离出的工艺冷凝液经回流冷却器与甲醇/水分馏塔塔顶回流甲醇换热后，与来自回流冷却器的工艺冷凝液汇合，进入甲醇/水分馏塔中，回收冷凝液中的甲醇。

在非变换气吸收塔上段，非变换气被来自甲醇深冷器已预冷的热再生甲醇洗涤以除去二氧化碳，控制送入塔顶的甲醇流量与变换气的流量成比例。由于二氧化碳的吸收热，甲醇被显著加热。因此在沿塔流下时需被冷却，塔上段的甲醇经甲醇深冷器被氨冷剂蒸发冷却后，返回塔的中段继续洗涤吸收二氧化碳。塔顶的净化气经粗氢气/甲醇换热器、非变换气进料冷却器分别与富硫化氢甲醇、非变换气换热后，进入气体分配系统。在塔的下段，硫化氢和COS被吸收，总硫含量将至1ppm(体)以下。因为二氧化碳在甲醇中的溶解性小于硫化氢在甲醇中的溶解性，所以在二氧化碳吸收段的甲醇流量大于硫化氢吸收段的甲醇流量，富余的甲醇从塔中段的二氧化碳吸收段抽出。这股吸收了二氧化碳但是不含硫的甲醇经循环气闪蒸罐和甲醇闪蒸罐闪蒸后，用半贫甲醇泵打入变换气吸收塔，进一步吸收二氧化碳。循环气闪蒸罐闪蒸出来的循环气进入循环气闪蒸罐，甲醇闪蒸罐闪蒸出来的闪蒸气进入到硫化氢富集塔。塔底的富硫化氢甲醇经粗氢气/甲醇换热器与净化气换热后进入循环气闪蒸罐闪蒸，然后进入甲醇闪蒸罐进一步闪蒸。循环气闪蒸罐闪蒸出来的循环气与来自循环气闪蒸罐的循环气在罐内混合后，与来自循环气闪蒸罐的循环气汇合，然后经闪蒸气循环压缩机压缩、压缩机后冷器冷却后，返回到从非变换气预洗塔下游来的非变换气中。

来自变换单元的变换气在变换气预洗塔中去除氨气，吸收氨气的锅炉给水作为冷凝液从变换气预洗塔底部排出界区。塔顶出来的变换气混合甲醇之后经过变换气进料冷却器的冷却。再经过变换气分离罐分离液相后进入变换气吸收塔。分离出来的工艺冷凝液经回流冷却器与甲醇/水分馏塔塔顶回流甲醇换热后，汇入回流冷却器下游的工艺冷凝液中。

在变换气吸收塔的二氧化碳吸收段，变换气被来自贫甲醇冷却器已预冷的热再生甲醇洗涤以除去二氧化碳，控制送入塔顶的甲醇流量与变换气流量成比例。二氧化碳吸收段上部甲醇经循环甲醇冷却器被来自贫甲醇深冷器的冷甲醇换热冷却；二氧化碳吸收段中部甲醇先经甲醇深冷器被氨冷剂蒸发冷却，再经循环甲醇冷却器被来自贫甲醇冷却器的冷甲醇换热冷却。塔顶的粗氢气经粗氢气/甲醇换热器、变换气进料冷却器分别与富硫化氢甲醇、变换气换热后进入气体分配系统。另外，从二氧化碳吸收段中部抽出一股富二氧化碳氢气，经变换气进料冷却器被变换气加热后进入气体分配系统。在塔的下段，硫化氢和COS被吸收，总硫含量降至1ppm(体)以下。因为二氧化碳在甲醇中的溶解性小于硫化氢在甲醇中的溶解性，所以在二氧化碳吸收段的甲醇流量大于硫化氢吸收段的甲醇流量，富余的甲醇从塔中部的二氧化碳吸收段抽出。这股吸收了二氧化碳但不含硫的甲醇经尾气/甲醇换热器、甲醇/甲醇换热器、富甲醇深冷器分别与尾气、甲醇、氨冷剂换热冷却。然后经循环气闪蒸罐闪蒸后进入二氧化碳分离器。循环气闪蒸罐闪蒸出来的闪蒸气进入循环气闪蒸罐。塔底的富硫化氢甲醇经粗氢气/甲醇换热器和甲醇/甲醇换热器分别与粗氢气和甲醇换热冷却，然后经循环气闪蒸罐闪蒸后进入硫化氢富集塔。循环气闪蒸罐闪蒸出来的循环气与来自循环气闪蒸罐的循环气在罐内混合后，与来自循环气闪蒸罐的循环气汇合后进入闪蒸气循环压缩机。

自循环气闪蒸罐进入二氧化碳分离器的这股吸收了二氧化碳但不含硫的甲醇，在二氧化碳分离器中进一步闪蒸。闪蒸出来的干净的二氧化碳作为产品气经变换气进料冷却器换热冷却后送出界区。闪蒸后的甲醇溶液送入硫化氢富集塔顶部作为吸收溶剂。来自循环气闪蒸罐的甲醇在硫化氢富集塔上段进一步闪蒸，大部分的二氧化碳和少量的硫化氢在此被闪蒸出来，硫化氢被自塔顶流下的甲醇吸收。由于二氧化碳解吸需要吸收热量，因此这股甲醇溶液温度降低，可以用它代替部分制冷剂。于是从塔的上段下部抽出一股甲醇经富甲醇泵加压后，经贫甲醇深冷器和循环甲醇冷却器分别将贫甲醇和富甲醇冷却，然后经甲醇闪蒸罐闪蒸和富甲醇泵加压后，再经过甲醇/甲醇换热器将富甲醇和富硫化氢甲醇冷却后返回硫化氢富集塔下段上部。甲醇闪蒸器闪蒸出来的闪蒸气直接返回硫化氢富集塔下段上部。

为了提升硫化氢的浓度，在富集塔的底部通过汽提氮气把甲醇总的二氧化碳汽提解吸出来。汽提气体在富集塔上段被来自二氧化碳分离器的不含硫甲醇脱去硫后，作为尾气从塔顶派出。尾气经尾气/甲醇换热器、变换气进料换热器和非变换气进料冷却器加热后，进入尾气洗涤塔底部，被从塔顶淋洒下来的锅炉给水洗去其中的甲醇后，高点放空排至大气。尾气洗涤器底部的洗涤水先经尾气洗涤水泵加压，再经废水换热器加热后进入甲醇/水分馏塔中部，回收洗涤水中的甲醇。

硫化氢富集塔底部的富含硫化氢甲醇溶液在工艺过程中温度最低，经富甲醇泵加压和甲醇粗滤筒过滤后，再经甲醇/甲醇换热器和甲醇/甲醇换热器冷却热再生后的贫甲醇。然后经甲醇闪蒸罐闪蒸、富甲醇泵加压和甲醇/甲醇换热器加热后进入热再生塔。甲醇闪蒸罐闪蒸出来的闪蒸气返回硫化氢富集塔。

热再生塔塔釜再沸器采用蒸汽加热，一方面在该塔中酸性气体被再沸器产生的甲醇蒸汽汽提解析出来，另一方面水在热再生塔底部液相中达到富集。塔顶采出的酸性气体经酸性气体冷却器水冷后进入硫化氢分离器，分离出来的凝液经热再生塔回流泵加压后返回塔顶做回流溶剂。酸性气体经酸性气换热器换热冷却和酸性气深冷器氨冷后，进入硫化氢分离器，分离出来的凝液返回硫化氢富集塔。为了使硫达到最大程度的富集，部分酸性气返回硫化氢富集塔进行硫组分富集。另一部分酸性气经酸性气换热器换热后，进入硫回收单元。

热再生塔汽提段积液箱中充分再生的贫甲醇一小部分返回热再生塔再沸器上游，另一部分经甲醇/甲醇换热器冷却后进入甲醇收集罐，然后经贫甲醇泵加压后再经一系列的换热器换热冷却，在甲醇水冷却器中与水换热冷却，在甲醇/甲醇换热器和甲醇/甲醇换热器中与富硫化氢甲醇换热器冷却，在贫甲醇深冷器中通过氨冷剂蒸发冷却，在贫甲醇冷却器中被富甲醇换热冷却。然后在流量控制下分为两股，作为吸收溶剂分别进入变换气吸收塔和非变换气吸收塔。

热再生塔水富集段底部的甲醇溶液经甲醇/水分馏塔回流泵加压和甲醇过滤筒后分为两股，一股经回流冷却器与工艺冷凝液换热，另一股经回流冷却器与工艺冷凝液换热。然后再汇合为一股进入甲醇/水分馏塔塔顶作为回流。在甲醇/水分馏塔中，来自变换气分离罐和非变换气分离罐的甲醇水溶液及来自尾气洗涤塔的含甲醇洗涤水进行水和甲醇的分馏。甲醇/

水分馏塔所需的热量由蒸汽加热的甲醇/水分馏塔再沸器提供。塔顶的甲醇蒸汽送入热再生塔中部作为汽提介质。塔釜流出物为含甲醇废水，在废水换热器中与来自尾气洗涤塔的洗涤水换热冷却后，送至界区外的污水处理装置。

由于低温甲醇洗工序中甲醇溶液会有少量的连续损失，按需要从甲醇储存罐补充一小股新鲜甲醇至甲醇收集罐。同时设置污甲醇罐，用来收集装置中设备和管线的低点排放甲醇，并设置污甲醇泵，使甲醇溶液返回到工艺系统中。

氨冰机系统：由于酸性气脱除操作中需要外界提供冷量，因此用氨循环制冷系统满足其要求。

3　煤净化装置关键静设备简介

煤净化装置关键静设备包括：变换炉、脱硫槽、甲烷化炉、冷凝液汽提塔、变换气吸收塔、非变换气吸收塔、硫化氢富集塔、热再生塔、甲醇/水分馏塔、尾气洗涤塔、变换气预洗塔和非变换气预洗塔。

3.1　变换炉

变换炉是煤净化装置的重要设备。主要作用是将粗合成气中的一氧化碳通过催化反应转换为氢气。同时将水煤气中难以去除的有机硫化物转化为易于脱除的无机硫化物硫化氢。

变换反应的特点是可逆、放热、反应前后体积不变，只有在较高温度和催化剂的作用下才具有较快的反应速率。

变换炉入口操作温度为300℃左右，1#变换炉操作温度为310～415℃，2#变换炉操作温度为248～267℃，低变炉操作温度为240～241.9℃。变换炉操作压力一般为6.45MPa，结构一般为锻焊+复合板或堆焊层内衬，材质一般为铬-钼钢+不锈钢衬里。

3.2　脱硫槽

脱硫槽是煤净化装置的主要设备。脱硫槽的主要作用是利用氧化锌脱除粗氢气中的硫化氢，保护后续甲烷化反应中的触媒。

脱硫槽的操作温度一般为340℃左右，操作压力为6MPa，介质为粗氢气，主要材质为铬-钼钢。

3.3　甲烷化炉

甲烷化炉是煤净化装置的主要设备。主要作用是除去粗氢气中的碳氧化物，使甲烷化炉出口甲烷气中的一氧化碳和二氧化碳含量低于10ppm。

甲烷化炉的操作温度一般为360℃左右，操作压力为5.15MPa，介质为粗氢气、甲烷等，主要材质为铬-钼钢。

3.4　冷凝液汽提塔

冷凝液汽提塔是煤净化装置的主要设备。主要作用是通过汽提除去冷凝液中的硫化氢、氨气、二氧化碳、氰化氢等微量杂质，避免有害杂质累积。

冷凝液汽提塔的操作温度一般为148℃左右，操作压力为0.32MPa，介质为冷凝液、蒸汽等，主要材质为低碳不锈钢。

3.5 变换气吸收塔

变换气吸收塔是煤净化装置的主要设备。主要作用是使用低温甲醇吸收变换气中的二氧化碳和硫化氢。

变换气吸收塔的操作温度一般为-56℃左右，操作压力为5.5MPa，介质为低温甲醇和变换气等，主要材质为压力容器低温用钢，像09MnNiDR等。

3.6 非变换气吸收塔

非变换气吸收塔是煤净化装置的主要设备。主要作用是使用低温甲醇吸收非变换气中的二氧化碳和硫化氢。

非变换气吸收塔的操作温度一般为-16℃左右，操作压力为5.8MPa，介质为低温甲醇和非变换气等，主要材质为压力容器低温用钢，像09MnNiDR等。

3.7 H_2S 富集塔

硫化氢富集塔是煤净化装置的主要设备。主要作用是使用低温甲醇吸收凝液和闪蒸气中的硫化氢，使得塔内的硫化氢达到最大的富集。

硫化氢富集塔的操作温度一般为-35℃左右，操作压力为0.08MPa，介质为低温甲醇和硫化氢等，主要材质为低碳不锈钢，像00Cr17Ni14Mo2等。

3.8 热再生塔

热再生塔是煤净化装置的主要设备。主要作用是解吸塔中甲醇中的硫化氢，重复利用甲醇。

热再生塔的操作温度一般为100℃左右，操作压力为0.255MPa，介质为甲醇和硫化氢等，主要材质为碳钢，像Q345R等。

3.9 甲醇/水分馏塔

甲醇/水分馏塔是煤净化装置的主要设备。主要作用是分馏甲醇，在塔底出含甲醇废水。

甲醇/水分馏塔的操作温度一般为140℃左右，操作压力为0.273MPa，介质为甲醇和水等，主要材质为碳钢，像Q345R等。

3.10 尾气洗涤塔

尾气洗涤塔是煤净化装置的主要设备。主要作用是洗涤尾气，回收其中的甲醇。

尾气洗涤塔的操作温度一般为14℃左右，操作压力为0.08MPa，介质为低温甲醇和非变换气等，主要材质为低碳不锈钢，像00Cr17Ni14Mo2等。

3.11 变换气预洗塔

变换气预洗塔是煤净化装置的主要设备。主要作用是吸收变换气中的 NH_3。

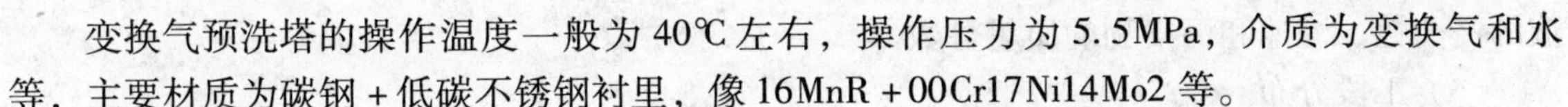

变换气预洗塔的操作温度一般为40℃左右，操作压力为5.5MPa，介质为变换气和水等，主要材质为碳钢+低碳不锈钢衬里，像16MnR+00Cr17Ni14Mo2等。

3.12 非变换气预洗塔

非变换气预洗塔是煤净化装置的主要设备。主要作用是吸收非变换气中的NH_3。

非变换气预洗塔的操作温度一般为40℃左右，操作压力为5.8MPa，介质为非变换气和水等，主要材质为碳钢+低碳不锈钢衬里，像16MnR+00Cr17Ni14Mo2等。

4 煤净化装置主要损伤机理及分布

煤净化装置的主要原料是气化装置生成的粗合成气。粗合成气中主要成分有氢气和一氧化碳。其他成分有氮气、甲烷、二氧化碳、硫化氢等。

在煤净化装置变换单元的操作条件下，合成气中所含的二氧化碳、硫化氢、氯离子等有害成份会持续存在于发生变换反应的变换气中，没有发生变换反应的非变换气中同样存在这几种有害成分，在变换气和非变换气凝液罐下部和下部出口管线等有液相水的环境中会发生酸性水腐蚀减薄、奥氏体不锈钢的氯化物应力腐蚀开裂以及碳钢和低合金钢的湿硫化氢破坏等，而在变换反应高温部分会发生高温硫化氢/氢腐蚀。

在低温甲醇洗单元的操作条件下，变换气和非变换气中的二氧化碳、硫化氢被低温甲醇吸收，在低温部分(<0℃)，一般不会发生设备内部减薄和开裂，但是在甲醇洗尾部的甲醇蒸发回收，以及尾气处理部分，当温度升高后，甲醇中二氧化碳、硫化氢等有害成分会发生酸性水腐蚀减薄、奥氏体不锈钢的氯化物应力腐蚀开裂以及碳钢和低合金钢的湿硫化氢破坏等。

同时在部分有害物质富集的装置和管道内部会发生煤化工装置典型的综合腐蚀机理。这种综合腐蚀机理主要发生在凝液汽提塔顶部回流系统和甲醇/水分馏塔系统。

煤净化装置的腐蚀减薄或是开裂，基本上都是各种腐蚀机理共同作用的结果。

4.1 高温硫引起的腐蚀

(1) 损伤机理

高温硫的腐蚀，实际上是以硫化氢为主的活性硫的腐蚀。煤中所含的无机硫在气化反应过程中生成硫化氢。在一定温度下，硫化氢能分解，分解出来的硫，其活性很高，腐蚀性很强，称为活性硫。

温度升高到375~425℃时，未分解的硫化氢也能与铁直接反应生成硫化亚铁和氢气。由于硫化铁的附着力很强，也较致密，对进一步的腐蚀反应有一定的阻滞作用，所以在腐蚀开始时速度很高，而在一定时间后，腐蚀有所减轻。但是，如果这种保护膜遭到破坏则腐蚀将继续下去。影响高温硫腐蚀的主要因素是合金组分、温度及腐蚀硫化物的质量分数。一般说来，铁和镍合金的防蚀性由金属里的铬含量所决定。提高铬的含量能明显增强防硫化腐蚀的能力。镍合金类似于不锈钢，能提供与铬相似水平的耐硫化性。

(2) 损伤形态

由工作条件决定的，腐蚀最常以均匀变薄的形式出现，但也会发生例如局部腐蚀或高腐蚀速率破坏。硫氧化物通常覆盖部件的表面，沉积物厚度可能厚或薄，这取决于这个合金流液的侵蚀性、流速和污染物的质量分数。

（3）工段分布

变换反应单元中高温部分都会发生高温硫腐蚀。

4.2 高温 H_2S/H_2 腐蚀

（1）损伤机理

粗合成气在变换炉中反应会生成硫化氢，而自带的硫化氢含量也很可观。高温下(200℃以上)硫化氢对钢材的腐蚀性很强，氢气的存在会增加高温硫化物腐蚀的严重性。主要影响因素是温度、氢气含量、硫化氢浓度以及合金成分。随着温度、氢含量以及硫化氢浓度的增加，腐蚀速率加快。

（2）损伤形态

高温硫化氢/氢气腐蚀形态为均匀减薄，并伴有硫化铁腐蚀产物的形成。

（3）工段分布

主要发生的部位：变换反应单元高温部分。

4.3 酸性水(硫氢化铵)腐蚀

（1）损伤机理

硫氢化铵(NH_4HS)是氨和硫化氢气体的反应产物。当各种含氨和硫化氢的气体冷却到66℃以下时，硫氢化铵就会从蒸汽相里结晶出来形成固相，一是堵塞换热器管束，二是造成垢下腐蚀。酸性水腐蚀的影响因素为 NH_4HS 的浓度、流速、pH 值、温度等。另外氰根存在会加速腐蚀，这是因为氰根会破坏硫化物保护膜。

（2）损伤形态

酸性水腐蚀通常表现为均匀腐蚀，浓度在2%(质)以上时，在冲刷和湍流部位会造成严重的局部减薄。若洗涤水量不足以溶解硫氢化铵而出现沉淀时，在低流速区域会发生严重的局部垢下腐蚀，换热器则会出现换热管堵塞。

（3）工段分布

a）变换单元

变换单元变换气和非变换气中都含有硫化氢和氨，在66℃以下有水环境下，会对管道和设备发生酸性水腐蚀，主要在弯头、三通以及其他发生局部湍流的部位。

b）低温甲醇洗单元

低温甲醇洗单元在0℃以下的管道中基本上不会发生酸性水腐蚀，在低温甲醇洗单元尾部的三塔系统中，温度在0～70℃之内的管道会发生酸性水腐蚀。

4.4 高温氢腐蚀(HTHA)

（1）损伤机理

因为气化装置的气化炉内存在热的高压氢气，所以选用能够耐高温氢腐蚀的结构材料非常重要。当温度高于232℃、氢的分压大于7kgf/cm^{2}时，碳钢和低合金钢可能发生氢腐蚀，从而造成钢材脱碳，削弱了金属强度。此外，在间隙中能够生成甲烷，造成裂纹、鼓泡，从而使材料失效。

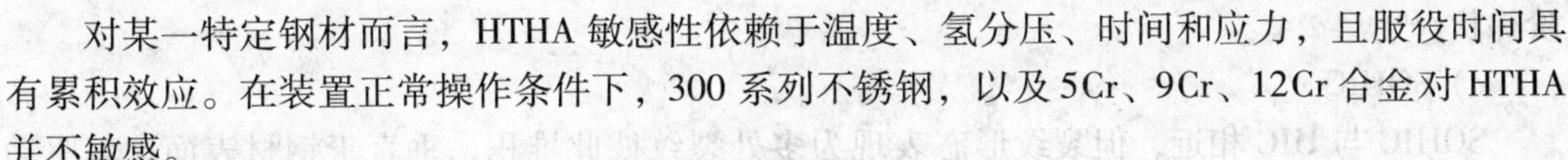

对某一特定钢材而言，HTHA 敏感性依赖于温度、氢分压、时间和应力，且服役时间具有累积效应。在装置正常操作条件下，300 系列不锈钢，以及 5Cr、9Cr、12Cr 合金对 HTHA 并不敏感。

(2) 损伤形态

HTHA 表现为钢材表面和内部脱碳，以及沿晶开裂。

(3) 工段分布

变换单元高温高压部分。

4.5　铬-钼钢的回火脆

(1) 损伤机理

如果铬-钼钢，特别是 2.25Cr-1Mo 钢，长时间在 360～566℃的温度下加热时，就会发生回火致脆，使延脆转变温度明显升高。变化炉系统管道的操作温度又恰好处于该钢种产生回火脆性的温度范围内，所以长期操作会发生回火脆性断裂。回火脆性的敏感性在很大程度上是由于合金中锰和硅的存在，以及杂质元素磷、锡、锑、砷。强度水平及热处理历史也应考虑。尽管操作温度下材料韧性降低并不明显，但在开停车阶段设备有可能因回火脆性而发生脆性断裂。

(2) 损伤形态

回火脆是冶金改变，并不容易通过检验检测发现，但可以通过冲击试验验证。

(3) 工段分布

回火脆性发生在材质为铬-钼钢制变换反应单元的管道，一般发生在开停车阶段。

4.6　湿硫化氢破坏

(1) 损伤机理

钢在湿硫化氢环境中发生腐蚀时，生成的氢能够渗透进入钢材，在一定的条件下对材料造成破坏。造成破坏的氢来自腐蚀反应，而不是物流中的氢气。游离氰化物能够剥去可能形成的 FeS 保护膜，增加氢渗透的严重性。

湿硫化氢破坏包括氢鼓包(HB)、氢致开裂(HIC)、应力导向氢致开裂(SOHIC)、硫化物应力腐蚀开裂(SSCC)。HB、HIC、SOHIC 多发生在室温～150℃间，SSCC 则多发生在 82℃以下。

SSCC 主要发生在高强度的铁素体或马氏体钢上，与硬度和残余应力水平有关，与杂质硫含量无关。而 HB、HIC、SOHIC 与硬度没关系，因此，与硫化物应力开裂不同，在各种软质材料里也会发生氢致开裂和应力导向氢致开裂。另外，HB、HIC 与应力也没关系，只与钢中夹杂物(含硫高)及夹层缺陷密切相关，因为这些缺陷为渗氢的积累提供场所，所以 PWHT 并不能消除 HB 和 HIC。

a) HB

氢原子渗透到钢中，在不连续处如夹杂物、夹层累积，氢原子合成氢分子后直径变大，无法从钢种扩散出来，压力逐渐升高形成鼓包。

b) HIC

在一些情况下，不同深度的氢鼓包非常靠近，彼此连接起来形成裂纹，裂纹形态通常为阶梯状。

c) SOHIC

SOHIC与HIC相近，但裂纹形态表现为多处裂纹彼此堆积，垂直于钢材表面，其驱动力是高的应力水平(如残余应力或外加应力)。位置通常位于靠近焊缝热影响区的母材，初始裂纹为HIC、SSCC或其他裂纹。

d) SSCC

SSCC定义为湿硫化氢腐蚀和拉应力作用下发生的开裂。SSCC是一种氢应力开裂，原理也是渗氢。

湿硫化氢破坏(氢鼓包、氢致开裂、应力导向氢致开裂、硫化物应力腐蚀开裂)主要影响材料为碳钢和低合金钢。

(2) 损伤形态

湿硫化氢腐蚀破坏腐蚀形态为鼓包和开裂。其中鼓包和HIC、SOHIC均发生在母材，SOHIC发生区域靠近焊缝，而SSCC发生在具有较高硬度的焊缝和热影响区表面的局部区域。

(3) 工段分布

这种损伤机理主要存在于变换反应单元凝液系统和凝液汽提塔的塔回流系统以及低温甲醇洗的甲醇循环回收系统，发生损伤的设备为碳钢或低合金钢，内部满足湿硫化氢环境。

4.7 连多硫酸应力腐蚀开裂(PTASCC)

损伤机理、损伤形态、控制措施见第4章3.4部分内容。

工段分布

PTASCC发生在开停车阶段，材质为不锈钢或不锈钢衬里且介质含硫的设备，如变换反应单元高温部分符合这些条件的设备和管道。

4.8 Cl离子应力腐蚀开裂

(1) 损伤机理

在用奥氏体不锈钢制造的压力管道中，如果有氯化物溶液存在，会产生应力腐蚀。这是由于溶液中的氯离子使不锈钢表面的钝化膜受到破坏，在拉伸应力的作用下，钝化膜被破坏的区域就会产生裂纹，成为腐蚀电池的阳极区，连续不断的电化学腐蚀最终可能导致金属的断裂。这种腐蚀与氯离子的浓度关系不大，即使是微量的氯离子，也可能产生应力腐蚀。

(2) 损伤形态

在压力设备中，ClSCC通常发生在焊接接头处。

(3) 工段分布

主要发生在变换反应单元凝液系统和低温甲醇洗0℃以上的不锈钢管道部分。

4.9 奥氏体不锈钢堆焊层的氢致剥离

(1) 损伤机理

堆焊层剥离也是氢致延迟开裂的一种形式。高温、高压、临氢环境下操作的反应器，氢会渗透到器壁中。由于反应器本体材料(Cr－Mo)与堆焊层或复合板的材料结晶结构不同，因而氢的溶解度和扩散速度都不一样，湿堆焊层界面上氢浓度形成不连续状态。当反应器从正常运行状态下停工冷却到常温时，氢在基材中溶解度的过饱和度要比堆焊层大得多，使氢由基材向堆焊层的过渡层扩散，而氢在奥氏体不锈钢中的扩散系数比 Cr－Mo 小，所以氢在过渡层扩散缓慢，导致大量聚集而引起脆化。

(2) 损伤形态

从宏观看，剥离沿着堆焊层和基材的界面扩展，从微观看，剥离裂纹沿着熔合线碳化铬析出区或沿着长大的奥氏体晶界扩展。

(3) 工段分布

预变换炉、变换炉，一般出现在停工阶段。

4.10　高温氧化

高温下氧与金属反应生成氧化皮。金属损失是由于金属和周围环境中的氧气发生了反应。通常，当温度达到氧化温度时，在其表面会形成具有相对保护作用的氧化物，它可以减少金属的损失速率。

碳钢发生高温氧化腐蚀的温度高于 482℃，高于 538℃则程度明显。而合金的温度则更高些(如 300 系列不锈钢在 816℃以下具有抗力)。金属中的含铬量越高，氧化层的保护作用越强。其损伤分布在变换炉的内部件。

4.11　外部腐蚀

(1) 损伤机理

外部腐蚀包含没有保温层的大气腐蚀和保温材料的层下腐蚀(CUI)。CUI 产生机理是由于保温层与金属表面间空隙内水的集聚产生的。CUI 形成局部腐蚀，常发生在－12～120℃温度范围内，在 50～93℃区间时尤为严重。如果材料为碳钢或低合金钢，设备没有绝热层，并且操作温度为－12～120℃，则可能发生外部腐蚀。外部腐蚀情况和装置所处的地理位置相关。在煤净化装置中，低温甲醇洗单元部分管道保冷缺失，从 2010 年 4 月开始到目前为止仍未处理，保冷损坏处常年结冰，但是在 7 月份气温升高的时候，管道上的冰坨消失，管道直接接触空气且表面处于湿润状态，在这种情况下，这些保冷损失处的外部腐蚀严重。

(2) 损伤形态

大气腐蚀表现为均匀或局部腐蚀，局部腐蚀取决于是否有水局部积聚，漆层脱落部位为均匀腐蚀。大气腐蚀外观表现为形成红色氧化铁产物。

层下腐蚀对于碳钢和低合金钢表现为松散的、薄片状的氧化皮，具有高度的局部腐蚀特征。对于 300 系统不锈钢，层下腐蚀表现为坑蚀或氯化物应力腐蚀开裂。

(3) 工段分布

壁温在－12～121℃、无保温层的碳钢或低合金钢设备和管道，均可能发生大气腐蚀，特别是漆层脱落部位，操作温度在常温附近波动、停车或长期停用设备、管道支撑部位。层下腐蚀发生在蒸汽放空装置附近、处在管沟内的管道，温支撑圈、平台、扶梯、支腿、接管、蒸汽伴热泄漏部位、设备底部积液部位。低温甲醇洗单元的保冷缺失位置，需要重点关注。

4.12 煤化工综合腐蚀

（1）损伤机理

由于在煤净化装置部分工段设备和管道内介质中含有的硫化氢、氯离子、氰离子、氨的量都比较可观，根据厂机动部提供的介质分析表可以看出有些时刻这些有害介质的量都会超过100ppm，且pH值较低。在这种情况下的腐蚀机理并不是能用一种酸性水腐蚀机理或者是应力腐蚀开裂机理解释。在不锈钢制设备或管道中，发生腐蚀的第一步是氯离子、氰离子破坏不锈钢表面的钝化膜；第二步是酸性介质与新鲜的铁表面发生反应，在这一过程中也许会生成氧化膜阻碍反应继续发生，但是在氯离子、氰离子以及反应生成的氢的作用下，这些氧化物保护膜被剥去，腐蚀反应继续。在碳钢和低合金钢制设备或管道中，发生腐蚀的第一步是酸性介质和铁发生反应，这些反应也许会生成氧化保护膜；第二步在氯离子、氰离子的作用下保护膜被剥落，腐蚀继续发生，因为这些生成的氧化保护膜致密度远远不及不锈钢表面的保护膜，所以在这种情况下不锈钢的耐腐蚀性要好于碳钢。

在这种环境下，不仅会发生内部的局部腐蚀，还会发生应力腐蚀开裂，应力腐蚀开裂主要发生在管道焊缝及热影响区。是和内部腐蚀相结合发生，焊缝部分的组织比较粗大，硬度较高，和母材相比腐蚀速率要大，同时由于内部拉应力和热应力的存在，也会发生应力腐蚀开裂，氯离子、氰离子和生成的活性氢都会引发开裂，同时腐蚀介质冲入裂纹内继续腐蚀剥落新鲜的金属表面，使裂纹扩大，慢慢变为局部腐蚀深坑，当这种裂纹腐蚀深坑连为一片的时候焊缝也就被腐蚀穿透。

介质的pH值直接影响腐蚀机理的腐蚀速率，酸性越强，这种腐蚀发生的越剧烈。同时采用低碳奥氏体不锈钢也会抑制这种腐蚀的腐蚀速率。介质的流速也会影响腐蚀速率，流速越快，腐蚀速率越大。

（2）损伤形态

局部减薄，焊缝材料的缺失和开裂。在腐蚀泄漏部位会发现绿色的腐蚀产物。

（3）工段分布

变换反应单元凝液汽提塔塔顶回流系统和甲醇/水分馏塔系统。

5 煤净化装置设备和管道推荐的检验策略

5.1 检验策略

检验策略的选择原则参考GB/T 26610.2《承压设备系统基于风险的检验实施导则 第2部分：基于风险的检验策略》进行制定。

5.2 煤净化装置关键设备推荐的检验方法和检验比例

煤净化装置关键设备推荐的检验方法和检验比例见表12－1～表12－3。

表 12-1　变换炉推荐的检验方法和检验比例

序号	损伤机理	失效部位	检验方法		检验比例	备注
			内检	外检		
1	高温氧化	内件	—	宏观检查+测厚	抽检5%~50%	
2	高温 H_2S/H_2 腐蚀	内衬	宏观检查+测厚		抽检5%~10%	
3	高温硫腐蚀	内衬	宏观检查+测厚		抽检5%~10%	
4	铬钼钢回火脆	壳体	宏观检查+金相	宏观检查+金相	抽检25%~30%	
5	连多硫酸应力腐蚀开裂	内衬	宏观检查		抽检100%	
6	奥氏体不锈钢堆焊层氢致剥离	内衬	渗透	超声波直探头、斜探头多向联合扫查	抽检15%~40%	

表 12-2　变换气吸收塔推荐的检验方法和检验比例

序号	损伤机理	失效部位	检验方法		检验比例	备注
			内检	外检		
1	冲刷腐蚀	塔体	宏观检查+测厚		宏观检查>20%；测厚10%~25%	重点检查壳体衬里是否完好
2	保温层下腐蚀	洗涤塔的下部及放空或导凝接管	—	宏观检查+测厚	宏观检查>20%；测厚抽检>20%	

表 12-3　非变换气吸收塔推荐的检验方法和检验比例

序号	损伤机理	失效部位	检验方法		检验比例	备注
			内检	外检		
1	冲刷腐蚀	塔体	宏观检查+测厚		宏观检查>20%；测厚10%~25%	重点检查壳体衬里是否完好
2	保温层下腐蚀	洗涤塔的下部及放空或导凝接管	—	宏观检查+测厚	宏观检查>20%；测厚抽检>20%	